微信小程序项目开发实战

沈顺天◎编著

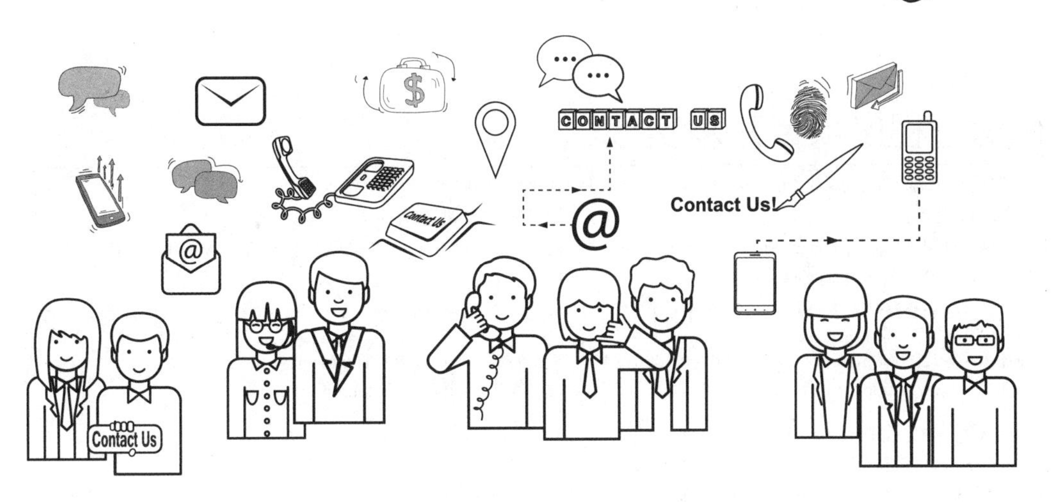

机械工业出版社
China Machine Press

图书在版编目（CIP）数据

微信小程序项目开发实战 / 沈顺天编著. —北京：机械工业出版社，2020.10

ISBN 978-7-111-66762-9

Ⅰ. 微…　Ⅱ. 沈…　Ⅲ. 移动终端－应用程序－程序设计　Ⅳ. TN929.53

中国版本图书馆CIP数据核字（2020）第196768号

微信小程序项目开发实战

出版发行：机械工业出版社（北京市西城区百万庄大街 22 号　邮政编码：100037）
责任编辑：迟振春　　责任校对：姚志娟
印　　刷：中国电影出版社印刷厂　　版　　次：2020 年 11 月第 1 版第 1 次印刷
开　　本：186mm×240mm　1/16　　印　　张：21.25
书　　号：ISBN 978-7-111-66762-9　　定　　价：99.00 元

客服电话：（010）88361066　88379833　68326294　　投稿热线：（010）88379604
华章网站：www.hzbook.com　　读者信箱：hzit@hzbook.com

前言

微信小程序发展到今天已经逐渐成熟，越来越多的开发者想要加入到小程序开发的队伍中来，但是很多开发者在查阅了官方文档后不知道下一步该做什么。本书的目的就是为读者提供小程序的通用开发流程，通过项目实战的方式让读者真正学会小程序开发。

目前市面上有许多小程序开发的相关书籍，这些书籍大多是对官方文档的解读，读者阅读完后虽然能对 API 有一些了解，但是对实际工作中遇到的问题依然不知该如何下手。本书从小程序开发的入门必备知识及开发环境的工程化搭建讲起，然后精心挑选了 5 个项目实战案例，带领读者通过实践的方式学习微信小程序开发，最后对小程序开发中的重点和难点做了讲解，并对小程序的上线运营做了相关介绍。本书涉及用户交互、UI 刷新、富文本展示、数据缓存、前后端交互、Canvas 绘制等小程序开发知识。书中涉及的项目开发案例由易到难，由浅入深，可以帮助读者通过实战掌握小程序 API 的使用，从而构建小程序开发的知识体系。

相信在笔者的带领下，读者能够较为轻松地学习并演练书中的每一个项目案例，从而对小程序的开发有更加深刻的认识，并具备实际的小程序开发能力，胜任相关的工作岗位。

本书特色

1. 不是对API文档的简单罗列，而是通过实际项目带领读者学习

本书并不是对相关 API 进行“干巴巴”的罗列，而是通过多个项目案例带领读者由浅入深地进行学习，从而让读者在项目实战的过程中掌握这些 API 的使用。

2. 不仅涉及小程序开发，而且涉及前端开发

虽然本书主要介绍的是小程序项目开发，但是在讲解的过程中不仅涉及小程序的开发技巧，而且涉及前端工程化、CSS 样式技巧、命令行工具的使用和 Git 技巧等。本书不仅能帮助读者掌握小程序的开发方法，而且能帮助读者成为一名前端工程师。

3. 项目案例由浅入深，涉及小程序开发的方方面面

本书介绍的项目案例涉及小程序开发的方方面面，包括 UI 布局、动画开发、缓存

设置、网络交互等。这些项目案例由易到难，读者能够循序渐进地掌握。

4. 项目案例典型，有较高的应用价值

本书介绍的项目案例非常典型，覆盖常见的小程序类型，所涉及的知识点在小程序开发中经常会用到。读者对项目案例略加修改，即可将其迁移到自己的项目中，从而提高开发效率。

5. 提供完善的技术支持

本书提供了专门的技术支持邮箱 ssthouse@163.com 和 hzbook2017@163.com。读者在阅读本书的过程中若有疑问，可以通过发送邮件获得帮助。另外，读者还可以在笔者的 GitHub 上讨论相关问题。

本书知识体系

第1篇　入门与开发环境搭建（第1、2章）

本篇首先带领读者通过基本方式创建第一个小程序，并介绍小程序中 UI 组件的使用、页面的刷新及动画制作 API 的使用，让读者对小程序开发有一个初步的认识。然后进一步搭建小程序开发的工程化框架，为后续小程序的开发打下坚实的基础。

第2篇　项目开发实战（第3～9章）

本篇重点介绍汇率计算器、便签应用、新闻客户端、2048 小游戏和音乐小程序 5 个实际项目案例的开发过程。本篇介绍的项目由易到难，涵盖小程序 API 的方方面面，如网络请求、数据缓存、动画绘制、Canvas 绘制等。在本篇中，介绍了不同复杂度的项目，以便读者提高对不同复杂度小程序的开发能力。

第3篇　难点解析与上线运营（第10、11章）

本篇重点介绍小程序开发中常见的难点问题，并给出解决实际问题的源代码，以提高读者解决疑难问题的能力。另外，本篇还介绍了小程序的测试、数据上报和持续运营等知识，以帮助读者全方位了解小程序的整个生命周期。

配套资源获取

本书涉及的案例源代码可以在笔者的 GitHub 仓库中进行下载，地址如下：

https://github.com/ssthouse/mini-program-development-code

另外，也可以在华章公司的网站（www.hzbook.com）上搜索到本书，然后在本书

页面上找到下载链接进行下载。

读者对象

- 想从事小程序开发的人员；
- 小程序项目开发人员；
- 前端开发人员；
- 有小程序开发基础，需要提升项目经验的人员；
- 想通过项目实战提高开发水平的人员；
- 想了解小程序开发流程的程序员；
- 大中专院校的学生；
- 相关培训机构的学员。

阅读建议

- 如果读者完全没有小程序的开发经验，建议先阅读小程序的官方文档，然后再阅读本书，并进行开发实践。
- 本书第 2 章介绍的开发环境搭建极为重要，读者在本章中能够学到许多前端工程化方面的知识，因此在进行项目实战前，请务必认真阅读本章。
- 虽然本书中的所有项目案例均提供了完整的源代码，但是希望读者在开发时不要直接复制、粘贴源代码，而是亲自编写一遍代码，因为只有这样才能真正掌握开发技巧，对相关知识的理解也会更加深刻。
- 本书第 10 章为小程序开发难点解析，建议读者在阅读的同时进行编码实践。这些难点问题在读者今后的小程序开发工作中几乎都会遇到，提前掌握它们大有裨益。

售后支持

由于作者水平所限，加之时间仓促，书中可能还存在一些疏漏和不足之处，敬请各位读者批评指正。在阅读本书时若有疑问，请发送电子邮件以获得帮助。

目录

第2篇 项目开发实战

第 3 篇 难点解析与上线运营

第1篇 入门与开发环境搭建

第 1 章　首个小程序——Hello World

本章首先介绍小程序开发环境的搭建，由于该部分内容在微信小程序官网介绍得十分详尽，故本书不做过多介绍。完成开发环境搭建后，将开发一个简单的 Hello World 小程序，体验小程序开发的基本流程。

最后，将带领大家挑战小程序开发中的动画 API，为 Hello World 小程序增添趣味。

1.1　项 目 创 建

本节带领大家体验一遍小程序开发环境的搭建过程。在第 2 章中，将使用 webpack 自定义开发环境为其添加热更新、Sass/Less/Stylus 代码编译等功能。下面我们先按照微信小程序官方推荐的开发方式完成首个小程序的开发。

1.1.1　使用 IDE 创建项目

打开微信小程序开发 IDE，单击“新建项目”按钮，步骤如下：

（1）将“项目名称”设置为 chapter_one。

（2）AppID 选择测试 ID，可免去注册 AppID 的流程。

（3）“开发模式”选择小程序。

（4）“语言”根据自己的偏好，可以选择 JavaScript 或 TypeScript，这里使用 JavaScript 以便于大部分读者理解。

（5）设置完成后单击“新建”按钮，小程序 IDE 便会在指定目录创建基本的项目文件。

🔔注意：在开发需要正式上线发布的小程序时，需要首先在微信小程序后台完成 AppID 申请再进行开发。

从图 1-1 中可以看到，IDE 不仅可以创建小程序项目，还可以创建小游戏、代码片段以及公众号网页等，感兴趣的读者可以尝试并体验。

🔔注意：IDE 的全称为 Integrated Development Environment，意思是集成开发环境。

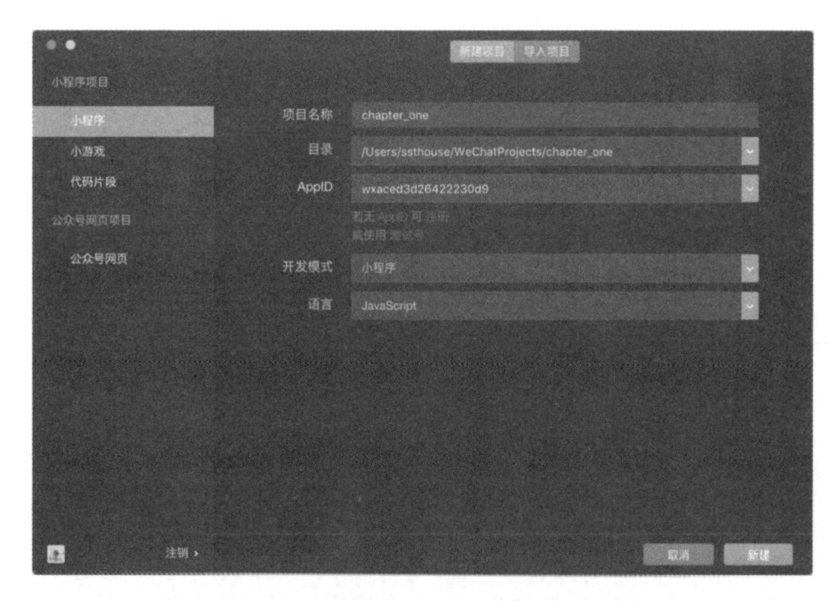

图 1-1　小程序 IDE 创建项目

1.1.2　项目结构介绍

完成项目创建后，可以通过 tree 命令来总览目录结构。作为前端开发工程师，需要使用许多命令行工具，笔者将在全书中穿插讲解命令行工具使用的小技巧，熟练掌握这些技巧，对前端开发大有帮助。

tree 命令的常用参数为 tree -L levelNumber，如 tree -L 2 会展示当前目录下最深两层的目录结构，合理使用该参数可以避免目录下的文件层次过深，从而导致 tree 命令展示文件过多而无法看清。更多 tree 命令的使用方法可以通过 tree -help 来查看。

回到刚刚创建的 Hello World 小程序项目。由于项目刚刚创建，目录结构并不复杂，所以无须传入-L 参数，可以直接使用 tree 命令查看项目结构，显示如下：

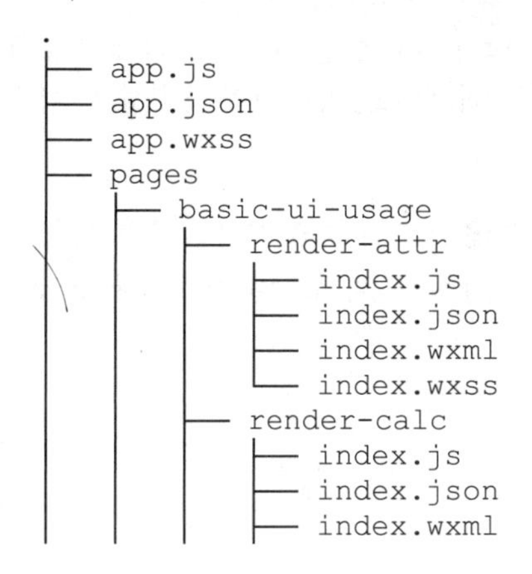

```
.
├── app.js
├── app.json
├── app.wxss
├── pages
│   ├── basic-ui-usage
│   │   ├── render-attr
│   │   │   ├── index.js
│   │   │   ├── index.json
│   │   │   ├── index.wxml
│   │   │   └── index.wxss
│   │   ├── render-calc
│   │   │   ├── index.js
│   │   │   ├── index.json
│   │   │   ├── index.wxml
```

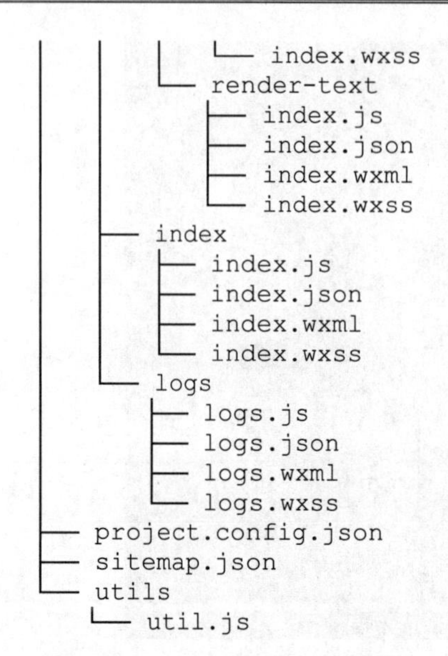

下面介绍项目根目录中的配置文件。首先介绍项目根目录下几个以 app 开头的文件。

- app.js：用于初始化小程序，初始化的 App 实例在小程序的每个页面中都可以通过 getApp()方法引用。
- app.json：对小程序整体的运行进行配置，包含小程序页面的注册。
- app.wxss：用于放置全局的样式代码，其中声明的样式对所有页面生效。

根目录中的 project.config.json 文件用于存放开发方面的配置信息。因为该配置主要和开发者相关而和小程序本身配置无关，故小程序将其抽取为独立的配置文件。根目录中的 sitemap.json 文件用于配置小程序的索引，通过该配置可以让用户更好地检索到我们的小程序。

通过查看 pages 文件夹的目录结构可知，pages 文件夹下存放的是小程序页面代码的目录文件。utils 文件夹用于存放非小程序页面的工具类代码。这是前端开发常用的两个目录命令，在 Vue 和 React 中也常能见到这样的分类方式。开发者会在 pages 目录中存放与页面相关的文件，在 utils 目录中存放通用的工具类代码，便于代码复用。后续我们还将创建 components 目录，用于存放通用的 UI 组件，便于 UI 组件的代码复用。

这里可以看到以.json 结尾的文件，如 app.json 和 project.config.json，它们都是配置文件，JSON 格式适合存储键-值对数据，且易于人和机器阅读。这两种特性使其常被用于配置存储和数据传输。

注意： 除了 JSON 外，YAML 文件格式作为配置也逐渐流行起来，因为其在保留了一定可读性和易于解析的前提下，增加了可编程的特性，能帮助简化重复的配置项。

再来回顾一下完整的项目结构。

```
.
├── app.js      // 项目入口文件，会初始化全局的 Context: App
├── app.json    // 项目配置文件，决定页面文件的路径、窗口表现、设置网络超时时间等
```

```
├── app.wxss  // 全局样式文件，该文件中声明的样式对全局页面生效
├── pages     // 存放小程序页面组件
|   ├── index                   // 小程序单个页面目录结构
|   |   ├── index.js            // 页面逻辑文件
|   |   ├── index.json          // 单个页面的配置文件
|   |   ├── index.wxml          // 页面布局文件
|   |   └── index.wxss          // 页面样式文件
|   └── logs
|      ├── logs.js
|      ├── logs.json
|      ├── logs.wxml
|      └── logs.wxss
├── project.config.json         // 存放开发方面的配置信息
├── sitemap.json                // 小程序索引配置
└── utils
    └── util.js
4 directories, 14 files
```

读者无须此时就记清每个文件分别起什么作用，当实际上手开发几个小程序后，自然会对项目的结构了然于心。

此时在小程序 IDE 中便已能看到初始效果，如图 1-2 所示。

图 1-2　小程序预览效果

微信小程序IDE创建的初始项目中有许多demo示例代码，我们需要对生成的初始代码进行清理，以免对后续代码讲解造成干扰。打开./index/index.wxml 文件，可以看到目前 IDE 自动生成的代码。保留显示 Hello World 部分的代码，移除剩余不必要的部分。读者也可以直接下载本节的代码来获取清除后的代码。

原始代码包含小程序中获取用户头像、昵称信息的 API 示例，我们需要将该部分代码移除。移除前的代码如下：

```
<!--index.wxml-->
<view class="container">
  <view class="userinfo">
    <button wx:if="{{!hasUserInfo && canIUse}}"
            open-type="getUserInfo"
            bindgetuserinfo="getUserInfo"> 获取头像昵称
    </button>
    <block wx:else>
      <image bindtap="bindViewTap"
             class="userinfo-avatar"
             src="{{userInfo.avatarUrl}}"
             mode="cover"></image>
      <text class="userinfo-nickname">{{userInfo.nickName}}</text>
    </block>
  </view>
  <view class="usermotto">
    <text class="user-motto">{{motto}}</text>
```

```
  </view>
</view>
```

移除无用代码后的代码如下：

```
<view class="container">
  <view class="usermotto">
    <text class="user-motto">{{motto}}</text>
  </view>
</view>
```

同样，将./index/index.js 中的无用代码删除。删除前的代码如下：

```
//index.js
//获取应用实例
const app = getApp()

Page({
  data: {
    motto: 'Hello World',
    userInfo: {},
    hasUserInfo: false,
    canIUse: wx.canIUse('button.open-type.getUserInfo')
  },
  //事件处理函数
  bindViewTap: function() {
    wx.navigateTo({
      url: '../logs/logs'
    })
  },
  onLoad: function () {
    if (app.globalData.userInfo) {
      this.setData({
        userInfo: app.globalData.userInfo,
        hasUserInfo: true
      })
    } else if (this.data.canIUse){
      // 由于 getUserInfo 是网络请求，可能会在 Page.onLoad 之后才返回
      // 所以此处加入 callback 以防止这种情况
      app.userInfoReadyCallback = res => {
        this.setData({
          userInfo: res.userInfo,
          hasUserInfo: true
        })
      }
    } else {
      // 在没有 open-type=getUserInfo 版本的兼容处理
      wx.getUserInfo({
        success: res => {
          app.globalData.userInfo = res.userInfo
          this.setData({
            userInfo: res.userInfo,
            hasUserInfo: true
          })
        }
      })
```

```
    }
  },
  getUserInfo: function(e) {
    console.log(e)
    app.globalData.userInfo = e.detail.userInfo
    this.setData({
      userInfo: e.detail.userInfo,
      hasUserInfo: true
    })
  }
})
```

仅保留 WXML 中引用的 motto 字段，删除后的代码如下：

```
Page({                                          // 调用 Page 构造函数创建页面
  data: {
    motto: 'Hello World',                       // 页面展示的文本信息
  },
  onLoad: function () {                         // 页面初始化时的回调函数

  },
})
```

完成上述修改后，保存文件，小程序 IDE 会自动重新渲染页面。因为没有修改代码逻辑，所以可以看到页面与图 1-2 一样，没有发生任何变化。

经过上面的步骤，我们便创建了一个最基本的 Hello World 小程序项目。本节对项目的文件结构进行了简单的介绍，读者只需有大概印象即可，随着后续的深入学习，读者自然会对小程序的项目结构有更加清晰的认识。

在讲解小程序目录结构时，笔者穿插介绍了 tree 命令的使用方式及 JSON 格式的特点。这些小知识是前端开发必知必会的点，不太了解的读者不妨进一步了解一下。

在 1.2 节中我们将使用 JavaScript 控制页面文本的显示，并进一步使用 Animation API 为小程序页面增加动画效果。

1.2　UI 组件的使用

完成了项目创建后，接下来使用微信小程序 IDE 提供的 UI 组件搭建小程序的页面。对于首个 Hello Word 项目，只需要用到<text/>和<button/>组件。小程序 IDE 中的组件其实和 Web 开发中的组件非常相似，但小程序 IDE 对其进行了进一步封装，所以标签命名和使用方式都有所不同，下面来看看具体如何使用。

1.2.1　组件介绍

首先回顾一下 1.1 节中的代码。在 WXML 中，调用了 JavaScript 代码的 motto 属性用于数据展示，具体代码如下：

```
<view class="container">
  <view class="usermotto">
    <!-- 使用 JavaScript 中的 data.motto 属性 -->
    <text class="user-motto">{{motto}}</text>
  </view>
</view>
```

代码中使用了 text 组件进行文本展示，并使用了 view 组件作为容器进行布局。其实就类似于 Web 开发中使用 div 组件进行布局，使用 span 组件进行文本展示。因为小程序特殊的渲染机制（后续会有详细讲解），我们不能通过直接操作 DOM（Document Object Model，文档对象模型）来更新 UI，而是通过小程序提供的 setData()接口对页面数据进行更新，小程序会根据页面数据的变化，在下一次页面重绘时根据更新后的 data 绘制出新的页面。

注意上面代码中的这一段：

```
<text class="user-motto">{{motto}}</text>
```

这段代码通过两层大括号引用了 Page 实例中的数据，如果我们使用 setData()去更新 motto 的值，在下一次页面重绘时页面就会展示更新后的数据。除了绑定展示的文字外，微信小程序还提供其他的动态绑定功能，这种语法称为 Mustache 语法。下面来看几个简单的案例。

下面的代码通过在标签部分内容中使用双括号语法绑定了标签内容文本。两层大括号内的代码会被解析为字符串，该字符串将会作为 DOM 节点的 innerText，相当于执行了 htmlElement.innerText=message。

```
// WXML
<view>{{message}}</view>
// JavaScript
Page({
  data: {
    message: 'Hello World',
  }
})
```

在标签属性部分的双引号内部使用该语法可绑定标签属性（例如 id）。不同于上面绑定 DOM 节点的 innerText，在起始标签内的属性绑定会更新 DOM 节点的相应属性，如本例中会更新 id 属性。

```
//WXML
<view id="{{username}}">
  用户名
</view>
// JavaScript
Page({
  data: {
    id: 'username',
  }
})
```

在两层大括号中可以引用 JavaScript 中的数据，还可以对其进行简单的计算，例如：

```
// WXML
<!-- 在两层大括号中进行 JavaScript 的三元运算符计算 -->
<view hidden="{{showUsername ? false : true}}">
  {{username}}
</view>
// JavaScript
Page({
  data: {
    username: 'Jack',
    showUsername: true
  }
})
```

在后面的项目实现过程中，将陆续用到这些语法。

好奇心强的读者可能会疑惑，为什么 HTML 中的标签属性可以进行绑定，还能动态地变更？其实 HTML 只是前端开发者用于描述前端页面的一种方式，浏览器真正渲染页面时，会将 HTML 代码解析为 DOM 树，而 HTML 中每个节点的属性也会相应被解析到 DOM 对象上的 property。

下一节中我们会拓展讲解前端中一个基础而重要的知识点。本书后续还会有许多类似的拓展知识讲解，我们将其称为“前端杂谈”版块。

1.2.2　前端杂谈：attribute 与 property

这里拓展讲解一下 HTML 中的属性 attribute，以及其与标签最终渲染出来的 DOM 树上 property 之间的关系。了解其原理对后续解读小程序工作机制，以及对整个前端开发的理解都大有裨益。

首先来了解什么是 attribute，什么是 property。attribute 是在 HTML 代码中经常看到的键-值对，例如：

```
<input id="the-input" type="text" value="Name" />
```

上面代码中的 input 节点有 3 个 attribute。

- id：the-input。
- type：text。
- value：Name。

property 是 attribute 对应 DOM 节点的对象属性（Object field），例如上面的 HTML 标签渲染出来的 DOM 节点为 HTMLInputElement，我们可以在浏览器的调试窗口中检查其属性，显示如下：

```
HTMLInputElement.id === 'the-input'
HTMLInputElement.type === 'text'
HTMLInputElement.value === 'Name'
```

从上面的例子来看，似乎 attribute 和 property 是相同的，那么它们有什么区别呢？来看另一段代码。

```
// 在页面加载后，我们在这个 input 中输入 "Jack"
<input id="the-input" type="typo" value="Name" />
```

注意这段代码中的 type 属性，我们给的值是 typo，这并不属于 input 支持的 type 种类。在 Chrome 浏览器的调试窗口中，通过调用 DOMElement 的方法，查看 input 节点的 attribute 和 property，显示如下：

```
// attribute 属性依然保持了 HTML 中输入的初始值
input.getAttribute('id')        // the-input
input.getAttribute('type')      // typo
input.getAttribute('value')     // Name:
// property 值发生了变化（没有和 attribute 相对应）
input.id                        // the-input
input.type                      // text
input.value                     // Jack
```

可以看到，attribute 的值仍然是保持着 HTML 代码中的初始值。而在 property 中，type 被自动修正为 text，value 随着用户改变 input 的输入，也变更为了 Jack。这正是 attribute 和 property 间的区别：attribute 会始终保持 HTML 代码中的初始值，而 property 是有可能变化的。

其实，从这两个单词的意思上也能看出些端倪。attribute 从语义上更倾向于不可变更，而 property 从语义上更倾向于在其生命周期中是可变的。

1.2.3　更新页面 UI

了解了 HTML 标签属性和 DOM 节点 property 的关系后，本节将实现一个简单的用户交互。通过定时任务，动态地刷新页面，使页面每秒执行一次更新。定时任务使用 JavaScript 的 setInterval()函数，使用方式很简单，第一个参数为需要定时执行的函数，第二个参数为定时周期。具体代码如下：

```
Page({
  data: {
    moneyNum: 0,
    suffixStr: '块钱',
    message: ''
  },
  onLoad: function () {
    // 设置定时任务
    setInterval(() => {
      this.data.moneyNum ++
      this.setData({                    // 更新 data.message 字段
        message: `${this.data.moneyNum} ` + this.data.suffixStr
      })
    }, 1000)
  },
})
```

保存以上代码后，可以看到页面上的文字每秒都在发生变化，如图 1-3 所示。

注意，在上面这段代码中，我们对 moneyNum 的更新没有使用 setData()，而对 message 的更新使用了 setData()。这样做的原因是 moneyNum 在 WXML 中并没有被用到，无须通过 setData()来将其最新的值传递给页面用于刷新；而 message 在 WXML 中被引用，所以需要通过 setData()保证其在下次页面渲染时被更新。

注意： 尽可能减少将不必要的数据传递给 setData()，以减少小程序逻辑进程和 UI 进程之间的通信成本。

这里简单介绍小程序中 UI 渲染进程和逻辑进程间通信的关系，便于读者理解为何 setData()时需要注意传值。

图 1-4 所示为微信小程序文档中的示例，逻辑代码是运行在 JsCore 也就是逻辑层中的，而页面的渲染是在 WebView 中，两者间通过微信客户端进行数据通信。我们调用 setData()也就是传递通信的数据，如果 setData()传递的数据量过大，自然就会影响通信的效率，甚至会造成页面的卡顿。

图 1-3　页面变化效果

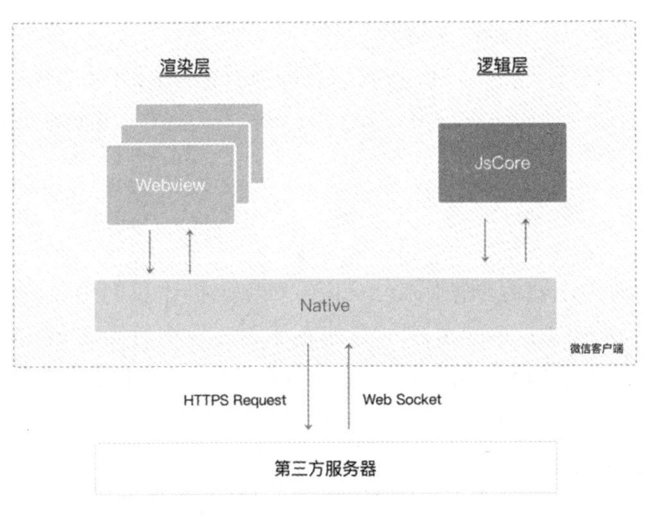

图 1-4　小程序通信机制

1.3　动画 API 的使用

仅仅是完成上面的功能是不是觉得没有太多成就感？本节为前面简单的文本展示添

加一些动画效果。添加动画需要使用小程序的动画 API，即 wx.createAnimation。

本节会先介绍小程序动画 API 的基本使用流程；再通过对比原生 Web 动画开发和小程序动画开发的异同，帮助读者理解小程序 API 的设计原理；最终通过调用小程序动画 API，完成动画实现。

1.3.1　动画 API 示例

小程序的动画和 Web 应用中的动画有所不同，小程序动画无法通过 JavaScript 直接操作 DOM 的 style 来创建动画，而是需要使用小程序提供的动画 API 来创建动画。下面是小程序动画的基本使用流程：

（1）使用 wx.createAnimation 创建动画对象。

（2）调用 animation 对象的各种方法来描述动画效果。

（3）调用 animation 对象的 export()方法导出动画数据。

（4）使用 setData()将导出的动画数据更新到对应节点的 animation 属性上。

首先创建 animation 对象，创建时我们可以设置动画的一些属性。

- duration：设置动画的时长。
- timingFunction：设置时间插值函数。
- delay：设置动画开始延时时间。
- transformOrigin：设置动画中心点。

例如，创建一个慢速开始、时长为 1s、立即执行的动画对象的代码如下：

```
const animation = wx.createAnimation({      // 传入动画参数，创建动画对象实例
  duration: 1000,                           // 动画时长
  timingFunction: 'ease-in',                // 动画执行的插值函数
  delay: 0                                  // 动画延时
})
```

创建好动画对象后，就可以使用 animation 对象来描述我们想要的动画效果。

animation 的方法中除了 export()外，其他方法返回值均为 animation 对象本身，这样的设计方便开发者进行链式调用。这里通过修改节点透明度，可创建一个简单的渐隐动画效果，用到的 animation 方法为.opacity()。

```
animation
  .opacity(1)                               // 调整透明度为 1
  .step()                                   // 将前面的修改标记为一个 step
  .opacity(0)                               // 将透明度调整为 0
  .step()                                   // 将前面的修改标记为一个 step
```

这样便创建了一个透明度由 1 变为 0 的动画。通过调用该动画的 export()方法，便得到了动画的数据。最后，使用 setData()将动画数据更新到对应节点的 animation 属性上，即完成了小程序动画的完整流程。

1.3.2　对比 Web 动画

看过了小程序的动画开发，来对比一下原生 Web 开发中动画的实现。来看一段简单的代码：

```
function animateOpacity(){
    // 获取添加动画 DOM 节点实例
    const element = document.getElementById('elementId')
    let opacity = 0              // 初始化透明度为 0
    let duration = 1000          // 设置动画时长为 1000
    function changeOpacity(){    // 在动画周期内，不断刷新 DOM 节点透明度的函数
        opacity += (1/duration)
        if(opacity > 1) opacity = 0
        element.style.opacity = opacity
    }
    // 通过 setInterval()函数定制执行动画更新函数
    setInterval(changeOpacity, 1000)
}
```

可以看到，原生 Web 开发的动画通过 setInterval()设置定时执行函数，然后在执行函数中直接修改指定 DOM 节点的 style 样式即可。那么为什么小程序不能使用这种方法创建动画呢？这是因为在小程序中获得 DOM 节点后，对 DOM 节点的样式操作并不会立即反映在页面上，小程序只会在其页面绑定数据发生变化时对页面进行刷新。如此一来，我们对 DOM 节点的修改无法实时反映在页面上，自然动画也就无法生效。

小程序通过创建 animation 对象的方式，将修改 DOM 节点样式的逻辑存储在了 animation 对象的描述中，并一次将整个 animation 通过 setData()的方式更新到渲染层。渲染层接收到 animation 对象，再按照其描述，定时去修改 DOM 节点的 style 属性，这样便规避了小程序中无法直接操作 DOM 实现动画的问题，实现方法非常巧妙，animation 对象的 API 设计也非常巧妙，适合我们参考学习。

1.3.3　添加动画效果

了解了微信小程序动画 API 的使用流程，接下来对前面的 Hello World 小程序进行改进——为钱数添加渐隐动画效果。首先需要对 WXML 进行修改，对钱数节点添加 animation 属性，代码如下：

```
<view class="container">
  <view class="usermotto">
    <!--通过设置 animation 属性，为 UI 元素增加动画 -->
    <text class="money-num" animation="{{numAnimation}}">{{moneyNum}}</text>
    <text class="user-motto">块钱</text>
  </view>
</view>
```

相应地，在 JavaScript 部分为 Page 添加 numAnimation 属性，并添加 generateAnimation 用于创建动画代码如下：

```
generateAnimation() {
  const animation = wx.createAnimation({          // 创建动画
    duration: 500,                                // 动画周期为 0.5s
    timingFunction: 'linear'                      // 线性动画
  })
  animation
    .opacity(1)                                   // 透明度设为 1
    .step()
    .opacity(0)                                   // 透明度设为 0
    .step()
  return animation.export()
}
```

最后，在之前更新页面 UI 数据的回调方法中，需要对钱数 text 节点的动画进行相应的更新，完整代码如下：

```
Page({
  data: {
    moneyNum: 0,
    suffixStr: '块钱',
    message: '',
    numAnimation: {}
  },
  onLoad: function() {
    setInterval(() => {                           // 定时执行动画
      this.data.moneyNum++
      this.setData({
        moneyNum: this.data.moneyNum,
        numAnimation: this.generateAnimation()
      })
    }, 1000)
  },
  generateAnimation() {                           // 创建透明度变化的动画
    const animation = wx.createAnimation({
      duration: 500,
      timingFunction: 'linear'
    })
    animation
      .opacity(1)
      .step()
      .opacity(0)
      .step()
    return animation.export()
  }
})
```

完成上述代码修改后，在小程序 IDE 中能够看到页面文字切换时，增添了透明度变化的动画效果。

1.4 本章小结

本章首先介绍了如何创建一个最基本的小程序，以帮助读者快速上手开始自己的小程序开发之旅。读者如果在创建小程序项目的时候遇到问题，可以前往微信小程序开发官网，查看介绍文档。本书主要介绍项目开发过程，故对该部分仅做了简略介绍。

紧接着介绍了小程序动画 API 的使用方法，为小程序增添了一些趣味性。在介绍小程序动画 API 的同时，对比了原生 Web 开发中的动画实现，帮助读者更好地理解小程序动画的设计思路。跟随本章介绍一起实践后，相信读者已经对小程序的开发方式有了大概的认识。

第 2 章将带领大家优化小程序的开发流程，通过现代的前端开发工具，搭建属于自己的一套小程序开发模板。

第 2 章　工程化小程序开发

在第 1 章中，我们直接在 IDE 中进行代码编辑并保存查看效果，完成了一个简单的 Hello World 小程序。在小程序 IDE 中直接开发虽然简单，但有诸多不够灵活的地方。例如，如果开发者想要使用 Less、Sass、Stylus 等 CSS 预编译语言来书写页面样式，而不是使用 WXSS 默认支持的 CSS，在这种开发方式下就无法实现。

再比如，开发者希望在项目中添加测试文件 helloworld.test.js，但是不希望测试代码被打包进最终的发布包，在这种开发方式下也无法实现。

本章将使用 webpack 工具一步步构建工程化小程序开发环境，得到一个更为灵活、高效的小程序开发环境，并最终使用 Git 将其发布为一个自定义的小程序开发模板，方便后续创建新项目时使用。

2.1　为什么要工程化

工程化开发的目的是为了更加灵活、方便地定制代码编译、打包及发布流程，其核心思想是自动化开发流程，提升开发效率。原生的小程序开发方式存在一定的问题，例如：

- 无法将测试文件移出发布包从而增加小程序体积。
- 无法自动将 Sass/Less 等文件自动编译为 CSS 文件，并且仅将编译产物打包。

为了解决这些问题，需要工程化小程序的开发方式。

2.1.1　工程化的好处

工程化的好处有许多，如下：

- 可自定义被打包进代码发布包中的文件类型，减少代码包的大小。
- 自动化样式文件的编译，方便修改 Sass/Less 文件就可以直接查看效果。
- 可针对不同平台小程序分别打包代码（如 QQ 小程序和微信小程序的双平台打包）。
- 便于引入第三方依赖库。
- 优化测试体验。

其实工程化开发最大的好处就是自动化，减少重复劳动，提升开发效率。试想一下，如果我们在小程序开发过程中，在 WXSS 中无法编写 Sass 和 Less 等 CSS 预编译文件，也无法使用 PostCSS 自动添加样式兼容代码，不仅语法上不灵活，不同浏览器的适配代码也需要手动编写，会极大地降低开发效率。

对于小程序开发，微信小程序将工程化的部分工作转移到了微信端来完成。对于常见的 Web 开发，我们期待的最终产物是一个单一的 HTML 文件，其中使用<script>标签引用了一些 JavaScript 和 CSS 文件。但对小程序来说，最终的产物是每一个 page 有一份单独的 WXML、WXSS 和 JavaScript 文件。小程序之所以没有将所有页面打包为一个 HTML 文件，主要有两个原因：

- 小程序在第一次被打开后，会将代码缓存在手机本地，下次打开时如无版本更新，则无须再次下载。故对代码包的大小要求没有网页端那么严苛。
- 小程序的每个页面需要有单独打开的能力，为减少页面间的依赖关系，在目录层面将其拆分更便于分离其代码逻辑。

但这并不代表工程化开发对于小程序而言不重要。恰恰相反，微信小程序由于代码的目录结构及文件后缀的限制，更需要通过工程化开发来解放开发模式，使用最新的 JavaScript 语法和 CSS 预编译工具来提升开发效率。

2.1.2　前端工程化介绍

现如今，前端开发早已不是 HTML、CSS 和 JavaScript 三种文件的简单拼凑。自从 Node 发布以来，基于 Node 开发的前端脚手架如雨后春笋般冒出，其中，目前最常用的有 Grunt、Gulp 和 webpack。

本书将依次介绍这 3 种工具的异同，并着重介绍 webpack 的基本用法。后续将以 webpack 为基础，实现需要的工程化开发功能。希望读者能跟随本章的内容一步步动手实践。本章的实践会涉及许多前端技巧，不仅对小程序开发，对今后其他前端开发工作都将有很大帮助。

首先介绍 Grunt。Grunt 对自身的定义为 The JavaScript Task Runner，如图 2-1 所示。

图 2-1　Grunt 标志

使用 Grunt 实现前端工程化开发的方式非常简单：使用者首先编写一系列的自动化脚本（如 Sass/Less 编译、ES 6 的 Babel 转义等），然后通过定义 task 的方式，将这些脚本串联起来，实现开发流程的自动化。来看一段常见的 Grunt 配置代码：

```
module.exports = function(grunt) {                // 最终输出的配置项
  // Project configuration.
  grunt.initConfig({                               // 初始化配置
    // 通过加载 package.json 来获知项目结构
    pkg: grunt.file.readJSON('package.json'),
    uglify: {                    // 配置 JavaScript 代码压缩混淆任务
      options: {
        banner: '/*! <%= pkg.name %> <%= grunt.template.today("yyyy-mm-dd")
%> */\n'
      },
      build: {                   // 配置 JavaScript 代码混淆的源文件和生成文件目录
        src: 'src/<%= pkg.name %>.js',
        dest: 'build/<%= pkg.name %>.min.js'
      }
    }
  });
  // Load the plugin that provides the "uglify" task.
  grunt.loadNpmTasks('grunt-contrib-uglify');  // 加载代码混淆的 task 依赖
  // Default task(s).
  // 将代码混淆 task 注册为默认 task
  grunt.registerTask('default', ['uglify']);
};
```

将该配置代码保存为 gruntfile.js 文件，存放在项目的根目录下并运行 grunt 命令。grunt 便会执行代码中注册的默认任务。执行完成后，打开位于项目根目录的 dist 文件夹，便能看到生成的*.min.js 文件。

Grunt 的处理方式简单、直接，并且脚本代码便于理解和维护，一经推出便受到前端开发的广泛欢迎，至今仍有许多项目选择使用 Grunt 进行工程化实践。

Grunt 的缺点在于，使用它需要开发者编写较多的任务脚本。对于一些比较复杂的需求（如 CSS 样式注入、script 标签注入等），需要编写较为复杂的脚本才能实现，增加了前端开发的工作量。

Gulp 在 Grunt 的基础上做出了改进，能更方便地自动化我们的工作流程，如图 2-2 所示。

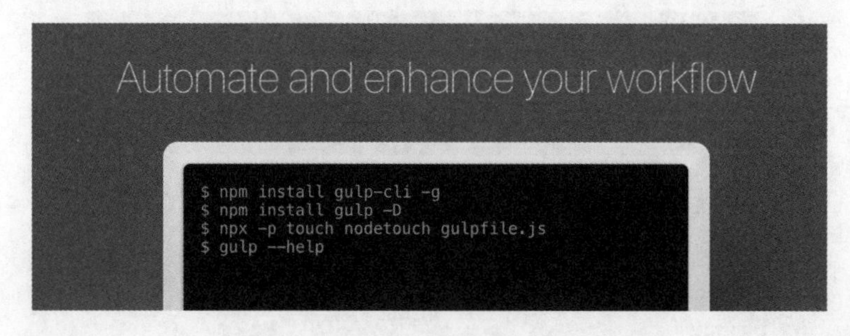

图 2-2　Gulp 示例

Grunt 默认将 task 按顺序依次执行，而 Gulp 则会将任务并行处理，能显著提升 task 的执行效率。更快速的执行效率能帮助开发者在有限时间内进行更多次的测试，更快地查看代码运行结果。另外，Gulp 将 task 脚本的编写抽象为对文件流的修改，将脚本处理的过程抽象为对文件流处理的过程。这一抽象方便了 Gulp 插件的开发，而众多 Gulp 插件的出现，让开发者在编写开发脚本时能复用已有的 Gulp 插件，极大地降低了开发成本。来看一段 Gulp 的配置代码：

```
const { series, parallel } = require('gulp'); // 引入 gulp 的工具方法
function clean(cb) {                         // 清理输出路径 task
  // body omitted
  cb();
}
function css(cb) {                           // CSS 处理 task
  // body omitted
  cb();
}
function javascript(cb) {                    // JavaScript 处理 task
  // body omitted
  cb();
}
// 将 CSS 处理 task 和 JavaScript 处理 task 并行执行
// 将 clean 和上面的任务串行执行
exports.build = series(clean, parallel(css, javascript));
```

可以看到，Gulp 的使用方法也是将 task 组装起来，完成想要的功能。此外 Gulp 还提供了 parallel 方法并行化 task 的执行，并且脚本中每个 task 都是对文件流的处理，省去了解析文件的烦琐步骤。

不同于 Grunt 和 Gulp，webpack 选取了一条完全不同的路线。webpack 对自身的定义为 bundle your web project，作用是帮助我们打包 Web 项目，如图 2-3 所示。

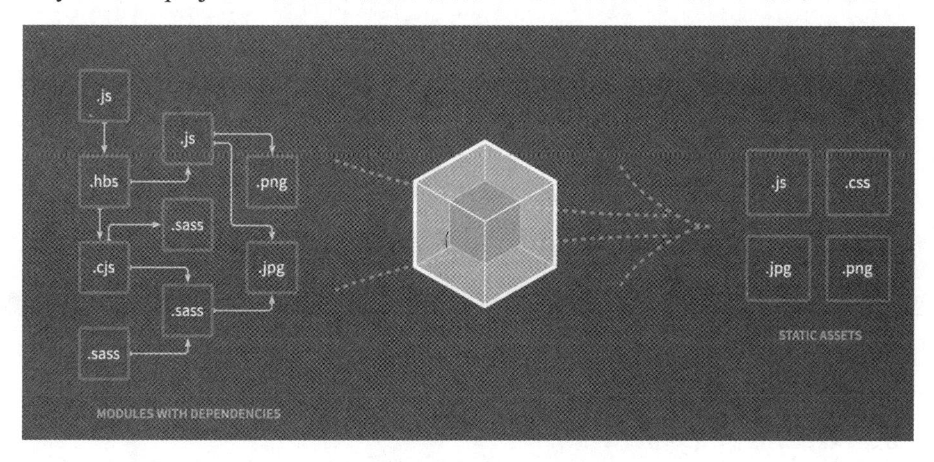

图 2-3　webpack 的作用示意图

webpack 提出了将 CSS、JavaScript、HTML 及图片等文件全都看作 Web 项目资源的一部分，webpack 会根据配置文件中指定的项目入口文件（一般为 main.js 或 index.js）自动索引出项目的依赖文件，并将其打包到最终的输出目录中。

对于不同格式的文件，webpack 通过定义不同的 loader 对其进行相应处理。例如对 Less 文件，可以通过 less-loader 将其编译为 CSS；对于图片资源，可以通过 file-loader 将其引用进来；对于 JSON 文件，可以通过 json-loader 轻松地在代码中将其作为 JavaScript 的普通对象使用。甚至，开发者可以自定义文件类型，并编写自定义的 loader 来对其进行处理。webpack 的这一特性使其拥有无与伦比的灵活性，也使其在当今的前端工程化领域占据了大部分的份额。

下面创建一个基本的 webpack 项目来体验其强大的功能。首先创建项目目录 webpack-try-out，并依次创建 src 目录及 index.js、helllo.js 等文件。和第 1 章一样，使用 tree 命令总览项目结构，显示如下：

```
.
├── dist
├── src
└── webpack.config.js
```

要使用 webpack，首先需要将 webpack 安装到项目中，执行命令如下：

```
npm install -D webpack
```

执行上面的命令后，项目的根目录中会生成 package.json、package-lock.json 和 node_modules 等文件。其中 package.json 为项目的描述文件；package-lock.json 为项目依赖包的版本管理文件；node_modules 目录为依赖包下载存放的目录。

接下来创建项目文件。在 src 目录中创建 index.js 文件，作为项目的入口文件；创建 hello.js 作为被入口文件引用的文件，并在其中创建 hello()函数。hello()函数的功能非常简单，仅仅是在控制台输出“Hello”字样。下面是 hello.js 文件内容。

```
// hello.js
export default function hello(){
  console.log('Hello!')
}
```

在 index.js 中，通过 import 引用 hello.js 文件并调用其 hello()函数。

```
// index.js
import hello from './hello';
hello();
```

这样便完成了一个有模块引用关系的简单项目。接下来编写基本的 webpack 配置文件，代码如下：

```
// webpack.config.js
const path = require('path')
module.exports = {
  entry: './src/index.js',                    // 入口文件
  output: {
    path: path.resolve(__dirname, 'dist'),    // 输出目录
    filename: 'bundle.js'
  }
}
```

webpack 配置文件主要定义了项目的以下属性。

- entry：定义项目入口文件路径。
- output：定义输出路径和文件名（这里用 node.js 的 path 模块拼接出 dist 的完整路径，并命名输出文件名称为 bundle.js.）。

完成上述配置后，再来看一下目录结构。

```
├── package-lock.json
├── package.json
├── src
│   ├── hello.js
│   └── index.js
└── webpack.config.js
```

完成了基本的项目配置后，接下来便可执行 webpack 命令查看编译效果。在 package.json 中添加如下执行脚本：

```
"scripts": {
  "test": "echo \"Error: no test specified\" && exit 1",
  "build": "webpack"
},
```

在项目根目录下执行 npm run build 命令。执行完成后项目根目录下自动生成了 dist 目录，打开 dist 目录能看到里面存放着 bundle.js 文件，bundle.js 是该项目编译出的结果文件。可以发现，webpack 的配置是相对简单的，我们并没有添加过多的配置项就完成了一个简单项目的工程化。

了解了 webpack 的基本用法后，接下来将带领大家一步步通过配置 webpack 实现小程序的工程化开发。

2.2 一步步教你完成 webpack 配置

webpack 在前端领域得到了广泛的应用，前端的三大框架 Vue、React 和 Angular 均默认以 webpack 作为工程化开发的工具。本节也将以 webpack 为基础，配置出小程序开发的工程化开发模板。

2.2.1 文件目录打包

小程序开发与普通的 Web 开发不同，项目代码无须打包为单一的文件输出。恰恰相反，小程序的目录打包需要保存原有的目录结构，所以第一步我们用 webpack 将代码按照原目录结构由源目录复制到输出目录下。

首先，和第 1 章中的 Hello World 项目一样，我们使用小程序 IDE 创建原始的小程序项目，并清除无用代码。得到的项目目录结构如下：

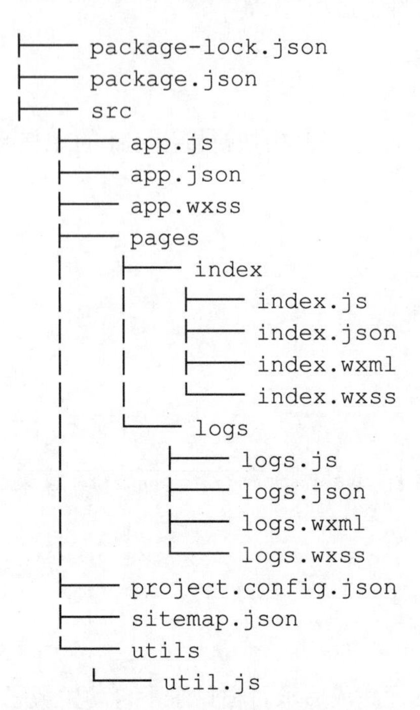

```
├── package-lock.json
├── package.json
├── src
    ├── app.js
    ├── app.json
    ├── app.wxss
    ├── pages
    │   ├── index
    │   │   ├── index.js
    │   │   ├── index.json
    │   │   ├── index.wxml
    │   │   └── index.wxss
    │   └── logs
    │       ├── logs.js
    │       ├── logs.json
    │       ├── logs.wxml
    │       └── logs.wxss
    ├── project.config.json
    ├── sitemap.json
    └── utils
        └── util.js
```

前端的工程化脚手架是基于 node 模块开发的，要使用 node 模块，首先需要创建 package.json 文件来声明项目基本信息。package.json 文件可通过 npm init 命令来自动化创建。输入 npm init 并按 Enter 键，命令行会提示输入项目的基本信息，各字段的含义如下：

- package name：项目名称。
- version：项目版本，node 项目一般采用语义化的版本管理（semantic versioning），即第一位表示大的发布版本，第二位为功能更新版本号，第三位为缺陷修复版本。这里直接按 Enter 键，表示使用默认的 1.0.0 版本即可。
- description：项目描述，用于帮助他人快速了解本项目。
- entry point：项目入口文件，当我们的项目被其他项目作为 node module 引用时会以该文件作为入口。
- test command：项目的测试命令。大部分情况下，开发者会将测试、编译、运行等命令都放在 package.json 的 scripts 字段中。
- git repository：项目的 Git 地址，可以暂时不输入。后续将模板发布到 GitHub 后，再将发布链接输入到该字段。
- author：作者姓名。
- license：项目的协议。这里使用默认的 ISC 协议即可。

注意： ISC（Internet Systems Consortium）是一种常用的开源协议。

输入完毕后，NPM 会打印出当前配置的预览效果，询问是否符合预期，如图 2-4 所示。

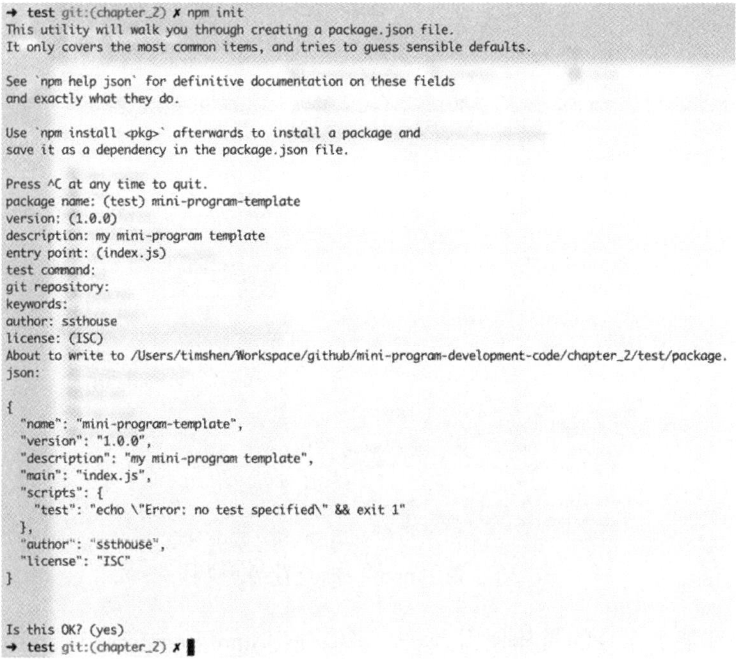

```
➜ test git:(chapter_2) ✗ npm init
This utility will walk you through creating a package.json file.
It only covers the most common items, and tries to guess sensible defaults.

See `npm help json` for definitive documentation on these fields
and exactly what they do.

Use `npm install <pkg>` afterwards to install a package and
save it as a dependency in the package.json file.

Press ^C at any time to quit.
package name: (test) mini-program-template
version: (1.0.0)
description: my mini-program template
entry point: (index.js)
test command:
git repository:
keywords:
author: ssthouse
license: (ISC)
About to write to /Users/timshen/Workspace/github/mini-program-development-code/chapter_2/test/package.
json:

{
  "name": "mini-program-template",
  "version": "1.0.0",
  "description": "my mini-program template",
  "main": "index.js",
  "scripts": {
    "test": "echo \"Error: no test specified\" && exit 1"
  },
  "author": "ssthouse",
  "license": "ISC"
}


Is this OK? (yes)
➜ test git:(chapter_2) ✗
```

图 2-4　使用 npm init 命令打印预览效果

直接按 Enter 键表示符合预期，packag.json 文件会自动在当前目录下生成，其内容如下：

```
{
  "name": "mini-program-template",
  "version": "1.0.0",
  "description": "my mini-program template",
  "main": "index.js",
  "scripts": {
    "test": "echo \"Error: no test specified\" && exit 1"
  },
  "author": "ssthouse",
  "license": "ISC"
}
```

初始化 node 项目的基本信息后，接下来便可以安装依赖。安装依赖依然会用到 node 的包管理工具 NPM。

这里简单地介绍一下 NPM，如果读者已对 NPM 的使用非常熟练，可以跳过这部分内容。

NPM 的全称为 Node Package Manager，它是 node 环境依赖管理的工具，在安装 node 时会默认安装 NPM。使用 NPM 可以下载、安装任何发布在 npm repository 上的第三方库。目前 npm repository 已经成为最活跃和 library 数量最多的开源平台。

根据学习 tree 命令的经验，我们可以运行 npm -help 查看帮助文档，如图 2-5 所示。可以看到这里简单列出了 NPM 的所有命令，通过命令名称可以快速知道 NPM 能完成哪些任务。

```
→ chapter_2 git:(chapter_2) ✗ npm -help

Usage: npm <command>

where <command> is one of:
    access, adduser, audit, bin, bugs, c, cache, ci, cit,
    clean-install, clean-install-test, completion, config,
    create, ddp, dedupe, deprecate, dist-tag, docs, doctor,
    edit, explore, get, help, help-search, hook, i, init,
    install, install-ci-test, install-test, it, link, list, ln,
    login, logout, ls, org, outdated, owner, pack, ping, prefix,
    profile, prune, publish, rb, rebuild, repo, restart, root,
    run, run-script, s, se, search, set, shrinkwrap, star,
    stars, start, stop, t, team, test, token, tst, un,
    uninstall, unpublish, unstar, up, update, v, version, view,
    whoami

npm <command> -h  quick help on <command>
npm -l            display full usage info
npm help <term>   search for help on <term>
npm help npm      involved overview

Specify configs in the ini-formatted file:
    /Users/timshen/.npmrc
or on the command line via: npm <command> --key value
Config info can be viewed via: npm help config

npm@6.9.0 /usr/local/lib/node_modules/npm
→ chapter_2 git:(chapter_2) ✗ ▌
```

图 2-5　使用 npm-help 查看帮助文档

如果想查询某个命令的具体使用方法，可以使用 npm <command> -h 命令查看详细说明。例如要查看 install 命令的使用方式，可以输入 npm install -h 命令，如图 2-6 所示。从输出的文档中可以看到，NPM 支持各种格式的第三方库下载。

这里用到的第三方库发布于 npm repository，所以直接通过包名安装即可。感兴趣的读者不妨将图中这几种安装方式都尝试一下，可以熟悉 NPM 的使用。

从 npm install 文档中可以看到，NPM 支持直接通过 Git 路径下载依赖包。对于一些大型企业，公司内部需要共享部分 node module，则可以通过直接访问内网的 Git 链接安装依赖。

```
→ chapter_2 git:(chapter_2) ✗ npm install -h

npm install (with no args, in package dir)
npm install [<@scope>/]<pkg>
npm install [<@scope>/]<pkg>@<tag>
npm install [<@scope>/]<pkg>@<version>
npm install [<@scope>/]<pkg>@<version range>
npm install <folder>
npm install <tarball file>
npm install <tarball url>
npm install <git:// url>
npm install <github username>/<github project>

aliases: i, isntall, add
common options: [--save-prod|--save-dev|--save-optional] [--save-exact] [--no-save]
→ chapter_2 git:(chapter_2) ✗ ▌
```

图 2-6　查看 install 命令的使用方式

下面介绍将用到的 node module。

- copy-webpack-plugin：用于复制文件的 webpack 插件，本章的主要配置也围绕该插件展开。
- @babel/core，@babel/preset-env：将 ES 6 代码编译为兼容性更好的 ES 5 代码。
- Less：将 Less 代码编译至 CSS 代码。

对于以上 3 个 node module，可以通过 npm install -save-dev 来安装。save-dev 参数的含义是安装的依赖在开发阶段使用，无须将其打包到最终的输出目录。该部分的依赖会出现在 pacakge.json 中的 devDependencies 字段下。而不加-save-dev 参数安装的依赖包，会安装在 dependencies 字段下。执行以下命令：

```
npm install -save-dev copy-webpack-plugin @babel/core @babel/preset-env less
```

注意：如果读者在这一步发现安装耗时特别长或因为网络连接超时安装失败，可以通过配置代理仓库地址解决，即执行命令“npm config set registry http://registry.npm.taobao.org/”。

安装完成后，再来查看 package.json 文件，可以看到安装的依赖都已被添加到了 devDependencies 字段中。

```
{
  "name": "chapter_2",
  "version": "1.0.0",
  "description": "微信小程序模板项目",
  "main": "index.js",
  "scripts": {
    "test": "echo \"Error: no test specified\" && exit 1",
    "start": "webpack --config webpack.config.js"
  },
  "author": "ssthouse",
  "license": "ISC",
  "devDependencies": {
    "@babel/core": "^7.5.5",
    "@babel/preset-env": "^7.5.5",
    "copy-webpack-plugin": "^5.0.3",
    "less": "^3.9.0",
    "webpack": "^4.35.2",
    "webpack-clean-obsolete-chunks": "^0.4.0",
    "webpack-cli": "^3.3.5",
    "webpack-dev-server": "^3.7.2",
    "write-file-webpack-plugin": "^4.5.0"
  }
}
```

完成依赖安装后，接下来创建 webpack 配置文件 webpack.config.js。首先完成基本框架的配置，entry 字段表示入口文件，但小程序开发无须打包输出为单个文件，所以输入项目中的任一文件即可，这里将 entry 设置为小程序的启动文件 app.js；output 配置为 dist 目录，这样最终代码输出会出现在项目根目录的 dist 文件夹中。在启动小程序开发 IDE 预览效果时，选择 dist 目录即可。下面是当前 webpack 的基本配置：

```
const path = require('path')

module.exports = {
  mode: 'development',                    // 编译模式设置为 development
  entry: './src/app.js',
  output: {
```

```
    path: path.join(__dirname, 'dist')
  },
  plugins: []
}
```

完成 webpack 基本配置后，需要测试配置文件是否生效。我们在 pacakge.json 的 scripts 字段添加项目编译脚本，这样就能通过在项目根目录下运行 npm run start 命令来执行编译任务。后续如果有更多自定义的命令，都可以添加在 scripts 中以便于执行。

将命令添加在 package.json 的 scripts 字段中的好处在于：在 package.json 中调用 webpack 命令，会自动在当前目录的 node_modules 文件夹中寻找相应的可执行文件。如果不在 package.json 中声明，而是直接在命令行中执行，则需要输入非常长的命令才能使用 webpack。

```
// 直接调用 webpack 可执行文件
./node_modules/webpack/bin/webpack.js -config webpack.config.js
// 在 package.json 中定义 webpack 命名
"scripts": {
  "test": "echo \"Error: no test specified\" && exit 1",
  "start": "webpack --config webpack.config.js"
},
```

声明了 start 脚本后，在项目根目录下运行 npm run start 即可调用该脚本。命令执行结束后，可以看到 dist 目录下生成了一个 main.js 文件，表明 webpack 编译流程已经跑通。

接下来尝试配置 webpack-copy-plugin 实现基本的文件复制功能。webpack-copy-plugin 是一个 webpack 插件，它的使用方式非常简单，通过实例化一个插件对象，将其放置在输出配置项的 plugins 数组中即可生效。下面我们创建一个 webpack-copy-plugin 对象并使用它。

```
const path = require('path')
// 引入 webpack-copy-plugin 插件
const CopyWebpackPlugin = require('copy-webpack-plugin')
module.exports = {
  mode: 'development',
  entry: './src/app.js',
  output: {
    path: path.join(__dirname, 'dist')
  },
  plugins: [
    new CopyWebpackPlugin([                    // 配置 webpack-copy-plugin 插件
      {
        from: '**/*',
        to: './'
      }
    ],{
      context: './src'
    })
  ]
}
```

CopyWebpackPlugin()构造函数需要传入两个参数：第一个参数为所有需要复制的文件模式所匹配的数组；第二个参数为插件配置对象。第一个参数我们传入一个有单个元素的数组，数组中的第一个元素匹配源代码路径下的所有文件，并将其复制到输出目录；第二个参数配置 context 参数，告诉 webpack-copy-plugin 该项目代码的根目录为 src 文件夹。

完成上述配置后再次运行 npm run start，可以看到在 dist 目录下复制了一份 src 目录中的文件，如图 2-7 所示，这样便完成了最基本的文件复制配置。此时可以打开微信小程序 IDE，项目目录选择当前项目下的 dist 文件夹，可以看到微信小程序 IDE 能够正确地渲染出 Hello World 字样。

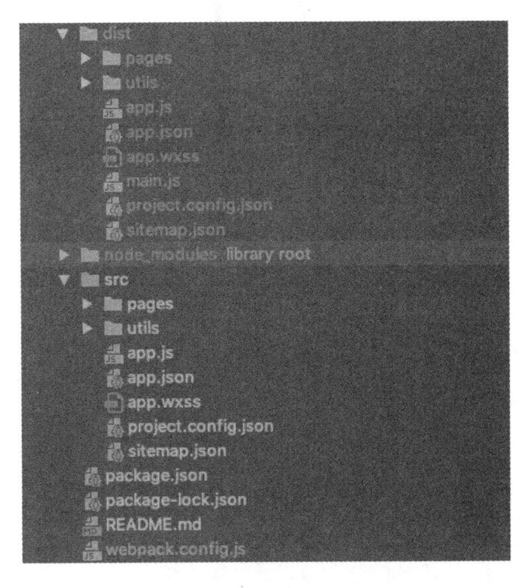

图 2-7　文件复制功能效果

2.2.2　ES 6 自动编译

完成了文件的基本复制功能后，下一步将为项目添加 Babel 编译支持，并将源代码中的 ES 6 语法转换为兼容性更好的 ES 5 语法。

简单介绍一下 Babel。Babel 的口号是 Babel · The compiler for next generation JavaScript，意思是下一代 JavaScript 的编译器。使用 Babel，开发者可以在代码中使用最新的 JavaScript 语法，让代码更简洁易懂，维护性更好。来看一段官方的示例：

```
// ES 6 语法
[1, 2, 3].map(n => n ** 2);
// ES 5 语法
[1,2,3].map(function(n) {
   return Math.pow(n, 2);
});
```

可以看到，通过使用 Babel，代码中可以使用简洁的箭头函数，使用**来表示乘方，让代码更易懂。

在一般的 Web 开发中（如使用 Vue 或 React 等框架开发），都是通过配置 webpack 或是使用已经配置好的 cli 工具创建项目。这些项目在创建时都已自带 Babel 编译功能。本节将通过编写 node 脚本的方式，为小程序项目增加 Babel 编译功能。

首先暂时移除上一步添加的复制全部文件的配置项，添加一个专门处理 JavaScript 文件的配置项。代码如下：

```
const path = require('path')
const CopyWebpackPlugin = require('copy-webpack-plugin')
```

```
const babel = require('@babel/core')
module.exports = {
  mode: 'development',
  entry: './src/app.js',
  output: {
    path: path.join(__dirname, 'dist')
  },
  plugins: [
    new CopyWebpackPlugin([
      {
        from: '**/*.js',            // 仅对 src 目录下以.js 结尾的文件进行处理
        to: './',
        transform(content, path) {
          // transform origin code to ES 5 code
        },
      },
    ],{
      context: './src'
    })
  ]
}
```

这里通过将 from 配置为“**/*.js”，表示选中 src 目录中所有以.js 为后缀结尾的文件。要想对 JavaScript 文件进行编译，需要在复制的过程中对 JavaScript 代码进行处理。copy-webpack-plugin 提供了一个 transform()函数，让开发者可以在文件复制的过程中对文件内容进行处理。这里我们可以在这一步调用 Babel 模块，对 JavaScript 代码进行编译处理。

Babel 模块的调用接口非常简洁。通过 require('@babel/core')获得 Babel 实例后，调用实例提供的 transformSync()函数，可以直接将代码作为字符串传入，返回值便是编译结果。该函数的第一个参数为原始 JavaScript 代码字符串，可以通过 transform()的第一个参数 content 获得。函数的第二个参数是代码编译的配置项，这里我们传入配置：babelrd:true, presets: ["@babel/env"]，感兴趣的读者可以去 Babel 官网查看不同的配置选项对应的不同效果。

transformSync()函数的返回值为编译结果对象，它的属性 code 就是最终代码的字节流。注意，transform()函数的返回值是 Promise，所以需要通过 Promise.resolve 返回一个处于 resolved 态的 Promise。这里需要调用 newCode.toString()将字节流转化为字符串。

来看看现在的 transform()函数：

```
transform(content, path) {
  const newCode = babel.transformSync(content, {
    babelrc: true,
    "presets": ["@babel/env"]
  }).code;
  return Promise.resolve(newCode.toString());
}
```

完成 Babel 配置后，需要测试是否生效。目前小程序自动生成的代码中没有用到 ES 6 的语法，为了测试效果，我们在 src 目录下的 app.js 文件末尾添加以下 ES 6 代码：

```
[1, 2, 3].map(n => n ** 2)
```

再次执行 npm run start 命令。命令执行完毕后，打开 dist 目录下生成的 app.js 文件，可以看到添加在 app.js 末尾的代码被编译为了 ES 5 的语法，这表明 ES 6 代码自动编译的功能已经添加成功。

```
[(1, 2, 3)].map(function (n) {
  return Math.pow(n, 2);
});
```

细心的读者可能会发现，虽然我们去掉了之前复制所有文件的配置项，但是执行完 npm run start 命令后，dist 目录下之前复制过去的文件并没有消失。其实我们将 src 中的某些文件删除，重新运行 npm run start 命令后，dist 目录中对应的文件也不会被删除。

当然这也是有问题的，例如我们在 src 目录中删除了一张图片，但是在 dist 目录中这张图片还存在。而小程序 IDE 打开的是 dist 目录，所以最终打包代码上传时，该图片还是被打包进了最终的代码库。这自然是我们不想看到的。

解决这个问题很简单，只需在代码的编译脚本前面加上一个简单的 shell 命令，用于清空 dist 目录即可。

```
"start": "rm -rf ./dist/* && webpack --config webpack.config.js"
```

该命令的含义很简单，即在调用 webpack 编译项目之前，通过 rm 命令清空 dist 目录。这里通过&&连接两条命令，可以保证两条命令的顺序执行。如果我们还有更多的命令需要添加，也可以继续使用&&+命令的方式拼接。

再次执行 npm run start，可以看到现在 dist 目录中只剩下了以.js 为后缀的文件。

本节用到了许多命令行及脚本的知识，这些知识点都是作为前端开发工程师必须要掌握的。因此一定不要抗拒学习 Linux 操作、命令行操作、脚本编写等技巧，这些是作为一名软件开发工程师的必备知识。

2.2.3　将测试文件从代码包中剔除

2.2.2 节中我们完成了 JavaScript 文件编译功能。有时项目文件中会有一些*.spec.js 和*.test.js 类文件，这些是测试文件，但是它们经常会出现在被测试文件相同的目录中。开发者并不希望将这些文件打包进最终发布的包里，但其所在的目录又不能通过目录剔除的方法将其剔除，这就需要通过文件后缀匹配的方法进行剔除。

首先在 src/pages/index 文件夹中创建 index.test.js 文件，并在文件中添加一个最简单的函数。在项目根目录下运行 npm run start 命令，可以看到 dist 目录的 pages/index 路径下出现了 index.test.js 文件。

接下来尝试通过配置 CopyWebpackPlugin()来过滤掉以.test.js 和.spec.js 结尾的测试文件。翻阅 CopyWebpackPlugin()的文档可以发现，它提供了一个 ignore 属性，该属性支持传入一个文件过滤数组，我们尝试在该属性下输入希望过滤掉的文件的匹配规则，具体代码如下：

```
new CopyWebpackPlugin([
  {
```

```
      from: '**/*.js',
      ignore: ['*.test.js', '*.spec.js'],
      to: './',
      transform(content, path) {
        // 使用 Babel 编译 ES6 的代码
        const newCode = babel.transformSync(content, {
          babelrc: true,
          "presets": ["@babel/env"]
        }).code;
        return Promise.resolve(newCode.toString());
      },
    },
  ],{
    context: './src'
  })
```

再次运行 npm run start 命令。查看 dist/pages/index 目录下的文件，可以看到该目录只有 index.js 文件，没有了 index.test.js 文件。这说明 ignore 属性已经生效，测试文件从输出的代码包中被剔除了。

2.2.4 Sass/Less 自动编译

在前面添加 Babel 编译 ES 6 代码功能的步骤中，我们移除了对所有文件的复制配置。下面将除 JavaScript 文件外，其他需要复制到 dist 目录下的文件加入配置中。

```
const path = require('path')
const CopyWebpackPlugin = require('copy-webpack-plugin')
const babel = require('@babel/core')
module.exports = {
  mode: 'development',
  entry: './src/app.js',
  output: {
    path: path.join(__dirname, 'dist')
  },
  plugins: [
    new CopyWebpackPlugin([
      {
        from: '**/*.wxml',
        to: './'
      },
      {
        from: '**/*.json',
        to: './'
      },
      {
        from: '**/*.jpg',
        to: './'
      },
      {
        from: '**/*.png',
        to: './'
      },
```

```
        {
          from: '**/*.css',
          to: './'
        },
        {
          from: '**/*.js',
          ignore: ['*.test.js', '*.spec.js'],           // 忽略测试文件
          to: './',
          transform(content, path) {
            const newCode = babel.transformSync(content, {
              babelrc: true,
              "presets": ["@babel/env"]
            }).code;
            return Promise.resolve(newCode.toString());
          },
        },
      ],{
        context: './src'
      })
    ]
  }
```

在上述配置中，将以.json、.jpg、.png、.css 为后缀的文件都加入到了复制列表中。因为 CopyWebpackPlugin()不支持正则表达式，所以我们只将需要复制的文件列表依次排列在配置项中。

完成上述配置后，再次执行 npm run start 命令，可以看到以.json、.jpg、.png、.css 等为后缀的文件再次出现在了 dist 目录中。

现在为 Less 文件配置特殊的处理逻辑。和之前处理 JavaScript 文件的思路一样，同样利用 transform()来对文件内容进行修改。Less 模块的使用方法也很简单。Less 模块提供了一个 render()函数，该函数接收一个参数，即 Less 代码字符串。函数返回的是一个 promise，我们对 promise 进行 then 操作，从生成的 output 对象中取出编译出的 CSS 代码。最后将该 Pormise 直接返回给 transform()函数。

```
transform(content, path) {
  // 调用 less.render()将 Less 代码编译为 css 代码
  return less.render(content.toString())
    .then(function (output) {
      return output.css;
    });
},
```

为了验证对 Less 文件的配置是否生效，将 index.wxss 文件重命名为 index.less，并在其中添加 Less 代码。

```
.outter {
  width: 100%;

  .inner{
    width: 50%
  }
}
```

执行 npm run start 命令，可以看到 dist/pages/index 目录下生成了 index.less 文件。查看文件内容，可以看到添加的 Less 代码被编译为了 CSS 代码。

```
.outter {
  width: 100%;
}
.outter .inner {
  width: 50%;
}
```

这时我们使用小程序 IDE 打开 dist 目录，会发现 Less 文件中的样式失效了。这是因为小程序只识别 WXSS 文件，不识别 Less 文件，所以还需要将 Less 文件重命名为 WXSS 文件。好在 webpack-copy-plugin 提供了一个 transformPath()的函数，该函数参数为文件的当前路径，返回值为输出路径。通过实现这个函数，可以将 Less 文件的后缀名改为 WXSS，这样便解决了文件后缀不识别的问题。来看 transformPath 函数的实现：

```
transformPath(targetPath) {
  return targetPath.replace('.less', '.wxss')
}
```

完成修改后，再次运行 npm run start 命令，可以看到 dist 目录中的 index.less 文件变为了 index.wxss 文件。到这里，我们已经完成了所有类型文件的处理。

- 对于图片、JSON、WXML 等无须特殊处理的文件，使用 webpack-copy-plugin 的默认复制功能。
- 对于 JavaScript 文件，使用 Babel 进行编译。
- 对于 Less 文件，使用 Less 模块进行编译并通过实现 transformPath()修改路径。

在现有的配置下，每次修改完源文件都需要运行一次 npm run start 命令使其生效，实在有些烦琐。有没有不需要手动运行，一旦源文件发生变化就自动重新编译的办法呢？当然是有的，下一节，笔者将带领大家配置 webpack，实现该功能。

2.2.5　小程序热更新

热更新对于 Web 开发者来说应该是非常熟悉的概念。最基本的热更新功能可以在修改 src 目录下的源代码文件时，实现浏览器页面自动刷新，方便开发人员查看修改效果。更高级的热更新又叫作 Hot Module Replacement（HMR），也就是动态模块替换。

HMR 功能只将修改过的代码相依赖部分的资源进行替换更新，对于其他未触及的模块不进行修改，可以实现不刷新 Web 页面便能查看效果，显著提升了开发体验和开发效率。特别是当开发者在调试一个重现路径比较复杂的 Bug 时，HMR 可以在开发者修改代码测试时保存现场，无须每次修改都重复一遍复现路径。

在小程序中开发中，需要使用小程序开发 IDE 查看的效果。但小程序 IDE 并没有提供可调用的更新 API，自然也就无法实现 HMR。我们可以通过修改源代码后，让 webpack 重新编译项目，修改 dist 目录下的文件。小程序 IDE 检测到目录文件发生变动时会自动重新渲染，这样就实现了基本热更新功能。

实现该功能的关键在于 webpack 的 watch 参数，该参数用于表示是否开启监控模式。其实，在普通的 Web 开发中使用的热更新是 webpack-dev-server，而 webpack-dev-server 自动开启了 watch 参数。在前面的 webpack.config.js 中增加 watch 项配置：

```
module.exports = {
  mode: 'development',
  watch: true,                      // 监听文件变化，并实时编译更新
  entry: './src/app.js',
  output: {
    path: path.join(__dirname, 'dist')
  },
}
```

再次运行 npm run build 命令，可以看到命令执行完后并没有结束，而是停在了当前位置，这就代表 webpack 进入了 watch 模式。启动小程序开发 IDE，打开 dist 目录下的项目文件。查看目前的效果，如图 2-8 所示。

此时尝试修改源目录的文件，试试小程序是否能自动更新。打开 src/pages/index.js 文件，对代码做出如下修改，将 Hello World 字样修改为 Hello There。

```
//index.js
//获取应用实例
const app = getApp()
Page({
  data: {
    motto: 'Hello There',
  },
})
```

单击保存按钮。再次查看小程序开发 IDE，会发现字样已经变为了 Hello There。可以看到，watch 字段的效果已经体现。在 watch 模式下，webpack 会自动监控 src 目录下的文件变动情况，一旦发生变动，就会自动重新执行我们在 package.json 中定义的命令 npm run start: webpack --config webpack.config.js。如此一来，便实现了热更新的效果，如图 2-9 所示。

本节首先介绍了前端工程化的 3 种方案：Grunt、Gulp 和 webpack；并分析了它们的优劣，然后通过配置 webpack 文件一步步实现了想要的功能。在配置的过程中介绍了 node module 配置文件 package.json 各字段的含义，并介绍了 NPM（Node Module Manager）的使用方法。

学习完前端工程化的基本知识后，开始 webpack 的正式配置介绍，其中详细介绍了以下关键步骤。

（1）基本文件目录打包。

（2）ES 6 编译。

（3）测试文件移除。

（4）Less、Sass 编译。

（5）代码热更新。

图 2-8　初始的 Hello World 字样

图 2-9　Hello There 字样

在完成配置的过程中，讲解了很多 node 脚本编写技巧及 webpack 插件的使用技巧。本节的目标虽然只是开发一个基本的小程序开发工程化模板，但是涉及许许多多的前端基本技能。希望读者能跟随本节所讲的步骤，亲自动手一步步完成 webpack 的配置，相信会有很大的收获。

2.3 节中，我们将使用 Git 工具标记本节配置出的工程化模板，方便后续开发新项目时使用。

2.3　打造自己的项目模板

完成上述步骤后，我们已经得到了一个具备完整功能的小程序开发模板。那么是不是每当要创建一个新的小程序项目时，都要从头再配置一遍？当然不是。读者可能会想到将该模板文件保存下来，下次创建新的小程序项目时复制一份即可。这当然也是一种解决办法，但是更好的做法是创建一个 Git 项目，并为其打上 tag，在下次创建新项目时，使用 Git clone 对应 tag 的代码即可。

注意： 本节中将涉及一些基本的 Git 操作，如果读者对 Git 不熟悉，建议抽出些时间学习下简单的 Git 命令。

本节将详细介绍项目模板创建步骤，基本步骤如下：

（1）将本地项目纳入 Git 版本管理中。

（2）在 GitHub 上创建项目，用于远端存储项目代码。

（3）将本地的 Git 项目和刚刚创建的远端 Git 项目相关联。

（4）按照我们自己的需求，给代码打上 tag，标记一下每个 tag 相应的模板功能，并推送到远端同步。

完成以上步骤后，我们会尝试使用自己的项目模板创建一个新的小程序项目，后续章节的项目都会以该模板来初始化项目。

注意：这里只是用 GitHub 作为示例，如果有 GitLab 或 Bitbucket 等账号的读者，也可以在这些网站执行相应的操作。

2.3.1　本地初始化项目

按照上面列出的步骤，首先在上面完成的模板代码目录下初始化 Git 项目。初始化 Git 项目的命令为 git init。在项目根目录下执行该命令，命令行会提示 Initialized empty Git repository in XX，代表已经成功地在本地创建好了一个 Git 项目。

git init 命令会在项目根目录下创建.git 文件夹。该文件夹是隐藏文件夹，可以通过 ll -a 命令查看到该文件夹。也可以通过前面学到的 tree 命令直接看到整个.git 目录的结构。这里简单介绍一下.git 目录的构成作为拓展知识，感兴趣的读者可以自行进一步探索。在项目根目录下执行 tree .git 命令查看目录结构，显示如下：

```
.git
├── HEAD
├── config
├── description
├── hooks
│   ├── applypatch-msg.sample
│   ├── commit-msg.sample
│   ├── fsmonitor-watchman.sample
│   ├── post-update.sample
│   ├── pre-applypatch.sample    // git applypatch 前执行脚本示例
│   ├── pre-commit.sample        // git commit 前执行脚本示例
│   ├── pre-push.sample          // git push 前执行脚本示例
│   ├── pre-rebase.sample        // git rebase 前执行脚本示例
│   ├── pre-receive.sample       // git receive 前执行脚本示例
│   ├── prepare-commit-msg.sample
│   └── update.sample
├── info
│   └── exclude
├── objects
│   ├── info
│   └── pack
└── refs
    ├── heads
    └── tags
```

可以看到.git 目录下面有一些配置文件。

- config 文件用于配置该 Git 项目的基本信息，例如当前 Git 用户的用户 ID 和邮箱等。
- description 文件用于保存项目的描述信息。
- hooks 目录下存放了一些以.sample 结尾的文件，这些是 Git 自动生成的，用于配置自定义钩子的模板文件。例如，我们想在 git commit 执行前对代码进行测试以保证代码质量，可以在./git/hooks/pre-commit 文件中进行配置，让 git commit 执行前先执行测试脚本。如果测试脚本执行失败则提示错误信息并停止 commit 操作。

其他文件如 info、objects 和 refs 为 Git 保存项目分支及项目文件信息的配置文件，无须过多关注。完成 Git 项目初始化后，使用 git status 命令来查看当前目录的状态，如图 2-10 所示。

```
➜ mini-program-template git:(master) ✗ git status
On branch master

No commits yet

Untracked files:
  (use "git add <file>..." to include in what will be committed)

        README.md
        dist/
        node_modules/
        package-lock.json
        package.json
        src/
        webpack.config.js

nothing added to commit but untracked files present (use "git add" to track)
➜ mini-program-template git:(master) ✗ ▌
```

图 2-10　初始的 Git 状态

由图 2-10 可以看到，Git 提示项目中的文件没有被放到 Git 版本管理中。其中 node_modules 和 dist 目录是不需要放置在版本管理中的。node_modules 文件夹是使用 npm install 命令安装依赖时创建的，其中的文件在不同操作系统（如 Windows、Mac OS、Linux）中会有所不同，因此不应该放到 Git 版本管理中；dist 目录是项目生成的编译结果目录，也不应放置在版本管理中。

我们通过创建.gitignore 文件来将其排除。在项目根目录下创建.gitignore 文件，写入以下配置，保存后在当前目录下再次查看 Git 状态，如图 2-11 所示。

```
# .gitignore 文件
node_modules
dist
```

可以看到 node_modules 和 dist 都已被移出了版本管理。接下来可以将剩余的文件添加进 Git 版本管理并对项目完成初始化的 commit。执行下面的命令，显示结果如图 2-12 所示。

```
git add .                    // 将当前目录所有的 untracked files 放入 Git 工作区
git commit -m "初始化小程序模板项目"    // 将当前 Git 工作区的修改提交为 commit
```

```
➜ mini-program-template git:(master) ✗ git status
On branch master

No commits yet

Untracked files:
  (use "git add <file>..." to include in what will be committed)

        .gitignore
        README.md
        package-lock.json
        package.json
        src/
        webpack.config.js

nothing added to commit but untracked files present (use "git add" to track)
➜ mini-program-template git:(master) ✗
```

图 2-11　添加.git ignore 文件后的效果

```
➜ mini-program-template git:(master) ✗ git add .
➜ mini-program-template git:(master) ✗ git commit -m "初始化小程序模板项目"
[master (root-commit) 954edc8] 初始化小程序模板项目
 20 files changed, 7515 insertions(+)
 create mode 100644 .gitignore
 create mode 100644 README.md
 create mode 100644 package-lock.json
 create mode 100644 package.json
 create mode 100644 src/app.js
 create mode 100644 src/app.json
 create mode 100644 src/app.wxss
 create mode 100644 src/pages/index/index.js
 create mode 100644 src/pages/index/index.json
 create mode 100644 src/pages/index/index.less
 create mode 100644 src/pages/index/index.test.js
 create mode 100644 src/pages/index/index.wxml
 create mode 100644 src/pages/logs/logs.js
 create mode 100644 src/pages/logs/logs.json
 create mode 100644 src/pages/logs/logs.wxml
 create mode 100644 src/pages/logs/logs.wxss
 create mode 100644 src/project.config.json
 create mode 100644 src/sitemap.json
 create mode 100644 src/utils/util.js
 create mode 100644 webpack.config.js
➜ mini-program-template git:(master)
```

图 2-12　初次 commit 的效果

这样便在本地完成了 Git 项目的初始化。这里用到了几个基本的 Git 命令，读者可以创建一个空的文件夹尝试使用一下这些命令。

- git status：查看项目状态。
- git add：添加文件到 Git 工作区。
- git commit：提交 git commit。

2.3.2　创建远端项目

本节将在 GitHub 上创建一个新的项目用于管理本地的小程序模板项目。通过访问 https://github.com/new 链接进行创建，如图 2-13 所示。没有 GitHub 账号的读者需要根据页面指引创建账号。

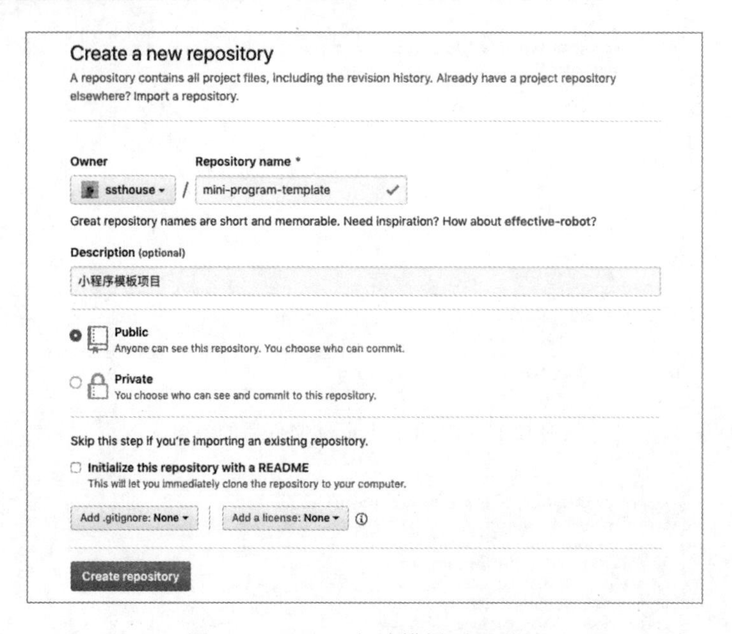

图 2-13　Github 创建模板项目页面

项目名称设置为 mini-program-template；Description 部分输入项目描述信息；项目可以选择公开（Public）或者隐藏（Private）。完成信息设置后单击 Create repository 按钮便创建了一个远端的 Git 项目。

在创建完成的页面中可以看到，标注框标注的便是该 Git 项目远端的地址及如何将本地项目和远端项目关联起来的提示信息，如图 2-14 所示。在 2.3.3 节中，我们会按照这个提示信息将本地项目和远端仓库相关联。

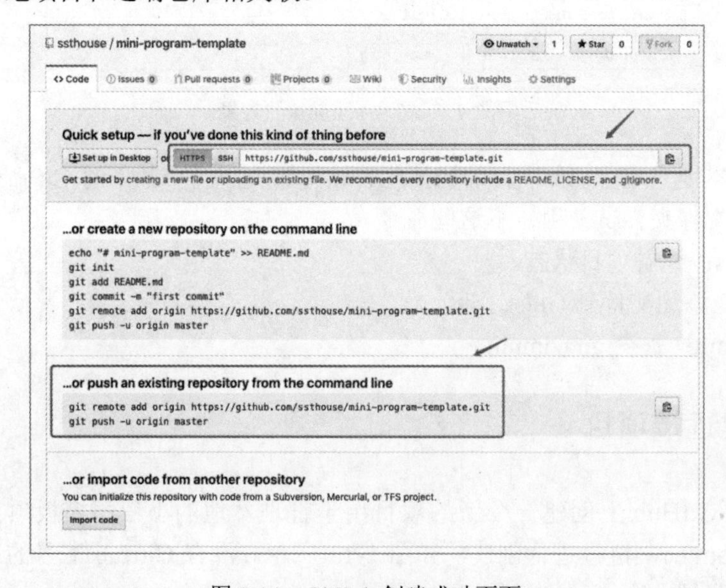

图 2-14　GitHub 创建成功页面

2.3.3　关联本地项目到远端仓库

回到本地，在命令行中进入本地仓库目录。输入图 2-14 所示的 GitHub 页面提示的命令并按 Enter 键，该命令执行结束后并没有任何输出提示，但其实已经绑定成功了。

```
git remote add origin https://github.com/ssthouse/mini-program-template.git
```

🔔注意：Linux 命令行的宗旨是“没有报错输出就代表着执行成功”。

如果想查看绑定的信息，可以通过 git remote -v 命令查看本地项目和远端项目的绑定情况（-v 代表着 view，也就是查看的意思），如图 2-15 所示。

```
➜ mini-program-template git:(master) git remote add origin https://github.com/ssthouse/mini-program-template.git
➜ mini-program-template git:(master) git remote -v
origin  https://github.com/ssthouse/mini-program-template.git (fetch)
origin  https://github.com/ssthouse/mini-program-template.git (push)
➜ mini-program-template git:(master)
```

图 2-15　查看绑定信息

下一步是将本地的修改推送到远端。使用的命令为 git push -u origin master。这里的-u 是--set-upstream 的简写，表示初次 push 时将本地的 master 分支和远端的 master 绑定。后续再推送修改到远端时直接执行 git push 命令即可。

输入命令并按下 Enter 键，Git 会输出一些命令执行的进度信息，当看到下面字样的输出时，表示已经推送成功。

```
* [new branch]      master -> master
```

回到 GitHub 创建成功的页面并刷新页面，可以看到本地项目文件已经成功上传，如图 2-16 所示。

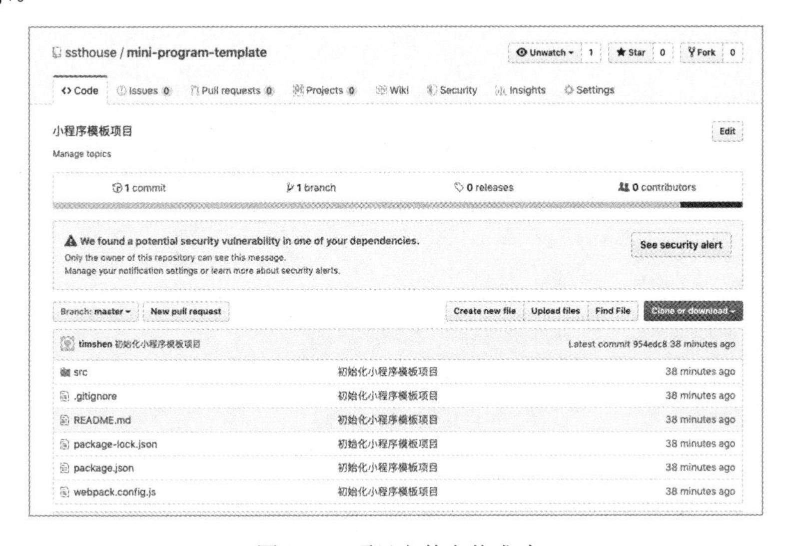

图 2-16　项目文件上传成功

下一步将为当前版本的模板打上 Git tag 标签，方便日后选择不同版本的模板作为小程序的开发模板。

2.3.4　为模板项目打上 tag 标签

tag 是 Git 工具提供的版本管理功能，开发者可使用 tag 来为某一个 commit 打上标签，标志该 commit 节点的代码完成了某些特定的功能。例如我们创建的小程序开发模板项目支持 Less 代码的编译，则可以打一个 tag v1.0.0，表示支持 Less 编译的小程序开发模板。

后续开发中，如果需要 Sass 编译支持时，可以为模板项目添加相应的功能，并打上 tag v1.1.0，表示支持 Less 和 Sass 编译的小程序开发模板。这样项目的使用者就可以根据 tag 的描述，快速找到需要的代码版本。

🔔注意：模板项目的使用者往往就是我们自己，打上 tag 可以便于开发者在长时间未接触模板项目后仍能快捷地找到需要的项目版本。

来到模板项目的根目录，执行下面命令为当前的模板项目打上 tag。该命令将当前的 tag 命名为 v1.0.0，tag 描述信息为“支持 less 编译的小程序开发模板”。按 Enter 键执行命令，该命令不会有任何输出信息，但 tag 已经创建成功。

```
// 创建新的 tag
git tag v1.0.0 -m "支持 Less 编译的小程序开发模板"
```

通过下面的命令，可以查看当前项目的 tag 信息（-l 的含义是列出 tag 名称，-n 的含义是同时显示 tag 的描述信息）。此时命令行会跳转到一个独立的界面，能看到项目中所有 tag 的信息。要退出当前页面只需按 Q 键即可。

```
// 查看 tag 信息命令
git tag -l -n
// tag 详情页面
v1.0.0                          //支持 Less 编译的小程序开发模板
```

本地创建完成 tag 标记后，需要将标签推送到远端。推送 tag 和推送普通的 commit 有所不同，需要加上参数--follow-tags，表示连同 tag 一起推送到远端，如图 2-17 所示。

```
➜ mini-program-template git:(master) git push --follow-tags
Enumerating objects: 1, done.
Counting objects: 100% (1/1), done.
Writing objects: 100% (1/1), 199 bytes | 199.00 KiB/s, done.
Total 1 (delta 0), reused 0 (delta 0)
To https://github.com/ssthouse/mini-program-template.git
 * [new tag]         v1.0.0 -> v1.0.0
➜ mini-program-template git:(master) ▌
```

图 2-17　tag 推送成功

再次来到 GitHub 页面，在 Branch:master 下拉列表框中单击 Tags 面板，可以看到 v1.0.0 的 tag 已被成功上传，如图 2-18 所示。下一步将使用创建好的 tag 作为模板，创建一份新的小程序开发项目。

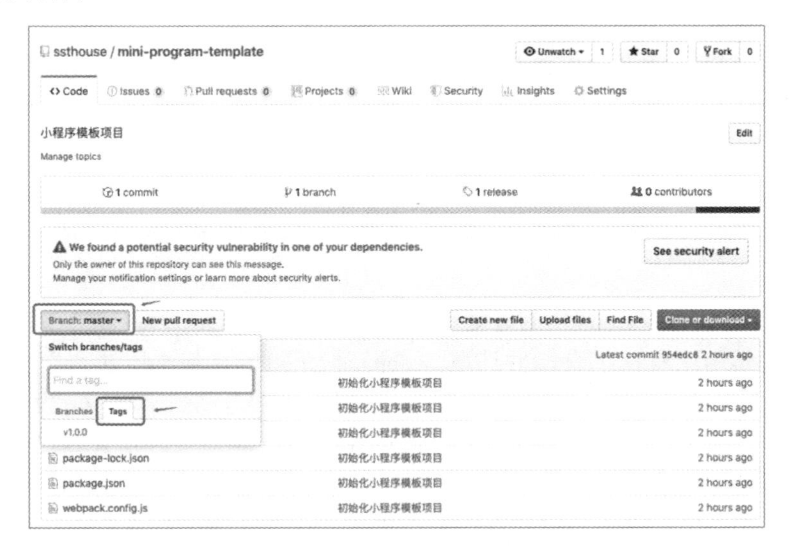

图 2-18　在 GitHub 页面中查看 tag

2.3.5　使用模板创建新项目

完成上述配置工作后，是时候检验一下成果了。假设现在想要创建一个新的小程序项目，我们不需要重新配置一份新的项目配置文件，正确的步骤是：

（1）找到模板项目的主页。

（2）查看 tag 列表。

（3）找到想要的 tag 并复制该版本的代码。

GitHub 提供了一个专门查看 tag 的页面，这里给出一个样例链接：https://github.com/ssthouse/mini-program-template/releases。

首先使用 git clone 命令复制整个项目。

```
git clone https://github.com/ssthouse/mini-program-template.git
```

注意：这里的链接是笔者创建的 GitHub 仓库链接，读者可以使用自己跟随本章学习所创建的 GitHub 项目的链接。

接着使用 git checkout 命令将代码切换到指定 tag 的版本，并创建 develop 分支，这样便可以开始开发工作。

```
git checkout v1.0.0 -b develop
```

注意：这里-b 的意思是创建一个新的分支。

到这一步我们已经得到了指定 tag 的代码。接下来只需要进行以下操作即可：

（1）使用 npm install 命令安装依赖包。

（2）使用 npm run dev 命令启动 webpack 编译。

（3）使用小程序 IDE 打开项目根目录下的 dist 文件夹查看效果。

2.4 本章小结

本章首先介绍了前端工程化的好处和现代前端开发的一些必备技能；紧接着介绍了目前前端开发的常用工程化工具，并选取 webpack 介绍了其基本用法；之后一步步完成 webpack 配置并实现了想要的功能，最终完成了属于我们自己的小程序开发模板。

本章的最后一节，讲解了如何使用 Git tag 工具帮助我们更好地管理代码版本，方便今后的小程序项目创建。本节中用到了一些 Git 的常用命令，因本书主要讲解小程序开发实战，所以只是简单介绍了这些命令的使用方式，希望不了解这些命令用法的读者多加练习。

最后，我们使用自己创建的 Git 模板项目，创建了一个新的小程序项目，并成功启动。后续章节将开始小程序的项目实战，每个实战项目创建时，都会用到本章的模板项目来初始化新项目。读者也可以直接使用笔者放置在 GitHub 上的项目模板进行创建，但是建议读者跟随本章内容一步步进行实践，创建一个自己的小程序开发模板。

小程序开发属于大前端开发的范畴，熟练掌握这些小程序开发外的技能对今后的开发生涯大有裨益。

第 2 篇

项目开发实战

第 3 章　汇率计算器

了解了基本的小程序开发流程后，本章以一个简单的工具类小程序开始实战之旅。

本章将实现一个汇率计算器小程序。首先将实现页面的布局，完成基本静态数据的展示；接下来实现汇率计算的基本逻辑，让其基本可用；最后增加基础货币切换功能，让汇率计算器更加实用。

注意：真实的汇率是不断变化的，本章主要介绍小程序 UI 设计和简单的逻辑处理，故简单起见将汇率数据直接保存在项目本地。

3.1　静态数据展示

本节将实现基本的静态数据展示功能，暂不实现汇率计算的真实逻辑。

3.1.1　创建项目

在第 2 章的基础上，可以创建一个开箱即用的小程序开发环境。通过 Git 复制第 2 章的模板代码，或将创建好的放置在 GitHub 上的模板项目下载下来即可开始本章的项目开发。

本节的目标是完成静态页面的搭建，效果如图 3-1 所示。

最上方为汇率计算的基础货币，该货币的数值是可以让用户通过输入进行修改的；下方为目标货币的数额，会随着基础货币的数值变化而变化。

图 3-1　静态数据效果展示

3.1.2　页面组成分析

由图 3-1 可以看到，和下方的货币列表相比，上方的基础货币部分的布局较为特殊，其数值是可以让用户手动输入的，所以需要用到不同的 UI 组件。在布局文件中，将最上方的基础货币行进行单独布局，下方的其他货币布局基本一致，因此使用列表布局，如图 3-2 所示。

要实现该页面的布局，需要用到的 UI 组件有 view、input、image 和 text。其中，view

组件已经做过介绍，相当于原生前端开发中的 div，为最基本的布局标签；input 用于用户输入；image 用于图片展示；text 用于文本展示。

基本页面布局的 WXML 代码如下：

```
<!--index.wxml-->
<view class="container">
  <view class="base-panel">
    <!--基础货币部分 UI-->
    <text class="base-label">基础货币</text>
    <view class="money-panel">
      <image class="img" src="../../imgs/CNY.png"></image>
      <text class="unit-label">{{item.key}}</text>
      <view class="right-panel">
        <input class="money-num base-num-input" bindinput="onBaseNumChange"
value="{{baseExchangeItem.baseNum}}"></input>
        <text class="description-label">{{baseExchangeItem.name}}</text>
      </view>
    </view>
  </vicw>
  <!-- 目标货币部分 UI-->
  <view class="exchange-list">
    <view wx:for="{{exchangeList}}" class="money-panel top-divider">
      <image class="img" mode="aspectFit" src="{{'../../imgs/' + item.key
+ '.png'}}"></image>
      <text class="unit-label">{{item.key}}</text>
     <!-- 右侧数目和单位进行上下排布 -->
     <view class="right-panel">
       <text class="money-num">100</text>
       <text class="description-label">{{item.name}}</text>
     </view>
    </view>
  </view>
</view>
```

图 3-2　布局划分

WXML 代码中引用了许多 JavaScript 代码中的变量，这部分可以暂时不用关注。为方便看清页面结构，这里将 WXML 代码进行简化，只保留关键部分。简化后的代码如下：

```
<view class="container">
  <view class="base-panel">
    <text class="base-label">基础货币</text>
    <view class="money-panel">
    </view>
  </view>
  <view class="exchange-list">
    <view wx:for="{{exchangeList}}" class="money-panel top-divider">
    </view>
  </view>
</view>
```

上述代码结构其实非常简单，上方使用 class 为 base-panel 的布局放置基础货币 UI；下方使用 class 为 exchange-list 的 view 放置目标货币 UI。通过小程序提供的 wx:for 实现了列表布局。上方的基础货币数据需要使用 JavaScript 中保存的基础货币的变量；下方的列表部分需要一个 List 保存所有货币的数据。下面来看具体逻辑代码如何实现。

3.1.3 页面搭建

要展示出图 3-1 所示的效果，需要有货币的数据源和货币的图片资料，这部分内容在小程序中直接作为一个 JavaScript 对象保存在代码文件中。图片使用的是货币对应的国旗图片，保存数据的代码文件和货币图片均可以在本节代码中找到。

首先将数据文件和图片文件复制到项目中，文件位置如图 3-3 所示。

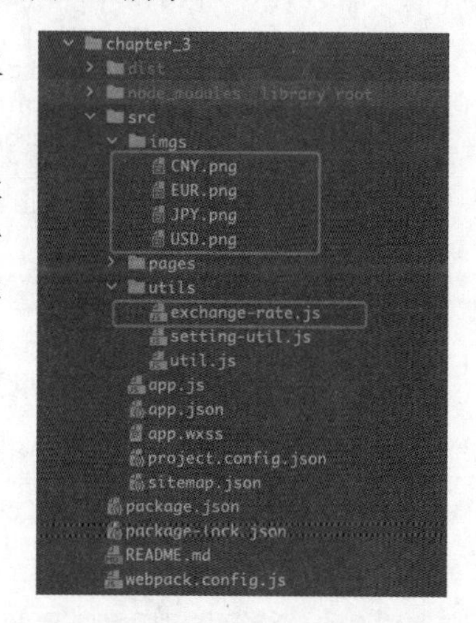

图 3-3 项目目录结构

注意：小程序中对图片及 JavaScript 文件的存放位置没有要求，只需要在引用时指定正确路径即可。

下面来看数据格式。exchange-rate.js 中存放了一个基本的 JavaScript 对象，其 key 为不同货币的缩写，value 为对应货币的基础数额（这里以人民币 100 元作为基础，保存其他货币的相应数额），后续进行汇率换算时使用该文件中所示的比例进行计算即可。

```
module.exports = {
  CNY: {
    baseNum: 100,
    name: '人民币 ¥'
  },
  USD: {
    baseNum: 14.05,
    name: '美元 $'
  },
  JPY: {
    baseNum: 1502.31,
    name: '日元 ￥'
  },
  EUR: {
    baseNum: 12.74,
    name: '欧元 €'
  },
}
```

接下来需要在 Page 的 JavaScript 代码中引用货币数据，小程序代码中支持使用 CommonJS 的 require 语法进行模块引用。具体代码如下：

```
// 引用货币数据
const exchangeRateMap = require('../../utils/exchange-rate')
Page({
  data: {
    motto: 'Hello World',
    exchangeList: [],
    baseMoneyKey: "CNY",
    baseExchangeItem:{
      key: 'CNY',
```

```
      baseNum: 100,
      name: '人民币 ¥'
    }
  }})
```

🔔注意：CommonJS 是 Node.js 默认的模块管理方式。

这里我们得到的 exchangeRateMap 就是汇率数据。前面提到，我们会使用 WXML 提供的列表渲染方式来构建页面下方的汇率结果 UI，所以还需要将 exchangeRateMap 转换为 List 结构。下面来看一下这个页面需要用到哪些数据。

```
data: {
    exchangeList: [],                    // 用于下方列表展示
    baseMoneyKey: "CNY",                 // 保存当前基础货币的 key 值
    baseExchangeItem:{                   // 保存当前基础货币的其他信息
      key: 'CNY',
      baseNum: 100,
      name: '人民币 ¥'
    }
  }
```

这些数据分别对应页面上数据展示的 UI，如 baseExchangeItem 展示的是页面顶端的基础货币 UI，exchangeList 展示的是下面换算后的货币数值。本节中我们保持基础货币不变，因此对 baseExchangeItem 不做修改，下面来看一下如何构建出 exchangeList。我们需要页面在初始化的时候就能展示出目标货币的列表，所以在 Page 的 onLoad()方法中对数据进行处理，处理步骤如下：

（1）移除 exchangeRateMap 中基础货币的 key，保证目标货币中没有基础货币。

（2）遍历 exchangeRateMap 中剩余的货币，将其拼接为一个 List。

（3）通过 setData()更新 exchangeList 数据。

```
// 初始化列表数据
delete exchangeRateMap.CNY
const exchangeRateList = []
for (let moneyKey of Object.keys(exchangeRateMap)) {
  exchangeRateList.push({
    key: moneyKey,
    ...exchangeRateMap[moneyKey]
  })
}
this.setData({
  'exchangeList': exchangeRateList
})
```

上述代码中，通过 delete 命令删除 Object 对象中的某个字段。通过 for-of 循环，可以遍历对象中所有可枚举的 key，将其构建为对象并推入数组。最后调用小程序的 setData()接口设置数据，因为 exchangeList 变量在 WXML 中有被引用，所以通过 setData()设置其值可以强制页面进行重绘。

```
{
    key: moneyKey,
    {
      key: 'CNY',
      baseNum: 100,
      name: '人民币 ¥'
    }
}
```

这样就准备好了 WXML 中会用到的基本数据。再来看一下 WXML 代码中的实现，如何使用这些数据将 UI 构建出来。这部分会涉及小程序的列表渲染，所以我们先来学习小程序列表渲染的基本知识。

小程序实现列表渲染是通过 wx:for 关键字来声明的，这个关键字作为属性，设置在哪个 UI 组件上，该组件就会被渲染出多个。既然是列表渲染，列表中每个元素的数据从哪获取呢？答案是从 wx:for 传入的数组中获取。我们传入的是一个数组，列表中单个的组件需要获取数组中的对应元素，这就要通过 item 关键字来获取，而列表元素的位置是通过 index 关键字获取的。

来看一个例子。在本章的项目代码中再次创建一个新的 Page 并命名为 list-render，用于测试 wx:for 的使用。该页面与汇率计算器无关，是我们测试使用的 Page，可以通过在项目配置文件中增加新的编译模式来直接在 IDE 中调试该页面。

简单介绍下什么叫作编译模式。编译模式是小程序开发中方便定位到某一个具体 Page 进行开发，提高开发效率的配置项。在小程序 IDE 的"编译"按钮左侧单击下拉列表框，可以看到创建编译选项，如图 3-4 所示。

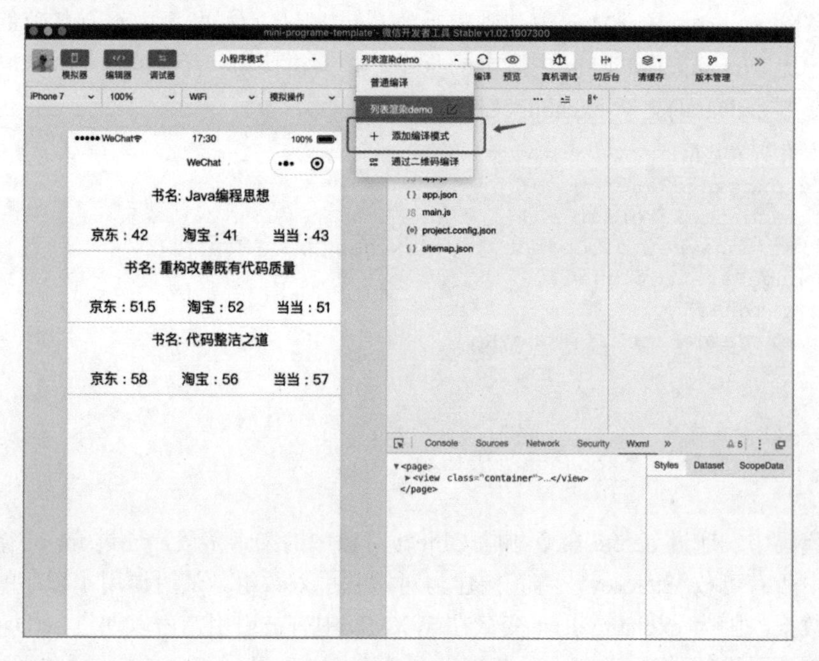

图 3-4　添加编译模式

单击“添加编译模式”后，输入相应参数，如图 3-5 所示。

- 模式名称：输入便于识别的名称即可，如“列表渲染测试”。
- 启动页面：输入希望启动的页面路径，和 app.json 中配置的路径保持一致即可，这里为 pages/list-render/index。
- 启动参数：按照 URL 中设置参数的语法添加参数即可。可以在 Page 的 onload(options) 方法中通过 options 得到参数。
- 进入场景：用于配置小程序页面启动的上下文，如“从好友分享点开”“从后台唤起”“二维码扫描打开”等，这里无须设置，留空即可。

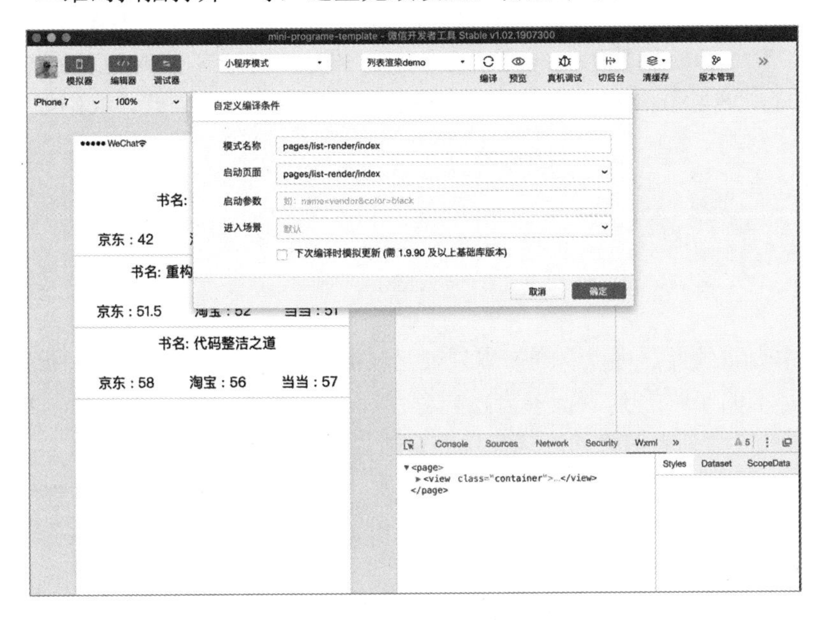

图 3-5　编译模式设置

完成上述配置后，单击“确定”按钮完成编译模式的创建。创建成功后，可以在“编译”按钮左侧的下拉列表框中进行编译模式的切换。我们切换到刚刚创建的编译模式，开始小程序列表渲染的测试。

首先为列表渲染准备数据，这里使用图书列表作为数据源进行测试。代码如下：

```
Page({
  data:{
    bookList: [
      {name: 'Java 编程思想'},
      {name: '重构，改善既有代码质量'},
      {name: '代码整洁之道'}
    ]
  }
})
```

我们希望通过列表渲染将其展示出来，因此需要在 WXML 中将其引用。代码如下：

```
<!--index.wxml-->
<view class="container">
  <!-- 使用 wx:for 进行列表渲染 -->
  <view class="list-item" wx:for="{{bookList}}">
    <!-- 通过 item.name 获取书名 -->
    <text>书名: {{item.name}}</text>
  </view>
</view>
```

在外层的 container 作为整个页面的承载，里面带 wx:for 属性的 view 为列表渲染的使用样例。在该 view 标签内部，我们可以通过在双大括号中使用 item 变量，获取当前列表元素对应的 JavaScript 对象，通过调用 item.name 将书本的名称展示出来。

通过对带有 wx:for 属性的 view 增加 list-item 的 class 样式，来对列表中每一个子元素进行 CSS 修饰，这里简单地将文字居中，并添加下划线将其分隔开。代码如下：

```
// index.less 文件
.list-item{
 width: 100%;
 text-align: center;
 padding: 8px;
 border-bottom: 1px solid lightgray;
}
```

在 IDE 中查看效果，可以看到书本列表已被成功渲染出来，如图 3-6 所示。

这就是基本的小程序列表渲染方法。除了基本的循环渲染外，还可以通过嵌套列表渲染的方式实现网格渲染。修改 index.js 文件中的 bookList 数据，为其添加书本价格字段。修改后的代码如下：

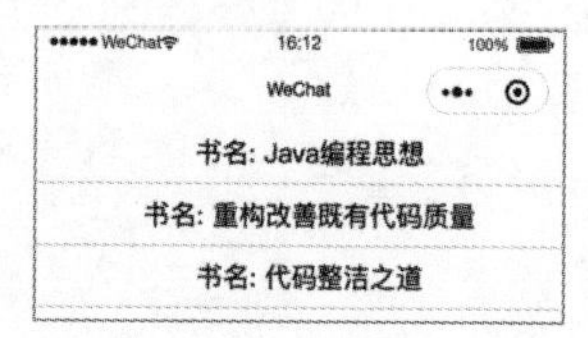

图 3-6　基本列表展示效果

```
Page({
 data: {
  bookList: [
   {
    name: 'Java 编程思想',
    priceList: [
     {name: '京东', price: 42},
     {name: '淘宝', price: 41},
     {name: '当当', price: 43}
    ]
   },
   {
    name: '重构改善既有代码质量',
    priceList: [
     {name: '京东', price: 51.5},
     {name: '淘宝', price: 52},
     {name: '当当', price: 51}
    ]
   },
   {
    name: '代码整洁之道',
```

```
        priceList: [
          {name: '京东', price: 58},
          {name: '淘宝', price: 56},
          {name: '当当', price: 57}
        ]
      }
    ]
  }
})
```

相应地，在 WXML 中添加对书本价格的展示，可以看到 priceList 也是列表结构，同样适用 wx:for 进行渲染。那么两层 wx:for 同时适用时，item 关键字指定的是哪一层的数据呢？小程序提供了 wx:for-item 帮助我们对元素对象重命名。将 priceList 中的元素命名为 priceItem，与外层 bookList 中的元素相区分，代码如下：

```
<!--index.wxml-->
<view class="container">
  <view class="list-item" wx:for="{{bookList}}">
    <text>书名: {{item.name}}</text>
    <view class="price-row">
      <!-- 通过 wx:for-item 将 item 变量重命名 -->
      <text class="price-item" wx:for="{{item.priceList}}" wx:for-item=
"priceItem">
        {{priceItem.name}} : {{priceItem.price}}
      </text>
    </view>
  </view>
</view>
```

对于价格列表，wx:for 中通过 item.priceList 来获取价格列表的数据，并通过 wx:for-item 对列表元素变量名重命名，在内部的标签中可使用 priceItem.name 和 priceItem.price 来引用价格数据。来看现在的效果，如图 3-7 所示。

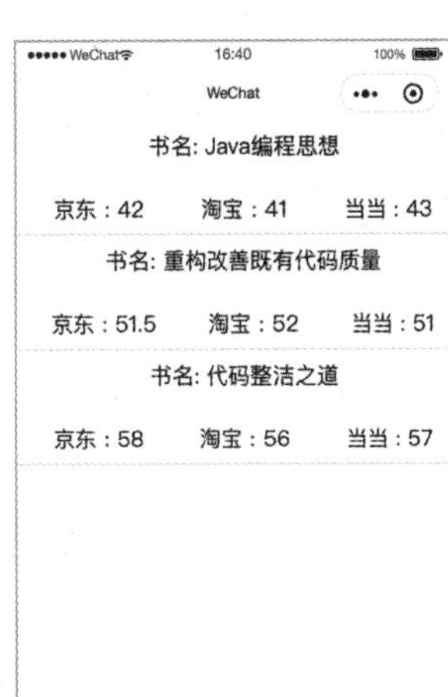

图 3-7　显示更多数据

了解了小程序列表渲染的使用方式后，来看如何将其应用到本章的小程序中。首先来看顶部基础货币部分的布局实现，其代码如下：

```
<view class="base-panel">
  <!--基础货币部分 UI-->
  <text class="base-label">基础货币</text>
  <view class="money-panel">
    <image class="img" src="../../imgs/CNY.png"></image>
    <text class="unit-label">{{baseExchangeItem.key}}</text>
    <view class="right-panel">
      <input class="money-num base-num-input" bindinput="onBaseNumChange"
value="{{baseExchangeItem.baseNum}}"></input>
      <text class="description-label">{{baseExchangeItem.name}}</text>
    </view>
  </view>
</view>
```

🔔注意：这里大量用到了 flex 布局，对于不熟悉该布局的读者建议先补充相关知识。flex 是一种非常灵活、强大的布局模式，可以非常方便地实现自定义布局。

基础货币部分使用 flex 布局，布局方向为横向，左侧的货币图片通过硬编码图片源为“../../imgs/CNY.png”来实现；在 text 标签中，使用{{}}命令即可引用我们在 page.data 中定义的数据，这里展示的便是 baseExchangeItem.key 和 baseExchangeItem.name。

有一点需要注意，因为基础货币后续是需要让用户能够手动输入的，所以使用的是 input 组件。为了响应用户输入的同时更新 UI 的需求，需要绑定 input 组件的 bindinput()方法，这部分内容在 3.2 节中会详细介绍。

再来看列表部分的布局实现，其代码如下：

```
<view class="exchange-list">
  <view wx:for="{{exchangeList}}" class="money-panel top-divider">
    <image class="img" mode="aspectFit" src="{{'../../imgs/' + item.key +
'.png'}}"></image>
    <text class="unit-label">{{item.key}}</text>
   <view class="right-panel">
     <text class="money-num">100</text>
     <text class="description-label">{{item.name}}</text>
   </view>
  </view>
</view>
```

最外层使用了 wx:for 遍历 exchangeList。可以看到最外层的<view></view>和基础货币的布局基本一致，只是使用<text>直接展示货币数值。图片部分使用字符串拼接来得到图片的路径：'../../imgs/' + item.key + '.png'。通过引用 item.key 和 item.name 即可获取货币的简称和中文名。

这样便完成了汇率计算页面的基本布局，虽然货币计算器还没有实际的内容，但是看上去已经基本成型。

3.2 基本功能实现

在 3.1 节中，我们完成了小程序页面的布局，但是尚未实现任何具体的功能。本节我们将实现汇率计算器的基本功能。

通过响应用户在基础货币输入框的输入事件，使用当前基础货币数值可以计算出其他货币的相应数值，再通过 setData()可以更新 exchangeList，接下来只需要交给小程序自动重绘页面数据即可。

在 WXML 中，为基础货币的输入框绑定变化的监听函数。在 JavaScript 逻辑中使用一个单独的变量 moneyNum 保存基础货币的数值，在用户输入时更新 moneyNum 的数值。具体代码如下：

```
onBaseNumChange (event) {   // 在响应用户输入的回调函数中，更新 moneyNum 数据
  this.setData({
    moneyNum: event.detail.value
  })
},
```

相应地，下方目标货币的数值也需要根据 moneyNum 来计算，计算方式非常简单，公式如下：

目标货币面额=目标货币基础数值/基础货币基础数值×基础货币面额

在 WXML 代码中表现如下：

```
item.baseNum / baseExchangeItem.baseNum * moneyNum
```

item.baseNum 为当前目标货币的基础数值；baseExchangeItem.baseNum 为基础货币的基础数值；moneyNum 为用户输入的基础货币面额，这样就实现了货币转换的功能。前往 IDE 查看当前效果，可以看到，随着用户输入，下方的目标货币数额也在变化，但是请注意，目标货币数值中出现了 12.740000000000002 的数字，如图 3-8 所示。这是因为 JavaScript 中的浮点数不是完全精确的，这类数字的出现无疑让用户体验非常不好。

图 3-8　优化布局展示

所以需要对目标货币的数值进行格式化，格式化的代码可以抽取为一个函数，具体代码如下：

```
var formatNum = function (num) {            // 格式化输出数字，仅保留两位小数
  return num.toFixed(2)
}
```

接下来在 WXML 中引用该函数，对目标货币的数字进行格式化。但是 WXML 中无法调用 JavaScript 代码中的函数，为了在 WXML 中使用 JavaScript 函数，需要使用小程序提供的 WXS 语法。使用方式也非常简单，只需以下 3 步：

（1）创建 WXS 文件，按照规定语法输出指定的函数模块。

（2）在 WXML 中引用对应的 WXS 文件，并指定 module 名称。

（3）在 WXML 中使用 moduleId.functionName 调用指定的函数。

本项目是基于第 2 章的开发模板创建的，所以还需要修改配置文件，对 WXS 文件进行处理。因为 WXS 文件无须做编译处理，所以只需将其作为普通文本文件复制过去即可。

```
plugins: [
  new CopyWebpackPlugin([
    {
      from: '**/*.wxml',
      to: './'
    },
    {                                    // 将 WXS 文件复制到输出目录
      from: '**/*.wxs',
      to: './'
    },
    {
```

```
      from: '**/*.json',
      to: './'
    }]))
```

接下来按照使用流程编写 WXS 文件：创建 util.wxs 文件，将其放置在 pages/index 目录下。

```
var formatNum = function (num) {
  return num.toFixed(2)
}
module.exports = {
  formatNum: formatNum
}
```

需要注意，函数声明需要使用“var 函数名=function(){}”的方式，否则 WXS 无法识别函数模块，编译会出错。模块导出的语法依然类似于 CommonJS，使用 module.exports={}的方式进行模块导出。

接下来在/pages/index/index.wxml 中引用 WXS 文件，并将其模块的 ID 命名为 util，导入 WXS 文件的代码放置在 WXML 代码的最顶端即可。

```
<wxs src="./util.wxs" module="util"></wxs>
```

最后在目标货币渲染部分，使用引入的 util 模块中的 formatNum()函数对数字进行格式化。

```
<view class="exchange-list">
  <view wx:for="{{exchangeList}}" class="money-panel top-divider"
  wx:if="{{item.key !== baseExchangeItem.key}}">
    <image class="img" mode="aspectFit" src="{{'../../imgs/' + item.key +
'.png'}}"></image>
    <text class="unit-label">{{item.key}}</text>
    <!--调用 WXS 中的 formatNum()函数，对数字进行格式化-->
    <view class="right-panel">
     <text class="money-num">{{util.formatNum(item.
baseNum / baseExchange Item.baseNum * moneyNum)}}
</text>
     <text class="description-label">{{item.name}}</text>
    </view>
  </view>
</view>
```

来看现在的效果，当用户修改基础货币数值时，下方的目标货币数值也会随之更新，如图 3-9 所示。

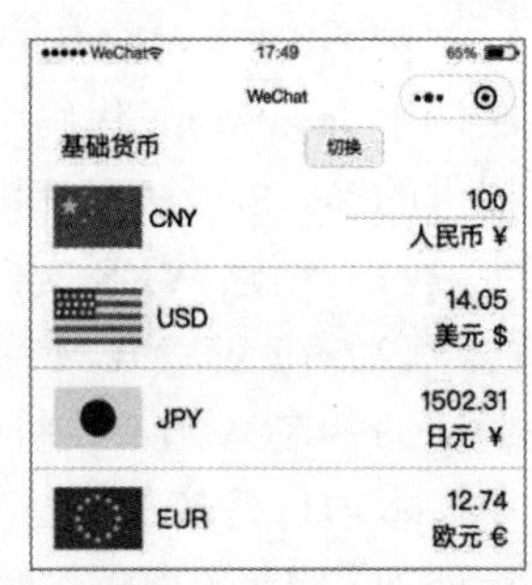

图 3-9　优化数字展示

3.3　基础货币切换

3.2 节完成了基本的货币换算功能。但目前基础货币为固定的人民币，无法切换其他基础货币，实用性较低。为此，需要增加基础货币切换功能。由于货币选择所需 UI 页面较大，我们选择新建一个 Page 来展示基础货币选择页面。

创建新 Page 基本文件，其目录结构和 index Page 保持一致即可，如图 3-10 所示。注意，小程序中所有的 Page 都需要在 app.json 中进行注册方可使用。

注册非常简单，由于 app.json 文件中的 pages 字段为所有 Page 的路径列表，因此只需在其中加入'pages/choose-base-money/index'即可。

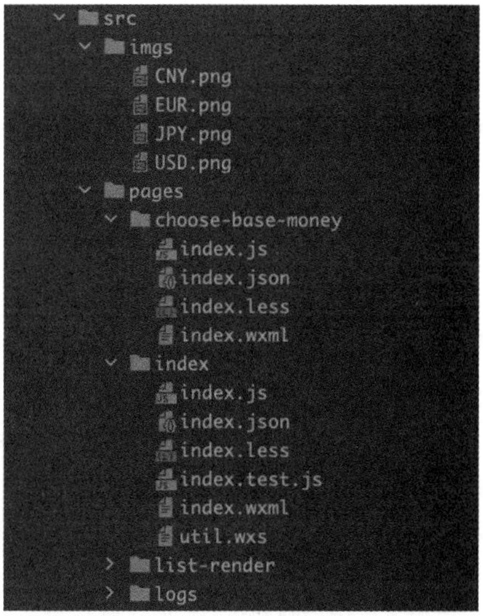

```
src
  imgs
    CNY.png
    EUR.png
    JPY.png
    USD.png
  pages
    choose-base-money
      index.js
      index.json
      index.less
      index.wxml
    index
      index.js
      index.json
      index.less
      index.test.js
      index.wxml
      util.wxs
    list-render
    logs
```

图 3-10　项目目录结构

```
{
  "pages": [
    "pages/index/index",
    "pages/logs/logs",
    "pages/choose-base-money/index"
  ],
  "window": {
    "backgroundTextStyle": "light",
    "navigationBarBackgroundColor": "#fff",
    "navigationBarTitleText": "WeChat",
    "navigationBarTextStyle": "black"
  },
  "sitemapLocation": "sitemap.json"
}
```

完成页面添加后，可以使用该页面。在 index 页面中加入一个“切换”按钮，单击该按钮将跳转至基础货币选择页面。

在 WXML 代码中增加按钮，代码如下：

```
<button size="mini" style="padding: 0 16px;"
  bindtap="onClickSwitchBaseMoney">切换</button>
```

在 JavaScript 中增加跳转代码如下：

```
onClickSwitchBaseMoney () {
  wx.navigateTo({
    url:
`/pages/choose-base-money/index?curMoneyKey=${this.data.baseExchangeIte
m.key}`
  })
}
```

小程序中跳转 Page 的其中一个 API 为 wx.navigateTo()，参数为 URL（也就是 Page 的路径）。可以通过类似于 URL 中的参数形式，传递参数到新的页面中。这里设置一个参数 curMoneyKey，用于标识当前基础货币；页面的 URL 是/pages/choose-base-money/index。

根据 URL 的规则，在最后加上问号和参数即可。参数名和参数值通过等于号相连接，不同参数间通过&相连接，这里传入当前页面的基础货币 key 值。

接下来看一下如何在基础货币选择页面中使用该参数。首先来看基础货币选择页面的 JavaScript 代码，具体代码如下：

```
Page({
  data: {
    curMoneyKey: 'CNY',
```

```
    exchangeList: []
  },
  onLoad (options) {
    // 初始化列表数据
    const exchangeRateList = []
    for (let moneyKey of Object.keys(exchangeRateMap)) {
      exchangeRateList.push({
        key: moneyKey,
        ...exchangeRateMap[moneyKey]
      })
    }
    // 初始化 data 中的数据
    this.setData({
      'exchangeList': exchangeRateList,
      curMoneyKey: options['curMoneyKey']
    })
  },
```

在这个页面中，同样需要使用所有货币的数据，用于将其展示出来供用户选择。另外，需要一个保存原有基础货币的 key，用于将其从待选项中做特殊展示。exchangeList 的构建方法和主页面基本一致，这里不再赘述。下面来看一下在 WXML 页面中如何使用这些数据，具体代码如下：

```
<view class="exchange-list">
  <view wx:for="{{exchangeList}}"
      class="money-panel top-divider"
      data-money-key="{{item.key}}"
      bindtap="onChooseBaseMoney">
    <image class="img" mode="aspectFit" src="{{'../../imgs/' + item.key +
'.png'}}"></image>
    <!-- 显示货币单位 -->
    <text class="unit-label">{{item.key}}</text>
    <view class="right-panel">
      <!-- 当 curMoneyKey 等于 item.key 时，显示其为当前基础货币的标识 -->
      <text class="description-label"
          style="color: grey;"
          wx:if="{{curMoneyKey === item.key}}">当前基础货币
      </text>
        <!-- 显示货币名称 -->
        <text class="description-label">{{item.name}}</text>
    </view>
  </view>
</view>
```

可以看到，WXML 中也是通过一个 wx:for 渲染出待选的基础货币列表。在每行货币上设置点击事件 onChooseBaseMoney，在响应事件中执行基础货币切换逻辑。代码如下：

需要注意的是，在 WXML 代码中有一段 UI 是条件渲染的代码：

```
<text class="description-label"
        style="color: grey;"
        wx:if="{{curMoneyKey === item.key}}">当前基础货币
</text>
```

这段 UI 只会在货币 key 值和当前基础货币 key 值相同时展示，用于表示当前货币已为基础货币。完成上述页面 UI 编写后，效果如图 3-11 所示。

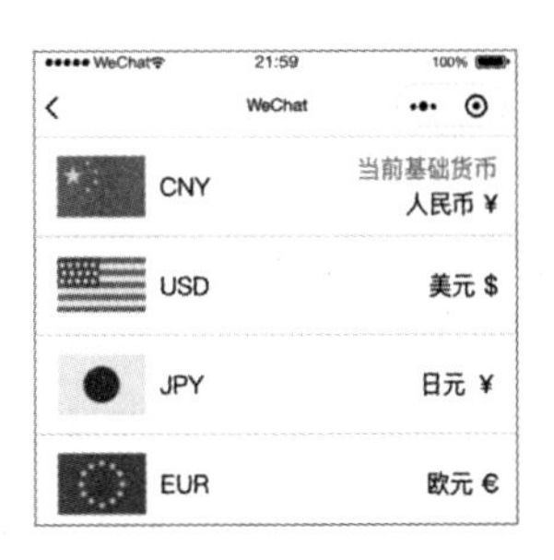

图 3-11　基础货币切换页面

完成 UI 编写后，接下来实现基础货币切换的逻辑。要让货币切换页面影响到主页面的基础货币，需要在全局的 App 对象中保存一个变量用于标识当前基础货币，下面来看 app.js 中如何存储全局数据。

打开项目中的 app.js 文件，可以看到全局的 App 对象也只是一个普通的 JavaScript 对象，如果想要在该对象上存放全局的数据，只需要为其增加一个字段即可，具体代码如下：

```
App({
  baseMoneyKey: 'CNY',
})
```

在选择基础货币页面的回调函数中，对 app.baseMoneyKey 进行更新，具体代码如下：

```
onChooseBaseMoney (event) {
  // 从 event 中获取当前点击货币的 key，并更新到 app 中
  app.baseMoneyKey = event.currentTarget.dataset['moneyKey']
  wx.navigateBack()                          // 返回上一页
}
```

上述代码在 event.currentTarget.dataset 中取出了 moneyKey，那么这个 moneyKey 数据是如何被添加到当前 UI 节点的 dataset 上的呢？回顾一下选择基础货币页面的 WXML 代码，具体代码如下：

```
<view wx:for="{{exchangeList}}"
      class="money-panel top-divider"
      data-money-key="{{item.key}}"
      bindtap="onChooseBaseMoney">
  <image class="img" mode="aspectFit" src="{{'../../imgs/' + item.key +
'.png'}}"></image>
  <text class="unit-label">{{item.key}}</text>

  <view class="right-panel">
    <text class="description-label"
          style="color: grey;"
          wx:if="{{curMoneyKey === item.key}}">当前基础货币
    </text>
    <text class="description-label">{{item.name}}</text>
  </view>
</view>
```

对每一个基础货币行，我们都添加了 data-money-key，这是小程序为 UI 组件绑定数据的语法。以 data-开头，加上数据字段的名称，即可为 UI 组件绑定数据，在绑定回调事件时，即可通过 event.currentTarget.dataset['字段名称']获取数据。

这里获得目标货币的key值后，我们将其更新到app.moneyKey上，并返回上一界面。返回后，我们希望主页面能刷新展示新的基础货币，此时可以通过在Page的回调函数onShow()中对主页面基础货币进行更新。下面介绍一下小程序中Page（页面）的生命周期及回调函数。

（1）onShow()：页面显示/切入前台时触发。

注意：该事件会在Page初始化创建并显示的时候触发，也会在页面进入后台且再次出现在用户视线中时触发。

（2）onReady()：页面初次渲染完成时触发。一个页面只会调用一次，代表页面已经准备妥当，可以和视图层进行交互。

（3）onHide()：页面隐藏/切入后台时触发。例如，wx.navigateTo或底部的tab切换到其他页面，或小程序切入后台等。

（4）onUnload()：页面卸载时触发。例如，wx.redirectTo或wx.navigateBack到其他页面时。

我们希望在用户从基础货币选择页面回到index页面时触发index页面刷新，所以需要在onShow()回调函数中加入我们的业务逻辑，代码如下：

```
onShow () {
  if(app.baseMoneyKey === this.data.baseExchangeItem.key){
    return
  }
  const baseExchangeItem = this.data.exchangeList.find(item => {
    if (item.key === app.baseMoneyKey) return true
  })
  this.setData({
    'baseExchangeItem': baseExchangeItem
  })
},
```

首先判断app.baseMoneyKey和当前页面的baseExchagneItem.key是否相同，如果相同则直接返回，不做处理。这种条件判断的写法有助于提高代码的可读性，类似于电路中的短路，如果发生短路则电流直接返回节点，这里就是代码逻辑直接退出函数，可以减少繁杂的if…else逻辑判断。

上面这段代码中的this.data.exchangeList.find()函数是JavaScript中Array类的内置函数。该函数声明如下：

```
arr.find(callback(element[, index[, array]])[, thisArg])
```

Array类中find()函数的第一个参数为筛选函数，该函数的返回值类型为布尔型，当返回为true时，该函数返回该item。第二个参数为thisArg，用于指定第一个参数（回调函数）中的this对象。对于Array中的所有元素，如果回调函数都返回false，则find()函数返回undefined。

当基础货币key值发生变化时，我们在货币列表中找到新的基础货币数据，将其通过

setData()复制给 baseExchangeItem，这样，当页面下一次渲染时就会展示最新的基础货币数据，同时下方的目标货币列表也会因为 baseExchangeItem 的变化而刷新。

3.4　保存用户设置

为了达到更好的用户体验效果，可以将用户数据保存下来，方便下次使用。例如，有的人大多数情况都是使用美元作为基础货币，在目前小程序的功能中，每次打开小程序都需要切换一次基础货币，使用起来非常麻烦。此时可以通过小程序提供的 storage（存储）相关的 API，将用户的一些设置信息保存下来，在小程序初始化的时候加载用户的设置，保存小程序的状态。小程序中与存储相关的 API 如表 3-1 所示。

表 3-1　小程序中与存储相关的API

API	含　义	格　式
wx.setStorageSync	设置storage（同步API）	try { wx.setStorageSync('key', 'value') } catch (e) { }

wx.setStorage	设置storage（异步API）	wx.setStorage({
		  key:"key",
		  data:"value"
		})

wx.removeStorageSync	移除storage（同步API）	try {
		  wx.removeStorageSync('key')
		} catch (e) {
		  // 对错误进行处理
		}

wx.removeStorage	移除storage（异步API）	wx.removeStorage({
		  key: 'key',
		  success (res) {
		    console.log(res)
		  }
		})

wx.getStorageSync	获取storage（同步API）	try {
		  var value = wx.getStorageSync('key')
		  if (value) {
		    // 对返回值进行处理
		  }
		} catch (e) {
		  // 对错误进行处理
		}

wx.getStorage	获取storage（异步API）	wx.getStorage({
		  key: 'key',
		  success (res) {
		    console.log(res.data)
		  }
		})

（续）

API	含　义	格　式

wx.getStorageInfoSync	获取storage相关信息（同步API）	`try {`
		`  const res = wx.getStorageInfoSync()`
		`  console.log(res.keys)`
		`  console.log(res.currentSize)`
		`  console.log(res.limitSize)`
		`} catch (e) {`
		`  // 对错误进行处理`
		`}`

wx.getStorageInfo	获取storage相关信息	`wx.getStorageInfo({`
		`  success (res) {`
		`    console.log(res.keys)`
		`    console.log(res.currentSize)`
		`    console.log(res.limitSize)`
		`  }`
		`})`

wx.clearStorageSync	清空storage（同步API）	`try {`
		`  wx.clearStorageSync()`
		`} catch(e) {`
		`  //对错误进行处理`
		`}`

wx.clearStorage	清空storage（异步API）	`wx.clearStorage()`

这里需要使用的API主要为wx.setStorage和wx.getStorageSync，存储用户设置对后续代码逻辑没有影响，所以使用异步接口可以保证页面的流畅度不受影响。加载用户设置时，用户的设置会影响到页面UI的展示，所以我们使用同步的接口拉取用户的设置。

首先封装好保存基础货币key和获取基础货币key设置的函数。我们将其放置到一个单独的文件setting-util.js当中。其中有两个工具方法，分别用于保存基础货币设置和获取基础货币设置。

保存基础货币设置的方法为saveBaseMoneyKey()，其将基础货币key值保存在以BASE_MONNEY_KEY为标记的storage中。这里需要注意对参数进行校验，保证其为非空。获取货币设置的函数通过BASE_MONNEY_KEY来获取基础货币设置，如果之前用户并未设置过，则返回默认的CNY。代码如下：

```
const BASE_MONEY_KEY = "baseMoney"
const DEFAULT_MONEY_KEY = "CNY"
function saveBaseMoneyKey (baseMoneyKey) {
  if(!baseMoneyKey) return
  // 将用户选择的基础货币保存至 storage
  wx.setStorageSync(BASE_MONEY_KEY, baseMoneyKey)
}
function getBaseMoneyKey () {
  return wx.getStorageSync(BASE_MONEY_KEY) || DEFAULT_MONEY_KEY
}
module.exports = {
  saveBaseMoneyKey,
  getBaseMoneyKey
}
```

接下来看一下如何调用 saveBaseMoneyKey()函数。保存设置存放在切换基础货币的页面。在用户点击选中其他基础货币时，将其设置保存下来，代码如下：

```
onChooseBaseMoney (event) {
  const baseMoneyKey = event.currentTarget.dataset['moneyKey']
  app.baseMoneyKey = baseMoneyKey
  // 保存设置
  settingUtil.saveBaseMoneyKey(baseMoneyKey)
  wx.navigateBack()
}
```

在 app.js 初始化时，加载全局的基础货币设置，代码如下：

```
const settingUtil = require('./utils/setting-util')
//app.js
App({
  baseMoneyKey: 'CNY',
  onLaunch: function () {
    // 初始化基础货币设置
    // 从 storage 中获取默认货币 Key
    this.baseMoneyKey = settingUtil.getBaseMoneyKey()
  }})
```

这样就完成了保存基础货币设置的全部流程。此时尝试进行如下操作：

（1）点击“切换”按钮。

（2）选择欧元作为基础货币。

（3）可以看到，主页面已经切换为以欧元为基础的货币。

（4）点击小程序 IDE 的“刷新”按钮。

可以看到主页面依然是以欧元作为基础货币，这就表明我们的设置已保存成功。

注意： 小程序 IDE 的“编译”按钮相当于重启小程序，当点击“编译”按钮后基础货币设置得以保存，说明我们的设置已保存且加载成功。

3.5 本章小结

本章我们完成了一个具备基本功能的汇率计算器，其中涉及小程序开发的以下基础知识点：

- UI 组件的使用和组合。
- 界面布局的实现。
- 响应用户输入及控制页面显示。
- Page 页面的创建、使用和切换。

- 用户设置的保存及 storage 相关 API 的使用。

这些都是小程序开发中经常会涉及的知识点，希望读者能一边学习一边实现，保证熟练掌握这些基本的小程序开发知识。

另外，因为本章是项目实战中的第一个项目，暂时不涉及过多知识点，所以汇率计算器的功能不是非常完善。例如，货币汇率是 hardcode 在代码中的，而真实的汇率数据是实时变化的。后续的章节中会讲解如何在小程序中调用 API 来获取数据，感兴趣的读者可以在学习网络请求相关知识点之后，对本章的汇率计算器进行优化，通过网络接口获取实时的汇率数据，让汇率计算器更加实用。

第 4 章　便 签 应 用

本章继续实战之旅。在第 3 章中，我们通过实现一个简单的汇率计算器，接触了基本的小程序开发知识点。本章会在第 3 章的基础上，进一步巩固学到的知识点，如 storage 相关 API 的使用、页面切换、App 全局数据的管理以及 Page 回调函数的应用等。

本章将实现一个带有便签列表及便签详情编辑页面的便签应用。实战过程中将学习一个完整 App 工具的数据管理，以及基本富文本编辑器的实现原理。

4.1　基本页面搭建

一般小程序的开发流程都会先模拟一些假数据，完成基本页面交互，即最快地实现一个可体验的演示页面，便于产品同事尽快体验并做出调整。本节我们将实现基本的页面交互，便签应用共有两个页面（Page），即便签列表页面和便签详情编辑页面。

便签列表页面效果如图 4-1 所示，编辑页面目前仅创建一个新的空 Page 用于跳转。

4.1.1　页面组成分析

通过分析便签列表页面可知，页面主题是一个卡片列表页面，其预期效果是让便签按照顺序从左到右、从上到下进行排列，这里会用到我们之前提到过的 flex 布局进行实现。右下方为创建便签的按钮，该按钮固定放置在右下方，即使页面中的便签数目超出屏幕，需要滚动查看，该按钮也会保持在页面右下方，因此使用 fixed 布局实现。

便签列表部分使用横向的 flex 布局，每个便签卡片的宽度设置为页面宽度的 50%，并允许换行。这样便可实现我们想要的效果，如图 4-2 所示。

通过 fixed 布局，实现了将右下方的创建按钮固定在页面的右下方，即使页面滚动也不会受到影响。这里简单介绍一下 fixed 布局和 absolute 布局的区别。

fixed 布局中，元素的位置是相对于整个页面的，对于 Web 端，是 html 和 body，对于小程序，则是最外层的 Page。

absolute 布局中，元素位置是相对于最近非 static 布局的父节点的，其 CSS 中的 top、bottom、left 和 right 也都是相对于父级元素的。

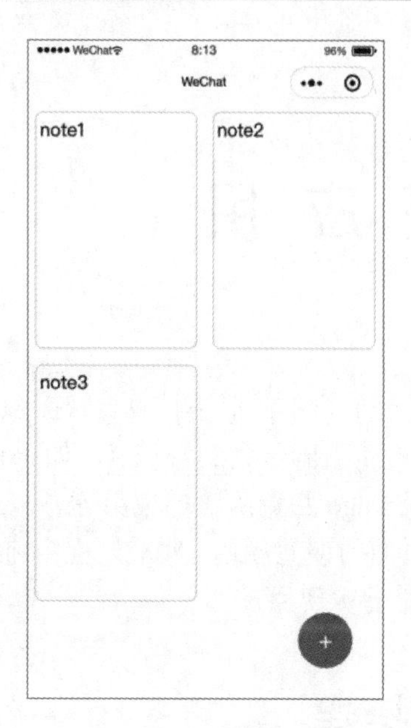

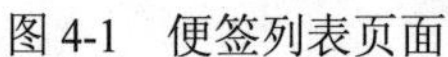
图 4-1　便签列表页面

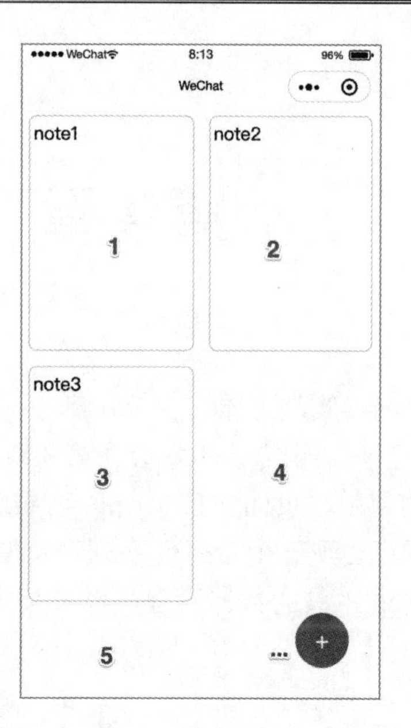

图 4-2　页面布局示意

这里我们想要的效果是相对于整个页面进行绝对定位，故使用 fixed 布局实现，代码如下：

```
.add-note-btn{
   position: fixed;
   bottom: 32px;
   right: 32px;
}
```

4.1.2　页面搭建

首先创建两个 Page，并在 app.json 中完成页面注册。代码如下：

```
{
  "pages": [
    "pages/note-list/index",
    "pages/note/index",
    "pages/logs/logs"
  ],
  "window": {
    "backgroundTextStyle": "light",
    "navigationBarBackgroundColor": "#fff",
    "navigationBarTitleText": "WeChat",
    "navigationBarTextStyle": "black"
  },
  "sitemapLocation": "sitemap.json"
}
```

项目中 Page 的结构如图 4-3 所示。

注意： logs 目录表示的 Page 是项目模板中默认的，可以将其删除。

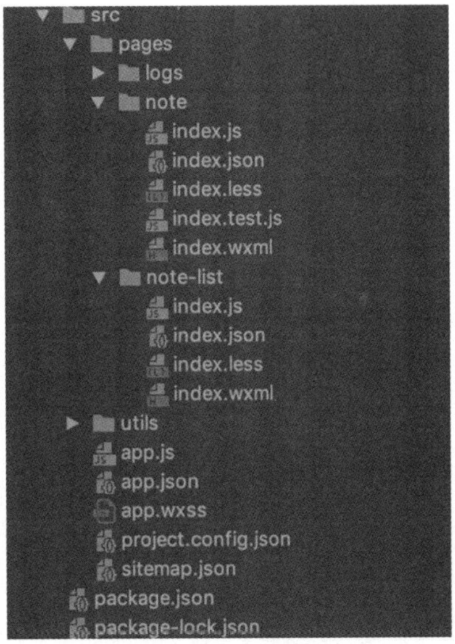

图 4-3　项目目录结构

下面来看 note-list 中布局的具体实现。最外层的 view 用于承载整个页面，其内部包含了两个 view，一个 view 承载便签列表，一个 view 承载创建便签按钮。

```
<!--index.wxml-->
<view class="container ">
  <!-- 列表渲染当前便签数据-->
  <view class="note-list">
    <view wx:for="{{noteList}}" class="note-
preview-item"
         bindtap="onClickNote" data-note-
id="{{item.id}}">
      <text>{{item.content}}</text>
    </view>
  </view>
  <!-- 为新建便签按钮绑定点击事件 -->
  <view class="add-note-btn" bindtap=
"onCreateNote">+</view>
</view>
```

先来看便签列表的样式实现，具体代码如下：

```
.note-list {                                    // 卡片容器样式
  display: flex;
  flex-wrap: wrap;
  align-items: flex-start;
  justify-content: flex-start;

  .note-preview-item {                          // 预览卡片样式
    width: calc(50% - 16px);
    border: 1px solid lightgray;
    border-radius: 8px;
    height: 240px;
    margin: 8px;
    padding: 4px;
  }
}
```

最外层的.note-list 通过 flex 布局，设置 flex-wrap 让横向布局支持换行，通过 align-items 和 justify-content 分别将便签列表向左侧和上侧对齐。

注意 note-preview-item 的宽度，我们设置的是 calc(50% - 16px)，这是因为列表中的便签卡片设置了 margin，而一旦宽度超过 50%，flex 布局中一行就无法放置两个卡片，所以这里需要用到 calc，将宽度计算中减去其 margin。之所以不需要减去 padding 和 border，是因为我们在 app.less 中将 view 的 box-sizing 设置为了 border-box。

这个 CSS 的知识点是前端开发的基础知识，小程序开发工程师首先也是一名前端开发工程师，具备扎实的前端基础知识是开发出健壮小程序 App 的基础。下面简单介绍 box-sizing 的基础知识。

浏览器中默认的 box-sizing 为 content-box，其效果如图 4-4 所示。由名字可以看出，当为 content-box 时，我们为 CSS 设置的 width 仅为 content 的宽度。整个组件的宽度为：

component width = width + padding + border + margin

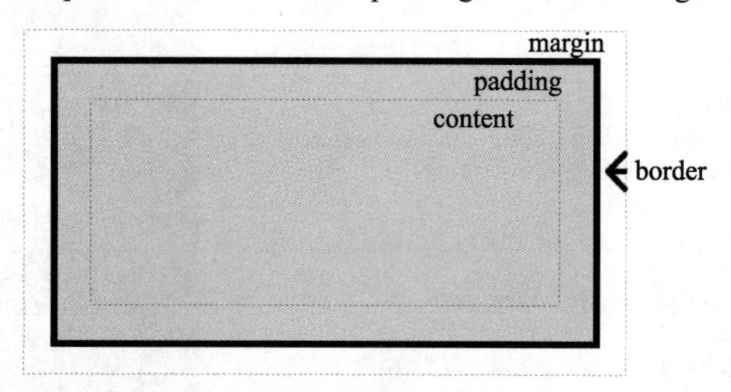

图 4-4　盒布局示意图

当设置 border-box 时，设置的 width 则包括 content、padding 和 border，如图 4-4 所示。所以整个组件的宽度为：

component width = width + margin

这样就不难理解为何设置 box-sizing 为 border-sizing 时，只需设置宽度为 calc(50% - margin)了。

下面实现创建便签的按钮，代码如下：

```
.add-note-btn{
  width: 56px;
  height: 56px;
  line-height: 56px;
  position: fixed;           // 通过 fixed 定位，将按钮固定在页面右下角
  bottom: 32px;
  right: 32px;
  font-size: 24px;
  color: white;
  background-color: #1e88e5;
  display: flex;             // 通过 flex 布局使其内部图标居中显示
  align-items: center;
  justify-content: center;
  border-radius: 50%;
}
```

position 为 fixed，表示其位置是相对于整个 Page 的绝对定位，并通过 top、left、bottom 和 right 控制其具体位置。我们看到的按钮上类似一个小图标的"+"其实不是图标，而是基础的文本加号，通过 CSS 设置字体大小使其看起来像图标。

这样就基本完成了 WXML 和 CSS 的实现。接下来需要为页面填充一些假数据，用于测试页面效果。

下面来看 WXML 中用到的数据，便签列表的渲染用到了 noteList，noteList 中的每个

note 有两个基本属性：id 用于表示便签的唯一 ID；content 为其文本内容，用于预览便签内容。Page 中的模拟数据非常简单，我们创建一个 List，向其中填充三个基本的便签数据结构，这样就为页面填充了数据。代码如下：

```
Page({
  data: {
    noteList: [                          // 构造初始便签列表数据
      {
        id: 'note1',
        content: 'note1'
      },
      {
        id: 'note2',
        content: 'note2'
      },
      {
        id: 'note3',
        content: 'note3'
      }
    ]
  },
})
```

完成数据填充后，通过小程序 IDE，便能看到预期的基本效果，如图 4-5 所示。

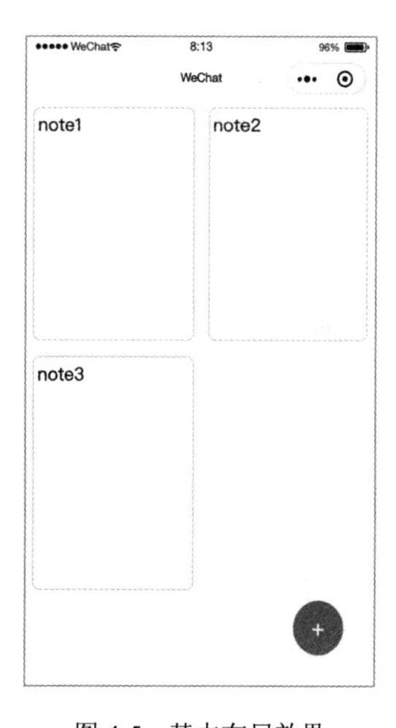

图 4-5　基本布局效果

接下来，需要在用户点击创建按钮和点击便签卡片时，跳转到便签编辑页面，通过给便签编辑页面传递便签 ID，用于识别当前编辑的便签。前面我们已经创建了便签的空 Page，现在只需跳转过去即可。

我们给便签卡片和便签创建按钮分别绑定点击事件 onClickNote 和 onCreateNode，代码如下：

```
<view class="note-list">
  <view wx:for="{{noteList}}" class="note-preview-item"
       bindtap="onClickNote" data-note-id="{{item.id}}">
    <!-- 展示便签内容字段-->
    <text>{{item.content}}</text>
  </view>
</view>
<view class="add-note-btn" bindtap="onCreateNote">+</view>
```

在 onClickNote 中，我们在便签卡片上绑定 data-note-id，进而在回调函数的 event.currentTarget.dataset 中获得 noteId，并将其传递给便签编辑页面（/pages/note/index）。而创建便签回调函数时，我们暂时直接传递一个 testId 用于测试跳转。以下为 onClickNote 和 onCreateNote 事件的实现代码：

```
Page({
  onCreateNote () {                              // 跳转到新建便签页面
    wx.navigateTo({
      url: `/pages/note/index?noteId=testId`
```

```
    })
  },
  onClickNote (event) {                          // 跳转到便签编辑页面
    const noteId = event.currentTarget.dataset['noteId']
    wx.navigateTo({
      url: `/pages/note/index?noteId=${noteId}` // 跳转到编辑页面带上便签 ID
    })
  }
})
```

完成上述逻辑后，点击便签卡片和创建按钮，就能跳转到正确的编辑页面，这样便完成了便签应用的大致框架。

4.2　实现便签管理

在 4.1 节中我们使用模拟数据完成了基本页面的开发。这是软件开发中常用的流程，先使用模拟数据完成前端开发，再将模拟数据替换为真实数据，这样可以让前后端同步开工，缩短工时。

本节将实现便签管理的逻辑代码，并将其放置在/src/utils/storage.js 中。

4.2.1　接口设计

在写代码前，首先要厘清需要哪些接口。我们按照页面来梳理，首先是列表页面，需要获取便签列表，该接口不需要传递任何参数，所以函数定义如下：

```
function getNoteList(){
  const noteList = []
  return noteList
}
```

接下来，当点击便签卡片进入编辑页面时，需要通过便签 ID 获取便签内容，参数为便签 ID，返回值为便签内容，故其函数声明如下：

```
function getNoteContent (noteId) {               // 获取便签内容
  return ''
}
```

当点击创建便签按钮时，需要新建一个便签，并获取便签 ID，其函数声明如下：

```
function createNote () {                         // 创建便签，返回新建便签 ID
  return 'testId'
}
```

然后是编辑页面，编辑完成后需要保存编辑的内容，参数为便签 ID 和编辑后的内容，其函数声明如下：

```
function setNoteContent (noteId, content) {     // 更新便签内容
}
```

最后是在编辑页面要让用户有删除便签的能力，接口参数为待删除便签的 ID，其函数声明如下：

```
function deleteNote (noteId) {                    // 删除便签
}
```

通过先编写函数声明，完成所需要的接口，再具体实现其功能，就可以保证不会过多地纠结代码的实现细节，而忽略接口的设计。

4.2.2　接口实现

接下来分别实现 4.2.1 节中定义的接口。

首先实现获取便签列表接口。考虑到后续有对单个便签内容操作的接口，我们需要设计便签内容的存储形式。之前模拟的数据格式是这样的：

```
noteList: [                                       // 便签列表样例数据
  {
    id: 'note1',
    content: 'note1'
  },
  {
    id: 'note2',
    content: 'note2'
  },
  {
    id: 'note3',
    content: 'note3'
  }
]
```

如果直接将便签列表以这样的形式保存在 storage 中，虽然获取便签列表的接口非常简单，直接从 storage 中拉取 key 为 noteList 的数据即可，但是当需要对单个便签进行操作时，需要拉取整个便签列表的数据，对其进行修改后再存回 storage。随着便签数目的增加，并且由于 noteList 包含便签内容，将导致对象占据空间较大，对大对象进行 storage 操作时便会造成性能问题。

所以这里设计为将便签 ID 列表保存下来，而将便签的具体内容以便签 ID 为 key 保存下来，这就需要增加 getNoteIdList()和 setNoteIdList()接口用于管理 noteIdList。而 getNoteList()可以通过先获取 noteIdList，再依次获取便签内容后，将其拼接为上面的模拟数据格式。具体实现如下：

```
const NOTE_ID_LIST = 'noteIdList'  // 便签 ID 列表保存在 storage 的 key 中
function getNoteIdList () {
  return wx.getStorageSync(NOTE_ID_LIST) || []
}
function setNoteIdList (noteIdList) {
  // 从 storage 中获取便签 ID 列表，如果未取到，则返回空数组
  wx.setStorageSync(NOTE_ID_LIST, noteIdList || [])
}
```

这里使用 NOTE_ID_LIST 作为便签 ID 列表的 key。注意，getNoteIdList()函数会对返回值进行判断，即让返回值为空也会返回空数组，而不是 null 值。setNoteIdList()同样使用参数 noteIdList 进行判空，以保证接口对异常情况处理的鲁棒性。有了这两个接口，getNoteList()的实现就水到渠成了：先拉取 noteIdList，再根据 noteId 循环拉取便签内容，最终拼接为 noteList 返回。具体代码如下：

```
function getNoteList(){
  const noteIdList = getNoteIdList()
  const noteList = []
  for (let noteId of noteIdList) {        // 遍历便签 ID 列表，构建便签列表
    noteList.push({
      id: noteId,
      content: getNoteContent(noteId)     // 通过便签 ID 获取便签内容
    })
  }
  return noteList
}
```

再来看 getNoteIdList()接口中使用的 getNoteContent()函数的具体实现方法，其代码如下：

```
// 便签存储在 storage 中时 key 的前缀，通过拼接 noteId，实现每个便签有唯一的 key
const NOTE_CONTENT_PREFIX = 'noteContent'
function getNoteContent (noteId) {
  // 同步拉取便签内容
  return wx.getStorageSync(NOTE_CONTENT_PREFIX + noteId)
}
```

上述代码中我们通过 getStorageSync()拉取便签内容。需要注意，我们在 storage 的 key 值前增加了 NOTE_CONTENT_PREFIX，这样做的目的是增加 key 值的可读性，方便调试时在 IDE 中可以更容易地识别出内容。从图 4-6 可以看到，增加前缀后能更容易地识别 key 存储的是便签内容。

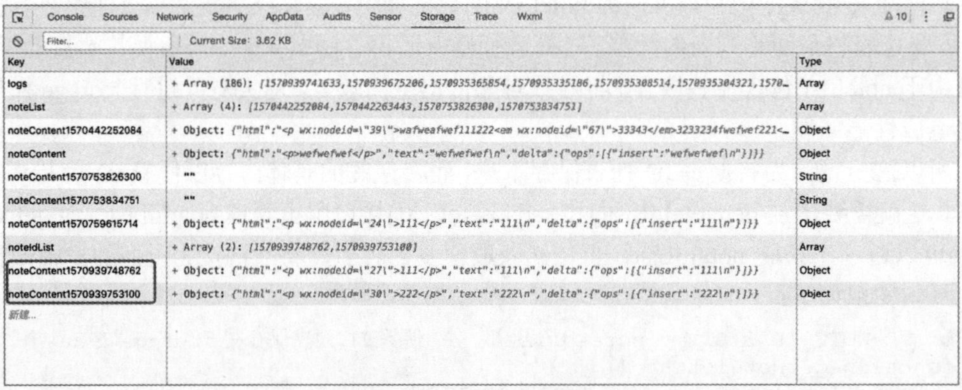

图 4-6　在 IDE 中查看 storage

再来看 createNote()接口的实现。创建 note 时首先需要创建 noteId，这里使用时间戳作为 ID，将空字符串作为便签内容存入 value 中。要使该便签出现在列表页面，还需要将

其加入 noteIdList。具体实现过程为：首先拉取当前的 noteIdList，将新的 noteId 加入列表中，再通过 setNoteIdList()更新列表，最后返回新创建的 noteId。具体代码如下：

```
function createNote () {
  const newNoteId = Date.now()                // 使用当前时间戳，作为便签 ID
  const noteIdList = getNoteIdList()          // 获取当前便签 ID 列表
  noteIdList.push(newNoteId)                  // 增加新建便签 ID
  setNoteIdList(noteIdList)                   // 更新便签 ID 列表
  setNoteContent(newNoteId, '')               // 为新建便签设置初始的空内容
  return newNoteId                            // 返回新建便签 ID
}
```

接下来实现 setNoteContent()接口。有了之前 getNoteContent()的实现，这一步非常简单，将 key = NOTE_CONTENT_PREFIX + noteId 的 storage 值更新即可。具体代码如下：

```
function setNoteContent (noteId, content) {
  // 同步更新便签内容
  wx.setStorageSync(NOTE_CONTENT_PREFIX + noteId, content)
}
```

最后来看删除便签的接口 deleteNote()的实现。和创建便签类似，删除便签除了删除便签内容外，还需要在便签 ID 列表中将该便签 ID 移除，具体代码如下：

```
function deleteNote (noteId) {
  // 删除 note 内容
  wx.removeStorageSync(NOTE_CONTENT_PREFIX + noteId)
  // 移除 noteId
  const noteIdList = getNoteIdList()
  // 从现有便签 ID 列表中删除指定的便签 ID
  noteIdList.splice(noteIdList.indexOf(noteId), 1)
  setNoteIdList(noteIdList)                   // 更新便签 ID 列表
}
```

4.2.3　接口调用

完成便签内容管理的接口后，需要将其和页面对接起来，实现真实数据的管理。首先是便签列表页面，我们需要通过 4.2.2 节中实现的 getNoteList 接口来拉取便签数据。

在便签列表页面的 onShow()函数中，使用之前实现的接口更新便签数据。因为 noteList 在 WXML 中被引用，所以需要通过 setData()将其更新。之所以在 onShow()函数中进行更新，是为了在每次进入便签列表页面时都更新数据，如单击创建便签按钮跳转到编辑页面后或单击回退按钮回到列表页面时就能自动刷新列表，显示新创建的便签。

```
const noteStorage = require('../../utils/storage')

Page({
  data: {
    noteList: []
  },
  onShow () {
    this.loadNoteList()
```

```
  },
  loadNoteList () {                                        // 加载初始便签列表
    const noteList = noteStorage.getNoteList()
    this.setData({
      noteList
    })
  },
  onCreateNote () {
    const newNoteId = noteStorage.createNote() // 新建便签 ID
    wx.navigateTo({
      url: `/pages/note/index?noteId=${newNoteId}` // 跳转至新建便签的编辑页面
    })
  },
  onClickNote (event) {
    // 获取当前单击的便签的 ID
    const noteId = event.currentTarget.dataset['noteId']
    wx.navigateTo({
      url: `/pages/note/index?noteId=${noteId}` // 跳转到单击便签的编辑页面
    })
  }
})
```

注意上面代码中的onCreateNote()函数，我们将之前模拟的testId替换为调用noteStorage.createNote()得到的新建的noteId，并使用该noteId跳转到便签编辑页面。

下面来到便签编辑页面，之前该页面一直是留空的，所以在便签编辑页面的onLoad()函数中，我们通过getNoteContent()获取便签内容。因为目前我们对便签编辑页面还尚未增加具体的业务逻辑，所以这里只是简单地通过console.log()查看一下便签内容，确认接口调用正确。

注意，这里通过Page的options获得noteId后，我们对其进行了判空处理，如果noteId为空，则将返回到上一层页面。这是因为小程序的页面跳转除了直接的代码调用wx.navigateTo()之外，还存在直接通过schema跳转到某个页面。如果schema中配置错误，没有填写noteId，就需要对该情况进行处理，避免后续便签编辑出错。具体代码如下：

```
Page({
  data: {
    noteId: ''
  },
  onLoad (options) {
    const noteId = options['noteId']
    if (!noteId) {                         // 检查便签 ID 是否为空，为空则直接返回上一页
      wx.showToast({                       // 提示错误信息
        duration: 2000,
        title: '便签参数错误'
      })
      wx.navigateBack()
    }
    this.data.noteId = noteId
    // 查看当前用户正在编辑的便签数据
    console.log(noteStorage.getNoteContent(this.data.noteId))
  },
}
```

到这里，便签应用的数据存储逻辑便基本完成。在 4.3 节中，将实现一个最简单的纯文本便签编辑页面，使便签功能基本可用。

4.3　实现纯文本便签

要实现便签编辑功能，就需要有一个便签编辑器。小程序中最简单的编辑组件便是 input 和 textarea。但是我们为了后续实现富文本编辑的功能，这里选用了小程序提供的 editor 组件。4.4 节中我们将介绍 editor 如何实现富文本编辑的功能，本节只是将其作为一个纯文本的编辑器进行使用。

4.3.1　editor 组件简介

下面简单介绍一下 editor 的使用方法。editor 在 WXML 中的使用和其他 UI 组件并无区别，直接在 WXML 中通过<editor>使用即可。其特点在于，如果想要在 JavaScript 代码中操作它，则需要先获得它的 context。来看一段示例代码：

```
async getNoteEditor () {    // 定义异步函数
  return new Promise((resolve, reject) => {
    wx.createSelectorQuery()
      // 通过 CSS 的 ID 选择器选择 editor 组件
      .select('#note-editor')
      .context(function (res) {
        resolve(res.context) // 将 editor 的 context 通过 resolve()函数异步返回
      }).exec()
  })
}
```

这里首先通过小程序提供的获取页面 UI 组件的接口 wx.createSelectorQuery().select('#note-editor')获得 UI 组件的引用，接下来调用异步的 context()函数，通过传递回调函数，在回调函数中使用 res.context 获得 editor 的 context。注意 context()函数并不是直接执行的，还需要调用 exec()才能触发执行。这里因为涉及回调函数，会造成代码嵌套，调用起来较为不便，所以使用 Promise 将其封装成了异步函数，以方便后续通过 async/await 的方式直接使用。

获得了 editor 的 context 后，就可以调用其提供的 API 对其进行操作了。本节我们用到的接口如下。

- editorContext.setContents(Object object)：设置编辑器的文本内容。
- editorContext.getContents(Object object)：获取编辑器的文本内容。

需要注意的是 getContents()获取的不是一个简单的字符串，而是一个对象，对象结构如下：

```
{
    html: '',
    delta: '',
    text: '',
}
```

其中 html 为页面展示的 html 结构代码，delta 为富文本内容的 delta 对象，text 才是纯文本的内容。所以我们进行 setContents 操作时同样要使用该格式传输 content。当然便签初始创建时，其内容为空字符串，所以直接传递空字符串也是可以的。

4.3.2　实现便签编辑页面

便签编辑页面非常简单，只需放置一个 editor 组件即可，其代码如下：

```
<view class="container">
  <editor id="note-editor" class="editor" bindinput="onInput"></editor>
</view>
```

我们为 editor 设置了 id="note-editor"，这是为了前面提到的获取 editor context 时通过 ID 来定位到 editor 组件。为了响应用户的编辑行为，为其绑定 input 事件 bindinput="onInput"，在用户输入时，我们通过回调函数的 event.detail 获得编辑器的最新内容，并将其保存到 storage 中。

```
async onInput (event) {
  console.log(event.detail)                       // 查看 event 详细字段
  // 更新便签内容
  noteStorage.setNoteContent(this.data.noteId, event.detail)
},
```

我们可以通过 console.log(event.detail)查看编辑器的 content，如图 4-7 所示。

```
▼{html: "<p wx:nodeid="39">test content</p>", text: "test content↵", delta: {…}}
  ▶delta: {ops: Array(1)}
   html: "<p wx:nodeid="39">test content</p>"
   text: "test content↵"
  ▶__proto__: Object
```

图 4-7　查看控制台 log

现在，从便签列表点击进入编辑页面，输入 test content 后返回列表页面，就能看到我们的编辑已经被保存下来，如图 4-8 所示。

但现在有个小问题是，当我们点击便签卡片进入时，编辑页面没有加载便签内容，这是因为我们没有在便签编辑页面初始化时加载其原始内容。进入编辑页面的 onLoad()回调函数，增加 editor 初始化的逻辑。完成上述逻辑后，再次体验，可以看到便签的编辑保存流程已经完全实现。

```
Page({
  data: {
    noteId: ''
  },
```

```
  onLoad (options) {
    // 从 options 中获取 URL 参数中的 noteId 数据
    const noteId = options['noteId']
    if (!noteId) {            // 判断便签 ID 是否为空
      wx.showToast({          // 提示错误信息
        duration: 2000,
        title: '便签参数错误'
      })
      wx.navigateBack()       // 返回上一页
    }
    this.data.noteId = noteId
    this.initEditorContent()// 初始化便签内容展示
  },
  async initEditorContent () {
    // 从 storage 中获取便签内容
    const contents = noteStorage.getNoteContent
(this.data.noteId)
    // 获取 editor 组件上下文
    const editor = await this.getNoteEditor()
    // 更新 editor 组件显示内容
    editor.setContents(contents)
  },
}
```

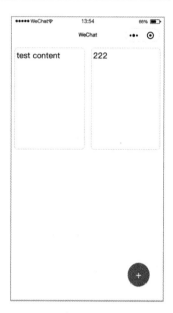

图 4-8　查看便签内容保存效果

至此我们便实现了一个纯文本的便签应用。可以看到一个便签应用的业务逻辑其实并不复杂，核心逻辑就是对便签列表和便签内容存储的设计。

在 4.4 节中，将介绍更多关于小程序 editor 组件的用法，实现一个富文本的编辑器，让便签功能更加实用。

4.4　实现富文本编辑

本节我们将完善便签的编辑页面，通过支持富文本编辑，让便签小程序更实用。

4.4.1　editor 富文本 API 介绍

富文本效果的核心在于 editor 组件提供的样式操作接口。要操作 editor，同样需要使用 4.3 节中提到的 editor 的 context。其核心接口为：

```
editorContext.format(string name, string value)          // 格式化文本
```

第一个参数 name 为我们想要修饰的文本样式属性名，value 为需要设置的属性值，是可选参数。小程序中支持的样式非常多，这里我们选取部分进行使用，如下：

- bold：粗体。
- italic：斜体。
- underline：下划线。

- header：H1 / H2 / h3 / H4 / H5 / H6 标题样式。

调用方式非常简单，如设置粗体样式的代码如下：

```
editorContext.format('bold')
```

设置一级标题样式的代码如下：

```
editorContext.format('head', 'H1')
```

需要注意的是，如果对已经具备该样式的文本进行样式设置，会取消样式，所以这里的 format 更类似于 toggleFormat 的效果。

另一个需要用到的接口为 removeFormat，直接调用该接口便可清除当前 editor 选中文本的样式。

```
editorContext.removeFormat(Object object)
```

4.4.2　实现页面布局

了解了功能实现的方式后，接下来对便签编辑页面进行改造，接入上一小节中的 API。我们为不同的样式分别增加按钮。在编辑页面顶部，增加一个 view 用于放置对便签内容的操作按钮。具体代码如下：

```
<view class="container">
<view class="action-bar">
<view class="toolbar">
<view bindtap="onClickBold" style="font-weight: bold;">B</view>
<view bindtap="onClickItalic" style="font-style: italic;">I</view>
<view bindtap="onClickUnderline" style="text-decoration: underline;"> U</view>
<view bindtap="onClickHeading1" style="font-weight: bold">h1</view>
<view bindtap="onClickHeading2" style="font-weight: bold">h2</view>
<view bindtap="onClickHeading3" style="font-weight:
bold">h3</view>
<view bindtap="onClickClear">C</view>
</view>
<button size="mini" bindtap="onClickDelete" class=
"delete-note-btn">删除</button>
</view>
<editor id="note-editor" class="editor" bindinput=
"onInput"></editor>
</view>
```

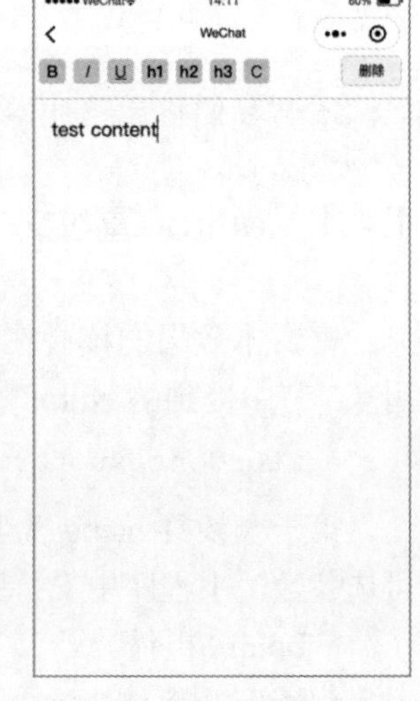

图 4-9　编辑页面效果展示

除了设置样式的按钮，我们还放置了一个清除样式的按钮，用于清除选中文本的样式。

为了方便起见，直接使用“字母+CSS”的方式实现了样式按钮。之所以没有使用 font icon，是因为在小程序中使用它较为复杂，且和本章内容相关性不高，所以这里将其简单处理。现在的界面效果如图 4-9 所示。

顶部除了样式编辑按钮外，还放置了一个“删除”按钮。整个顶部的操作区使用了 flex 布局，通过 justify-content: space-between 来实现样式按钮向左对齐、删除按钮向右对齐的效果。

4.4.3　实现富文本样式

完成了界面的布局后，接下来为样式编辑按钮增加回调函数并实现之。

```
<view class="toolbar">
<view bindtap="onClickBold" style="font-weight: bold;">B</view>
<view bindtap="onClickItalic" style="font-style: italic;">I</view>
<view bindtap="onClickUnderline" style="text-decoration: underline;">
U</view>
<view bindtap="onClickHeading1" style="font-weight: bold">h1</view>
<view bindtap="onClickHeading2" style="font-weight: bold">h2</view>
<view bindtap="onClickHeading3" style="font-weight: bold">h3</view>
<view bindtap="onClickClear">C</view>
</view>
```

我们为每个样式编辑按钮分别绑定了回调函数，在回调函数中通过调用 editorContext 的 format()函数进行样式编辑。对于最后一个清除样式的按钮，我们通过 clearFormat()进行样式清除。具体实现如下：

```
// toolbar 部分回调函数
async onClickBold () {                          // 粗体样式
  const editor = await this.getNoteEditor()
  editor.format('bold')
},
async onClickItalic () {                        // 斜体样式
  const editor = await this.getNoteEditor()
  editor.format('italic')
},
async onClickUnderline () {                     // 下划线样式
  const editor = await this.getNoteEditor()
  editor.format('underline')
},
async onClickStrike () {                        // 删除线样式
  const editor = await this.getNoteEditor()
  editor.format('strike')
},
async onClickHeading1 () {                      // 一级标题样式
  const editor = await this.getNoteEditor()
  editor.format('header', 'H1')
},
async onClickHeading2 () {                      // 二级标题样式
  const editor = await this.getNoteEditor()
  editor.format('header', 'H2')
},
async onClickHeading3 () {                      // 三级标题样式
  const editor = await this.getNoteEditor()
  editor.format('header', 'H3')
},
```

```
async onClickClear () {                    // 清除选中文本样式
  const editor = await this.getNoteEditor()
  editor.removeFormat()
},
```

完成样式编辑按钮的回调方法后，进入 IDE 进行测试，可以看到我们的纯文本编辑器已经拥有了富文本编辑的效果。得益于我们之前对便签内容存储接口的良好设计，在从纯文本切换到富文本编辑器后，对于存储部分无须进行任何改动。现在整个便签应用的编辑、保存功能都已实现。

最后，我们实现编辑页面右上角的删除按钮功能。同样，只需要在回调函数中调用 storage 的 deleteNote()方法，并返回上一页面即可。

```
onClickDelete(){
  noteStorage.deleteNote(this.data.noteId)      // 通过便签 ID 删除便签
  wx.navigateBack()                             // 退出便签编辑页面
}
```

如此一来，我们便实现了富文本编辑的所有功能。

4.5　本章小结

本章完成了一个支持富文本编辑效果的便签小程序应用。在实战过程中，笔者按照项目开发的标准流程，带领大家一步步实现业务逻辑，其中涉及一些 CSS 布局和接口设计的技巧。以下好的习惯值得注意：

- 先设计业务逻辑的接口，再进行实现，以保证设计过程不受代码实现细节的干扰。
- 数据存储设计时要兼顾代码实现的难易程度和运行效率。良好的数据存储设计可以保证代码的鲁棒性和运行效率。

富文本编辑器的实现没有想象中那么困难，在小程序中已有现成的组件封装，只需要简单地调用其 API 便可实现富文本编辑的效果。本章中仅使用了部分富文本效果，感兴趣的读者还可以前往小程序的文档中心查询并探索更多的用法。

目前为止我们的实战都是工具类的小程序项目。在第 5 章中，将带领大家探索在小程序中调用网络接口，实现一个更实用和有趣的新闻客户端。

第 5 章　新闻客户端

网络编程是小程序开发中非常重要的一环。通常一个小程序的开发由后端开发人员提供接口，再由前端调用接口并实现用户交互功能。

本章将使用开源的新闻接口实现一个具有基本功能的新闻客户端小程序。读者在本章中能够学到前后端交互的基本知识，了解小程序开发中的网络开发知识，并掌握更加复杂的小程序 UI 开发技巧。

5.1　功 能 分 析

一个新闻客户端需要有浏览新闻列表的基本功能，以及点击新闻进入详情页的功能。本案例最终实现的效果如图 5-1 所示。

图 5-1　最终效果图

通过顶栏的标签，我们可以切换不同的新闻列表。点击新闻列表，可以跳转到新闻详情页面。

在顶栏新闻标签的最后有一个“编辑”按钮，点击该按钮会跳转至标签列表编辑页面，可以配置主页显示哪些新闻标签。

首先来分析要实现上述基本功能的新闻客户端可以拆分为哪些步骤。

先来看看主页面。从数据来源来看，需要有根据话题拉取对应新闻列表的接口；从界面上来看，需要实现通过点击不同标签，切换新闻列表的功能。

接下来是新闻详情页，点击新闻列表，将跳转到新闻详情页。

最后是新闻标签的配置页面，需要展示所有新闻标签让用户进行配置，并在配置后更新主页面的新闻列表。

下面将根据整理出的实现步骤，一步步实现预期的功能。

5.2　API 获取及封装

要实现一个新闻客户端，首先需有新闻的数据来源。本节将介绍新闻数据 API 的使用及封装。

5.2.1　获取 API

本章用到的数据来源于聚合数据，只需在其官网注册认证即可使用其 API，这里用到的是“新闻头条”API，免费账户每天有 100 次的使用额度，足够我们进行开发。后续如果希望上线，可以升级为付费账户。

首先来看看聚合数据官方使用文档。其使用方式非常简单，直接向给定的 URL 发送 get 请求即可，格式如下：

```
http://v.juhe.cn/toutiao/index?type=top&key=APPKEY
```

该请求有两个参数，一个是 type，即新闻的类别；另一个是 key，也就是注册认证后使用该接口能获得的 key。聚合数据则根据这个 key 来限制 API 被调用的频率。

我们进入聚合数据的个人主页，这里可以看到我们申请的 API 和相应的 appKey。获得这个 appKey 后就可以尝试在小程序中调用该 API 了。

5.2.2　封装 API 调用函数

在主页增加一个按钮为其绑定点击事件，在点击时向我们获取的 API 发送网络请求，以得到新闻数据。下面来看看基本的代码实现。

在 WXML 中增加点击按钮，具体代码如下：

```
<!--index.wxml-->
<view class="container">
  <view class="userinfo">
    <text class="user-motto">{{motto}}</text>
  </view>
  <!-- 测试“获取新闻数据”按钮 -->
  <button bindtap="callNewsApi">获取新闻数据</button>
</view>
```

在 JavaScript 中增加回调函数，具体代码如下：

```
Page({
  data: {
    motto: 'Hello World'
  },
  callNewsApi () {                                    // 测试调用新闻 API
```

```
      wx.request({
        url: 'http://v.juhe.cn/toutiao/index',          // API 地址
        method: 'GET',                                   // HTTP 请求方式
        data: {                                          // HTTP 请求体
          type: 'top',                                   // 新闻类型
          key: '07a9ba0abccf6344cbf78cb72ff4121b'        // API 访问权限的 key
        },
        success (res) {
          console.log(res.data)
        }
      })
    }
  })
```

在小程序 IDE 中进行测试，单击“获取新闻数据”按钮，我们的预期是在 Console 中能看到 API 成功地返回新闻数据，但是在控制台却看到了报错，如图 5-2 所示。

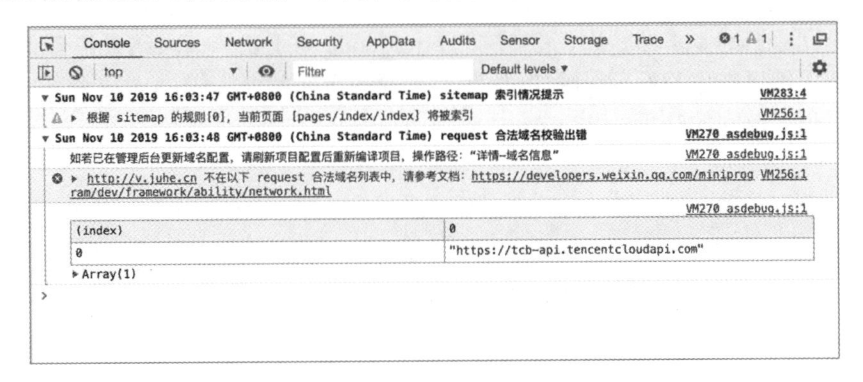

图 5-2　安全检查报错

出现这个错误的原因是：小程序出于安全考虑，只允许对开发者手动加入过白名单的域名发起网络请求。对于正式发布的小程序来说，我们需要为小程序申请 appid 并提交小程序的相关信息，审批通过后，才可以在微信小程序的后台对域名白名单进行配置。由于目前我们的小程序使用的是测试用 appid，所以没有后台可以进行域名配置。

好在小程序 IDE 也考虑到了这种情况，在 IDE 的项目设置中提供了安全检查开关，可以将该安全检查暂时关闭，如图 5-3 所示。

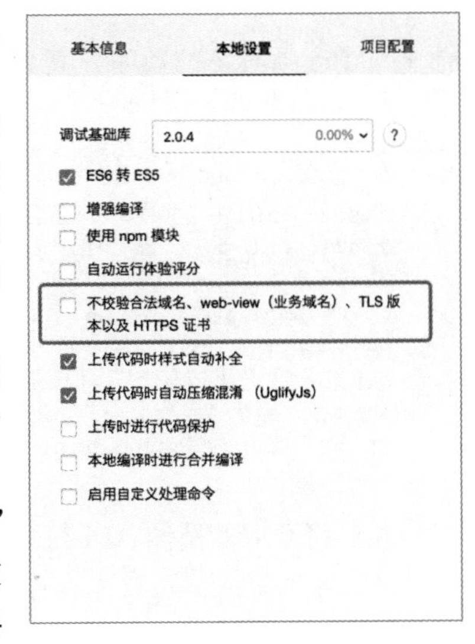

图 5-3　安全检查开关

我们将安全检查关闭后，再次单击“获取新闻数据”按钮，查看 Console 时会发现已经获取了后端返回的数据。我们将数据一层层展开，查看其基本结构，如图 5-4 所示。

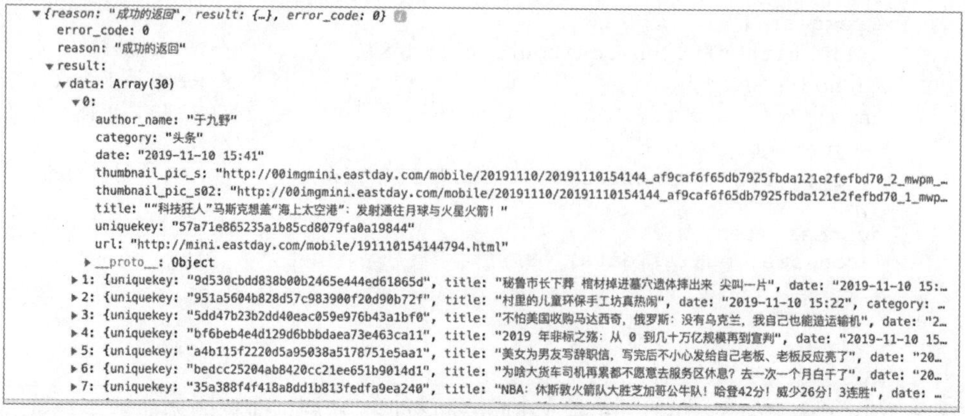

```
▼{reason: "成功的返回", result: {…}, error_code: 0}
  error_code: 0
  reason: "成功的返回"
 ▼result:
  ▼data: Array(30)
   ▼0:
     author_name: "于九野"
     category: "头条"
     date: "2019-11-10 15:41"
     thumbnail_pic_s: "http://00imgmini.eastday.com/mobile/20191110/20191110154144_af9caf6f65db7925fbda121e2fefbd70_2_mwpm_…
     thumbnail_pic_s02: "http://00imgmini.eastday.com/mobile/20191110/20191110154144_af9caf6f65db7925fbda121e2fefbd70_1_mwp…
     title: "“科技狂人”马斯克想盖“海上太空港”：发射通往月球与火星火箭！"
     uniquekey: "57a71e865235a1b85cd8079fa0a19844"
     url: "http://mini.eastday.com/mobile/191110154144794.html"
    ▶__proto__: Object
   ▶1: {uniquekey: "9d530cbdd838b00b2465e444ed61865d", title: "秘鲁市长下葬 棺材掉进墓穴遗体摔出来 尖叫一片", date: "2019-11-10 15:…
   ▶2: {uniquekey: "951a5604b828d57c983900f20d90b72f", title: "村里的儿童环保手工坊真热闹", date: "2019-11-10 15:22", category: …
   ▶3: {uniquekey: "5dd47b23b2dd40eac059e976b43a1bf0", title: "不怕美国收购马达西奇，俄罗斯：没有乌克兰，我自己也能造运输机", date: "2…
   ▶4: {uniquekey: "bf6beb4e4d129d6bbbdaea73e463ca11", title: "2019 年非标之殇：从 0 到几十万亿规模再到宣判", date: "2019-11-10 15…
   ▶5: {uniquekey: "a4b115f2220d5a95038a5178751e5aa1", title: "美女为男友写辞职信，写完后不小心发给自己老板、老板反应亮了", date: "20…
   ▶6: {uniquekey: "bedcc25204ab8420cc21ee651b9014d1", title: "为啥大货车司机再累都不愿意去服务区休息？去一次一个月白干了", date: "20…
   ▶7: {uniquekey: "35a388f4f418a8dd1b813fedfa9ea240", title: "NBA：休斯敦火箭队大胜芝加哥公牛队！哈登42分！威少26分！3连胜", date: …
```


图 5-4　新闻 API 数据

后端返回数据的基本结构中，最外层的 error_code 用于表示请求结果是否成功，reason 用于描述请求结果产生的原因，result 为我们需要的新闻数据，result.data 为新闻数据的列表。总体来说，返回的结果体如下：

```
{
    error_code: Number,
    reason: String,
    result: Object
}
```

result 的结构如下：

```
{
    data: Array,
    stat: String
}
```

对于一条具体的新闻，其数据格式如下：

```
{
author_name: "于九野"
category: "头条"
date: "2019-11-10 15:41"
thumbnail_pic_s: "http://00imgmini.eastday.com/mobile/20191110/20191110
154144_af9caf6f65db7925fbda121e2fefbd70_2_mwpm_03200403.jpg"
thumbnail_pic_s02: "http://00imgmini.eastday.com/mobile/20191110/201911
10154144_af9caf6f65db7925fbda121e2fefbd70_1_mwpm_03200403.jpg"
title: "“科技狂人”马斯克想盖“海上太空港”：发射通往月球与火星火箭！"
uniquekey: "57a71e865235a1b85cd8079fa0a19844"
url: "http://mini.eastday.com/mobile/191110154144794.html"
}
```

我们将获取的新闻 API 封装为一个函数，方便后续调用。函数声明如下：

```
async fetchNews (newsTag) {              // 根据新闻类别获取新闻列表
}
```

传入参数为指定新闻列表的主题 key，因为涉及网络请求，我们将函数声明为异步函数。

函数实现逻辑为：向新闻接口发出网络请求（请求时带上参数：新闻主题），在网络请求的回调函数中处理请求结果，在请求失败的情况下创建 error 对象并拒绝；处理成功时，从网络请求的 response body 中提取出我们需要的新闻数据，并通过调用 resolve()函数返回结果数据。

```
async fetchNews(newsTag) {
  // return mockNewsList
  return new Promise((resolve, reject) => {
    wx.request({
      url: 'http://v.juhe.cn/toutiao/index',
      method: 'GET',
      data: {
        type: newsTag,                    // 根据 newsTag 拉取指定类别的新闻
        key: '07a9ba0abccf6344cbf78cb72ff4121b'
      },
      success(res) {                      // 网络请求成功执行的回调函数
        if (res.statusCode !== 200) {     // 如果返回码不等于 200,表明数据获取失败
          reject(new Error('网络请求错误,请稍后再试'))
        }
        const rspBody = res.data
        // 从 http 返回的 data 中获取想要的新闻列表数据
        const news = rspBody.result.data
        resolve(news)                     // 通过 resolve 异步将数据返回
      },
      fail() {                            // 网络请求失败回调函数
        reject(new Error('网络请求错误,请稍后再试'))
      }
    })
  })
},
```

有了获取新闻的 API，也就有了页面展示内容的数据源，接下来将使用该数据源实现基本的新闻列表功能。

5.3 实现基本的新闻列表

通过上面封装的函数，在代码中可以方便地根据新闻主题拉取对应的新闻列表数据。

我们首先在页面的 onLoad()回调中调用该函数，并将获取的新闻数据打印到 Console 来看下一步如何对其进行展示。

要想在页面上展示列表数据，需要在 Page 中准备好数据源，并在 WXML 中使用该数据源将页面渲染出来，我们在 page.data 中定义 newsList，用于存放当前页面展示的新闻数据。在页面初始化时发起网络请求，并将新闻列表数据更新到 data 的 newsList 属性上去。

基本实现如下：

```
onLoad () {
  this.initNewsList()                    // 页面初始化时拉取新闻列表
},
async initNewsList () {
  try {
    // 拉取当前类别的新闻列表
    const newsList = await this.fetchNews(this.data.currentTag)
    this.setData({                      // 将新闻列表更新到 data 中
      newsList
    })
  } catch (e) {
    wx.showToast({                      // 拉取失败时弹窗提示
      icon: 'none',
      duration: 2000,
      title: `获取新闻列表失败: ${e.message}`
    });
  }
},
```

注意这里对新闻列表数据请求失败时的逻辑处理，通过在 this.fetchNews 中抛出异常（reject 会将异常抛出），在调用该函数的地方进行 try catch 处理，将异常信息提示给用户。在后续的开发中我们将使用这种处理方式。

实现上述逻辑后刷新小程序开发 IDE，打开调试窗口的 AppData 面板，可以看到页面初始化后 newsList 被更新了。单击该变量可以看到其中包含的新闻列表，如图 5-5 所示。

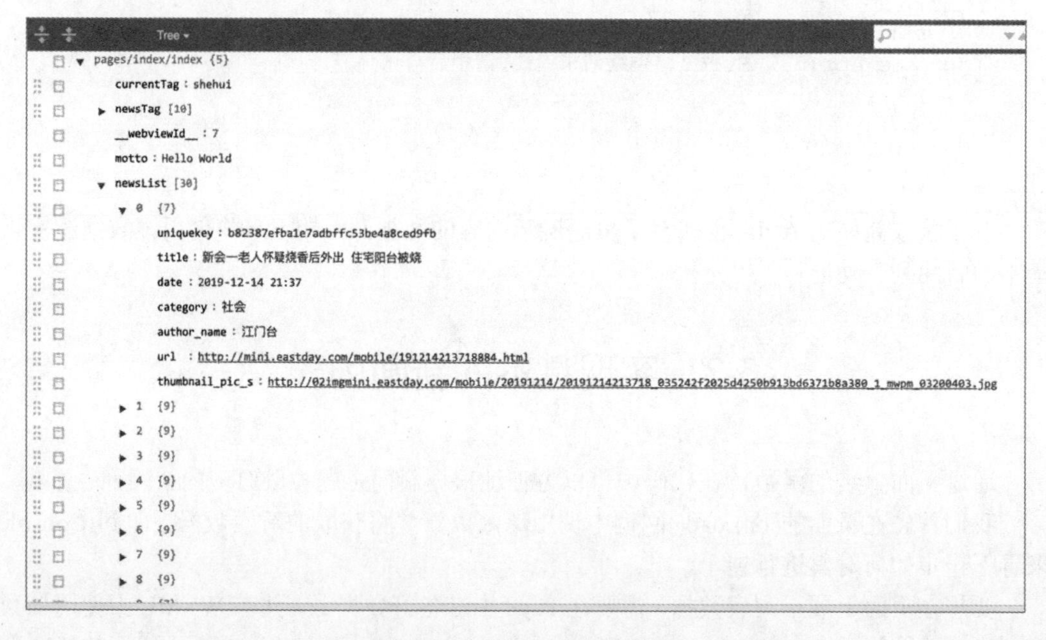

图 5-5　小程序 AppData 面板

现在我们完成了数据的拉取，接下来便可在 WXML 中使用该数据将页面展示出来。第一步，我们先将新闻的标题展示出来。

WXML 的列表渲染我们在第 4 章中已经介绍过，这里直接给出实现代码：

```
<!-- 列表渲染出新闻数据 -->
<view wx:for="{{newsList}}"
      wx:key="item.uniquekey">
  <!-- 展示新闻标题 -->
  <view>
    {{item.title}}
  </view>
</view>
```

完成 WXML 展示基本信息的逻辑后，再次进入小程序 IDE 查看效果。可以看到，已经渲染出了基本的新闻列表。

到此，基本的新闻列表数据获取及展示的功能已经完成，但展示新闻时不可能只展示新闻标题，至少要展示新闻事件、新闻配图等，这样才能吸引用户阅读。接下来我们看看后端返回的接口中有哪些数据可以用于前端展示。

首先查看每条新闻有哪些数据字段，由 5.2.2 节中封装新闻列表 API 时得知，单个新闻字段如下：

```
{
  author_name: "于九野"
  category: "头条"
  date: "2019-11-10 15:41"
  thumbnail_pic_s: "http://00imgmini.eastday.com/mobile/20191110/20191110154144_af9caf6f65db7925fbda121e2fefbd70_2_mwpm_03200403.jpg"
  thumbnail_pic_s02: "http://00imgmini.eastday.com/mobile/20191110/20191110154144_af9caf6f65db7925fbda121e2fefbd70_1_mwpm_03200403.jpg"
  title: "“科技狂人”马斯克想盖“海上太空港”：发射通往月球与火星火箭！"
  uniquekey: "57a71e865235a1b85cd8079fa0a19844"
  url: "http://mini.eastday.com/mobile/191110154144794.html"
}
```

其中，新闻作者和新闻类型因为已经通过顶栏标签区分了，所以无须在列表中再重复展示；新闻日期也是需要展示的；另外，thumbnail_pic_s 为新闻的预览图，也是可以在新闻列表中展示的。

WXML 代码如下：

```
<!-- 列表渲染出新闻数据 -->
<view wx:for="{{newsList}}"
    wx:key="item.uniquekey">
<!-- 展示新闻缩略图、标题 -->
<view class="news-item">
<image class="preview-img" src="{{item.thumbnail_pic_s}}" mode="aspectFill"/>
<text class="title">{{item.title}}</text>
</view>
</view>
```

现在已将需要的数据展示了出来，接下来我们调整一些列表元素的 CSS。Less 代码如下：

```
.news-item {
  display: flex;
  align-items: center;
  justify-content: flex-start;
  padding: 4rpx 12rpx;
  // 缩略图设置为宽和高为 120rpx 的正方形
  .preview-img {
    width: 120rpx;
    height: 120rpx;
    flex-shrink: 0;
  }
  .title{
    // 新闻标题和缩略图间隔 12rpx
    margin-left: 12rpx;
  }
}
```

调整完成后，进入小程序 IDE 查看效果，如图 5-6 所示。

图 5-6　新闻列表 UI 调整效果

5.4　实现新闻话题切换

在 5.3 节中，我们已经实现了默认话题新闻列表的展示，本节将实现话题切换的功能。实现的整体思路为：在页面顶栏放置话题切换按钮，当用户点击话题标签时，发起网络请求更新下方新闻列表的数据源，接下来小程序框架会在下一页面刷新时刷新新闻列表。

首先实现基本的顶栏标签切换组件。在 JavaScript 代码中，新建 data 字段 newsTagList 用于保存支持的新闻列表数据，代码如下：

```
Page({
  data: {
    currentTag: 'top',                    // 当前默认选中的新闻列表
    newsTag: [                            // 所有新闻类别列表
      {
        key: 'top',
        title: '头条'
      }, {
        key: 'shehui',
        title: '社会'
      }, {
        key: 'guonei',
        title: '国内'
      }, {
        key: 'guoji',
        title: '国际'
      },
      {
        key: 'yule',
        title: '娱乐'
```

```
      },
      {
        key: 'tiyu',
        title: '体育'
      },
      {
        key: 'junshi',
        title: '军事'
      },
      {
        key: 'keji',
        title: '科技'
      },
      {
        key: 'caijing',
        title: '财经'
      },
      {
        key: 'shishang',
        title: '时尚'
      }
    ],
    newsList: []
  }
}
```

其中每个标签包含 key 和 title 两个字段，key 用于发起网络请求时表示新闻分类的字符串，title 为在界面上展示时的标题。在 WXML 中，通过列表渲染将标签列表渲染出来，代码如下：

```
<!--index.wxml-->
<view class="container">
<!-- 该部分为顶部新闻标签 -->
<view class="news-tag-container">
<view wx:for="{{newsTag}}"
      data-tag-id="{{item.key}}"
      wx:key="item.key"
      bindtap="onClickNewsTag"
      class="news-tag {{item.key === currentTag ? 'active-tag' : ''}}">
  {{item.title}}
</view>
</view>
<view wx:for="{{newsList}}"
    wx:key="item.uniquekey">
<view class="news-item">
<image class="preview-img" src="{{item.thumbnail_pic_s}}" mode="aspectFill"/>
<text class="title">{{item.title}}</text>
</view>
</view>
</view>
```

现在进入小程序开发 IDE，可以看到标签列表已经被渲染出来，但是标题是由上至下排列的，与我们的预期不符，需要设计一下 UI 布局。我们希望标签横向布局，且可以左右滑动，所以我们为标签列表的外部增加 container 标签，并设置其宽度为 100%且支持横向滚动，代码如下：

```
.news-tag-container {                    // 横向可滑动容器，用于放置新闻标签列表
  width: 100%;
  overflow-x: scroll;
  white-space: nowrap;
}
```

增加该部分的 CSS 代码后，可以看到元素仍然由上至下排列，这是因为 view 为 block 元素，block 元素默认是占据一整行的。为了让标签横向排列，只需将每个标签元素的 display 属性设置为 inline-block 即可。实现代码如下：

```
.news-tag-container {
  width: 100%;
  overflow-x: scroll;
  white-space: nowrap;
  .news-tag {                            // 设置新闻标签中文本不可换行
    display: inline-block;
    margin: 4px 16px;
    white-space: nowrap;
  }
}
```

完成上述样式调整后可以看到，现在标签已如我们所预期的样式进行排列了。

当用户选中某一个标签时，需要将该标签高亮展示。要实现这个功能，需要在 JavaScript 中增加一个字段，用于保存当前用户选中的标签。我们的第一个标签为 top，所以这里将该字段的初始值设为 top，这样页面刚加载时就会默认将第一个标签高亮。

在 WXML 中，我们在列表标签渲染时判断渲染标签是否为当前选中标签。如果是，则为其增加 active-tag 的 class 来实现差异化展示。

在 WXML 中动态设置 class 属性的语法如下：

```
class="news-tag {{item.key === currentTag ? 'active-tag' : ''}}">
```

这和小程序基本的渲染语法相同，都是通过双层大括号，在其中可执行 JavaScript 指令来实现动态渲染数据。

完成 WXML 渲染逻辑后，接下来为用户的点击行为增加点击事件，当用户点击标签时，通过 setData()函数将当前选中的标签指定为用户点击的标签。

在标签上绑定点击函数 bindtap="onClickNewsTag"，为了在 onClickNewsTag 中判断当前点击的是哪一个标签，可以通过在标签上绑定数据标签来实现。Data-*类的标签是 HTML 5 规范中在标签上存储非展示性数据的方式，该标准在小程序中同样有效。

我们为新闻标签绑定 data-tag-id="{{item.key}}"，这样在点击事件回调中，通过 event.currentTarget.dataset['tagId']即可得知当前用户点击的是哪一个标签。

注意： HTML 中标签的书写规范为“-分割字符串”，而在 JavaScript 中获取 data 属性数据时需要通过驼峰命名来拿取数据，即 data-tag-id 属性在 JavaScript 中拿取时

为 data. tagId。下面是完整的实现代码:

```
async onClickNewsTag (event) {        // 新闻标签被点击的回调函数
  // 从 event 中获取当前点击的新闻标签
  const newsTag = event.currentTarget.dataset['tagId']
  this.setData({
    currentTag: newsTag                // 更新 data 中当前的标签字段
  })
},
```

在得知了用户点击的是哪一个新闻分类后，通过 setData()更新当前选中的标签，这样就会触发小程序刷新页面，将'active-tag'的 class 样式赋予用户刚刚点击的标签。

此时选中的标签虽然变了，但是新闻列表还未刷新，所以还需要再次调用 fetchNews()刷新当前展示的新闻列表，类似于页面初始化时的逻辑。具体实现代码如下：

```
async onClickNewsTag (event) {
  // 从 event 中获取当前点击的新闻标签
  const newsTag = event.currentTarget.dataset['tagId']
  this.setData({
    currentTag: newsTag                  // 更新 data 中当前的标签字段
  })
  try {
    // 根据新标签，拉取对应新闻列表
    const news = await this.fetchNews(newsTag)
    this.setData({
      newsList: news
    })
  } catch (e) {                          // 如拉取新闻列表失败，则弹窗提示错误
    wx.showToast({
      icon: 'none',
      duration: 2000,
      title: e.message
    })
  }
},
```

如此一来，我们便实现了切换新闻分类的功能。完成上述逻辑后，进入小程序 IDE，点击不同的新闻标签，可以看到新闻列表相应的切换。

5.5　使用 webview 实现新闻详情页

5.4 节我们完成了新闻列表功能，本节将实现新闻详情页。在前面查看后端获取的新闻列表数据时，细心的读者可能已经发现：后端返回的数据中是带有新闻详情页链接的。本节的详情页实现非常简单，使用小程序提供的 Webview 组件，直接展示该网站链接即可。

这种使用小程序原生功能和 Webeview 混合开发的模式非常流行。小程序的发布是需要通过审核的，根据功能变动的大小，一般需要 1 天到 1 周不等。而有些页面的功能我们希望能实时更新，这时可以将不会变动的页面部分通过小程序原生开发实现，以保证有更

好的用户体验；而经常变动的页面则通过网页的方式来实现，通过在小程序中嵌入 Web 页面来保证应用的灵活性。

注意：小程序对 WebView 的使用是有限制的，如果使用 WebView 的页面大于原生小程序的页面，小程序很可能无法通过审核。

首先创建一个新的页面 news-detail，并在 app.json 中注册该页面，实现代码如下：

```
{
  "pages": [
    "pages/index/index",
    "pages/news-detail/index",
    "pages/logs/logs"
  ],
  "window": {
    "backgroundTextStyle": "light",
    "navigationBarBackgroundColor": "#fff",
    "navigationBarTitleText": "WeChat",
    "navigationBarTextStyle": "black"
  },
  "sitemapLocation": "sitemap.json"
}
```

当我们从新闻列表主页面跳转到新闻详情页面时，需要将新闻详情页面的 URL 传递过去。在新闻详情页获得 URL 后，需要将 URL 设置到 WXML 中 WebView 标签的地址上。所以在 news-detail（新闻详情）页面中，我们需要一个变量保存 URL，实现代码如下：

```
Page({
  data: {
    newsUrl: ''                    // 页面中 WebView 展示的 URL
  }
})
```

而该 URL 数据的来源就是 onLoad()中传入的页面跳转参数，实现代码如下：

```
onLoad (options) {
  console.log(options)
  this.setData({                   // 由 options 中获取页面需要打开的新闻
    newsUrl: options.newsUrl
  })
}
```

如此一来，就得到了需要展示的网页的 URL，接下来在 WXML 中将网站 URL 设置到 WebView 上，实现代码如下：

```
<!-- 使用 WebView 组件展示新闻 URL -->
<web-view src="{{newsUrl}}"></web-view>
```

通过设置 WebView 的 src 属性，即指定其网址，页面加载时会自动加载网页内容。同时在小程序中，webview 默认是占满页面空间的，所以也无须为其设置样式，这样就完成了新闻详情页面的编写。

最后，我们为新闻列表页面增加点击事件，在点击时跳转至新闻详情页面，实现代码如下：

```
<view wx:for="{{newsList}}"
   wx:key="item.uniquekey">
<!-- 为新闻绑定点击事件 -->
<view class="news-item" data-news="{{item}}" bindtap="onClickNewsItem">
<image class="preview-img" src="{{item.thumbnail_pic_s}}" mode="aspectFill"/>
<text class="title">{{item.title}}</text>
</view>
</view>
onClickNewsItem (event) {           // 点击新闻时的回调函数
  // 获取当前点击的新闻数据
  const newsItem = event.currentTarget.dataset.news
  console.log(newsItem)
  wx.navigateTo({                   // 跳转到新闻详情页面
    // url 中传递选中新闻的 URL
    url: `/pages/news-detail/index?newsUrl=${newsItem.url}`
  })
},
```

5.6　实现新闻列表滑动切换

在新闻列表页面中，用户想要切换新闻主题需要点击页面上方的标签按钮。但是现在智能手机屏幕越来越大，用户很难单手点击屏幕的最上方。为了方便用户使用，通常会为页面增加左右滑动的功能。

小程序实现的逻辑为：当新闻标签切换时重新拉取新闻列表，并替换当前的新闻列表。为了实现新闻列表的滑动切换，需要将每个新闻标签下的新闻列表单独渲染。首先调整 WXML 中对新闻列表的处理，通过遍历 newsTag，为每一个新闻标签创建一个单独的新闻列表。

列表页面的滑动效果在小程序中已有 swiper 组件实现，下面介绍如何具体使用。使用滑动效果涉及两个组件：swiper 和 swiper-item。从名称上可以看出，swiper 为父组件，swiper-item 为子组件，只有当父子组件共同使用时，才能获得预期的效果。

下面是官方给出的使用 demo：

```
<swiper indicator-dots="{{indicatorDots}}"
      autoplay="{{autoplay}}" interval="{{interval}}" duration="{{duration}}">
   <block wx:for="{{background}}" wx:key="*this">
      <swiper-item>
      <view class="swiper-item {{item}}"></view>
      </swiper-item>
   </block>
</swiper>
```

具体的配置项读者可以前往小程序官网查看文档，这里不详细展开。网址如下：https://developers.weixin.qq.com/miniprogram/dev/component/swiper.html

那么具体如何实现滑动新闻列表的效果呢？首先确定 wx:for 渲染的循环主体。我们要为每个新闻标签渲染出一个单独的新闻列表，所以最外层的循环主体为 newsTag。另外，对于每个新闻标签，都需要保存其新闻列表，所以在 JavaScript 中还需要设计一个 Map，用来保存所有新闻标签的新闻列表。因此，需要做的修改如下：

（1）在 JavaScript 文件中新增变量，用于保存所有新闻标签的新闻列表。

（2）在 WXML 中，通过 newsTag 先渲染出所有新闻列表对应的 swiper-item，再在 swiper-item 中通过 wx:for 渲染对应的新闻列表。

首先来看看在 JavaScript 中的改动，因为要通过新闻标签来获取对应的新闻列表，所以需要通过一个 Map 或 Object，以使用 key:value 存储该数据。而之前用于存储新闻列表的 data 字段 newsList 则可移除。

在 page.data 中增加对象 newsCategoryMap，用于保存每个新闻标签所对应的新闻列表，接下来在 WXML 中应用它来获取对应新闻标签的新闻列表。

在 WXML 中，上方的新闻标签部分暂时不用做改动，而先将下方的新闻列表渲染部分进行修改，代码如下：

```
<!-- 根据最外层，通过 swiper 组件实现左右滑动效果 -->
<swiper class="news-list-container"
        bindchange="onSwiperChange"
        current="{{currentIndex}}">
  <!-- 根据新闻类别，渲染出所有类别的新闻列表 -->
  <swiper-item
          class="news-list"
          wx:for="{{newsTag}}"
          wx:for-item="tagItem"
          wx:key="tagItem.key">
    <!-- 从 newsCategoryMap 中获取对应类别的新闻列表，并渲染 -->
    <view wx:for="{{newsCategoryMap[tagItem.key]}}"
          wx:key="item.uniquekey">
      <view class="news-item" data-news="{{item}}" bindtap="onClickNewsItem">
        <image  class="preview-img"  src="{{item.thumbnail_pic_s}}"  mode=
"aspectFill"/>
        <text class="title">{{item.title}}</text>
      </view>
    </view>
  </swiper-item>
</swiper>
```

最外层是 swiper 组件，用于承载所有新闻分类下的新闻列表。在 swiper 内部，通过列表渲染子节点 swiper-item，并在 swiper-item 内部通过列表渲染对应的新闻列表。

需要注意的是，对于外层的 wx:for，列表渲染遍历的对象为 newsTag，即所有的新闻分类，这是因为每个分类对应一个新闻列表（即一个 swiper-item）。在每个 swiper-item 中，我们通过 tagItem.key 获得当前新闻列表的 key，再通过 newsCategoryMap[tagItem.key]获得该新闻标签对应的新闻列表。最后和之前的单个新闻列表渲染一样，将新闻列表渲染出来即可。

注意：在小程序 wx:for 中，通过 wx:for-item 指定遍历对象子元素的名称，这里通过 wx:for-item="tagItem"将子元素命名为 tagItem，以免和内层 wx:for 中的子元素名称冲突。

完成上述修改后，进入小程序 IDE 查看效果，会发现页面初始化后，下方的新闻列表部分一片空白，这是因为目前我们还没有将新闻数据更新到 newsCategoryMap 中。下面修改 JavaScript 的逻辑部分，将新闻列表数据更新到 newsCategoryMap 中。

在 JavaScript 中增加 selectNewsCategory，用来拉取指定新闻分类下的新闻，并将新闻列表数据更新到 newsCategoryMap 中。下面介绍具体实现。

首先通过新闻分类 newsCategoryKey 拉取指定新闻列表的数据；接下来更新 newsCategoryMap 中对应 key 的新闻列表；最后通过 setData()通知小程序 newsCategoryMap 数据有变，应当刷新页面显示，这时就会将该列表的数据更新。具体代码如下：

```
async selectNewsCategory(newsCategoryKey) {     // 点击新闻类别的回调函数
  try {
    // 获取指定类别的新闻列表
    const newsList = await this.fetchNews(newsCategoryKey)
    const newsCategoryMap = this.data.newsCategoryMap
    // 将获取的新闻列表更新到 newsCategoryMap 中
    newsCategoryMap[newsCategoryKey] = newsList
    this.setData({                          //更新新闻列表 Map 及当前选中的新闻类别
      newsCategoryMap,
      currentTag: newsCategoryKey
    })
  } catch (e) {                             // 如获取新闻列表失败，则弹窗提示
    console.error(e)
    wx.showToast({
      icon: 'none',
      duration: 2000,
      title: '获取新闻列表失败，请稍后重试'
    });
  }
},
```

注意，上面进行 setData()操作时同时更新了 currentTag，这时因为当用户滑动新闻列表切换主题时，上方的新闻标签也应当更新。

那么，这个函数应该在何时调用呢？从用户的角度来看，应该是用户滑动页面时调用，也就是在 swiper 切换 swiper-item 时调用。查阅小程序 swiper 的开发文档，可以看到其提供了一个 bindchange()回调函数，用于监听 swiper 切换事件。我们只需在该回调函数中执行 selectNewsCategory，来更新相应的新闻列表即可。下面介绍 onSwiperChange 的实现。

回调函数中的参数 event，其 detail 中带有当前选中的 swiper-item 的 index 信息，通过该 index 信息，可以在 newsTag 中找到其对应的新闻类别，然后调用 selectNewsCategory 更新页面。具体代码如下：

```
async onSwiperChange(event) {                  // 新闻列表滑动事件
  const currentIndex = event.detail.current    // 获取当前滑动到的页面 index
```

```
    // 根据index，找到对应的新闻类别
    const currentNewsKey = this.data.newsTag[currentIndex].key
    // 通过调用selectNewsCategory，实现切换新闻类型效果
    this.selectNewsCategory(currentNewsKey)
  }
```

完成上述逻辑后，进入小程序IDE查看效果。可以看到，基本已经达到了我们希望的效果。在左右滑动时，会更新相应的新闻列表。

但是UI显示上有些问题，即之前显示单个新闻列表时，页面是占满并且可以上下滑动的，但是现在页面却只显示了部分新闻。

这是因为默认swiper的高度是固定的一个数值，所以我们需要通过调整CSS来达到预期效果。CSS的调整思路为：将swiper高度撑满整个页面（Page），相对父组件撑满新闻列表高度，并且高度超出的部分可滑动。具体实现代码如下：

```
page{                         // 页面设置为撑满全屏
  height: 100%;
  display: flex;
  .container{
    width: 100%;
    height: 100%;
  }
}
.news-list-container{      // 新闻列表高度撑满屏幕，宽度自适应
  height:100%;
  .news-list{                // 每个类别的新闻列表高度撑满屏幕，超出部分可纵向滚动
    height: 100%;
    overflow-y: scroll;
  }
}
```

到此我们已经实现了滑动切换新闻列表的效果。但是当用户点击上方的新闻标签时，下方的新闻列表并没有被切换，这是因为我们还没有修改这部分的逻辑。

因为swiper在切换时会触发onSwiperChange回调，进而更新新闻列表，所以可以在用户点击新闻标签时，通过设置swiper的current属性来触发onSwiperChange回调，进而达到切换新闻列表的效果。

注意：swiper组件的current属性用来控制当前显示swiper-item的index。

修改后的onClickNewsTag如下：

```
async onClickNewsTag(event) {                    // 点击新闻标签的回调方法
  // 从event中获取新闻标签的ID
  const newsTag = event.currentTarget.dataset['tagId']
  // 从event中获取新闻标签的index
  const tagIndex = event.currentTarget.dataset['tagIndex']
  this.setData({                                  // 更新data中的数据
    currentIndex: tagIndex,
    currentTag: newsTag
  })
},
```

注意：这里还是需要通过更新 currentTag 来更新当前高亮显示的新闻分类。

5.7　自定义新闻标签

目前默认将所有的新闻类别标签都展示，但是真实情况下，用户往往希望仅显示自己想看的几个标签，且希望能够自定义顺序。本节就来介绍具体的实现方法。

在小程序主页的顶栏新闻标签部分的最后增加一个“编辑”按钮，用户单击该按钮会跳转至新闻标签编辑页面。这一步需要做的修改如下：

（1）增加标签编辑页面。

（2）增加“编辑”按钮，为其增加点击事件，点击时跳转至标签编辑页面。

创建 tag-config 页面，并创建 Page 所需的基本文件，即 index.js、index.wxml 和 index.json，然后在 app.json 中注册该页面，代码如下：

```
{
  "pages": [
    "pages/index/index",
    "pages/news-detail/index",
    "pages/tag-config/index",
    "pages/logs/logs"
  ],
  "window": {
    "backgroundTextStyle": "light",
    "navigationBarBackgroundColor": "#fff",
    "navigationBarTitleText": "WeChat",
    "navigationBarTextStyle": "black"
  },
  "sitemapLocation": "sitemap.json"
}
```

接下来在主页的 WXML 中增加“编辑”按钮，代码如下：

```
<view class="news-tag-container">
  <view wx:for="{{newsTag}}"
       data-tag-id="{{item.key}}"
       data-tag-index="{{index}}"
       wx:key="item.key"
       bindtap="onClickNewsTag"
       class="news-tag {{item.key === currentTag ? 'active-tag' : ''}}">
    {{item.title}}
  </view>
  <!-- 增加点击编辑标签按钮 -->
  <text bindtap="onClickTagConfig"
    style="color: grey; margin-right: 8rpx;">编辑</text>
</view>
```

在主页面的 JavaScript 代码中编写点击“编辑”按钮的回调函数 onClickTagConfig()，代码如下：

```
onClickTagConfig(){                              // 点击"编辑"按钮的回调函数
  wx.navigateTo({                                // 跳转至标签编辑页面
    url: `/pages/tag-config/index`
  })
}
```

现在编辑新闻标签的基本框架已经完成，接下来实现标签选择的功能。

选择标签需要展示的两部分，一部分是当前显示的新闻标签列表，另一部分是没有被显示的新闻标签列表，并且目前显示的新闻标签可以被删除，未被显示的新闻标签可以被添加，最终的效果如图5-7所示。

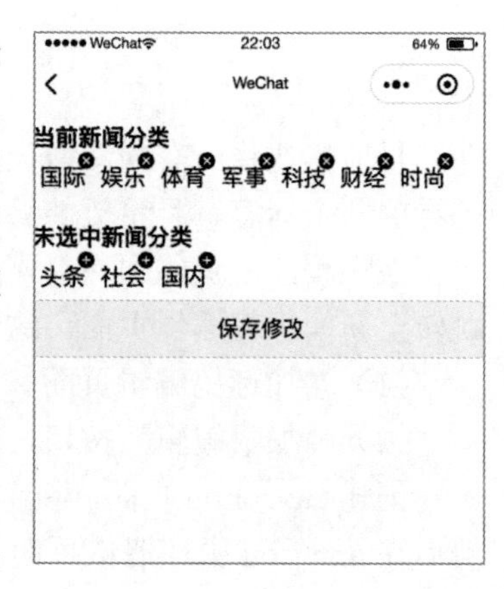

图5-7　新闻标签编辑页效果

注意：读者可以直接在本章的源代码中找到效果图中的图标资源，路径为/src/pages/tag-config/image。

页面上需要展示的数据也就是 Pagedata 中需要控制的数据，所以可以设计 data 如下：

```
data: {
  selectedTagList: [],                           // 当前选中的新闻标签
  unselectedTagList: []                          // 当前未选中的新闻标签
},
```

我们将所有可选新闻标签数据保存在一个单独的文件 all-tags.js 中，代码如下：

```
module.exports = [                               // 新闻标签列表数据
  {
    key: 'top',
    title: '头条'
  }, {
    key: 'shehui',
    title: '社会'
  }, {
    key: 'guonei',
    title: '国内'
  }, {
    key: 'guoji',
    title: '国际'
  },
  {
    key: 'yule',
    title: '娱乐'
  },
  {
    key: 'tiyu',
    title: '体育'
  },
  {
    key: 'junshi',
```

```
      title: '军事'
    },
    {
      key: 'keji',
      title: '科技'
    },
    {
      key: 'caijing',
      title: '财经'
    },
    {
      key: 'shishang',
      title: '时尚'
    }
  ]
```

在 tag-config page 的 JavaScript 代码中，我们先默认已选择的新闻标签列表为空，即 selectedTagList=[]，接下来在页面初始化时，根据总的新闻列表和已选择的新闻列表就可以确定未被选择的新闻标签。这部分的逻辑我们将其封装为一个函数 updateTagList()，以方便后续调用，具体代码如下：

```
updateTagList(selectedTagList) {  // 根据选中的新闻标签列表，更新 data 中的数据
  // 数组操作，获取选中的新闻标签 ID 组成的 Set
  const selectedKeySet = selectedTagList.map(selectedTag => {
    return selectedTag.key
  }).reduce((accumulator, curTagKey) => {
    return accumulator.add(curTagKey)
  }, new Set())
  const unselectedTagList = []
  // 遍历完整的标签列表，将被选中的剔除，将未被选中的放入 unselectedTagList
  for (let tagItem of allTagList) {
    if (selectedKeySet.has(tagItem.key)) continue
    unselectedTagList.push(tagItem)
  }
  this.setData({             // 更新 data 中选中和未被选中的新闻标签列表的数据
    selectedTagList,
    unselectedTagList
  })
},
```

该函数的参数为已被选中的新闻标签。首先将 selectedTagList 中所有新闻标签的 key 转换为一个 Set 结构，这样做的目的是在下面遍历 allTagList 时可以通过 Set.has()函数判断当前标签是否被选中。Set.has()的时间复杂度为 $O(1)$，要远好于通过遍历 selectedTagList 判断标签是否被选中的时间复杂度 $O(n)$。这是常用的一种通过空间换时间的优化方式，读者如果不熟悉的话可以多实践。

在遍历完新闻标签并将其分类为 selectedTagList 和 unselectedTagList 后，通过 setData() 将两个列表的数据更新到 UI 上。

现在在小程序 IDE 中还看不到效果，因为我们还没有在 WXML 上展示任何东西。下面开始编辑 WXML 代码，将这两个列表的数据展示出来，具体代码如下：

```
<text class="title">当前新闻分类</text>
<view class="tag-list">
  <!-- 列表渲染出选中的新闻标签 -->
  <view class="selected-tag"
       wx:for="{{selectedTagList}}"
       wx:key="{{item.key}}"
       data-tag-index="{{index}}"
       bindtap="onRemoveTag">
    {{item.title}}
    <!-- 移除被选中的新闻标签的按钮 -->
    <image class="close-icon"
         src="./image/close.png"/>
  </view>
</view>
<text class="title" style="margin-top: 32rpx;">未选中新闻分类</text>
<view class="tag-list">
  <!-- 列表渲染出未被选中的新闻标签 -->
  <view class="unselected-tag"
       wx:for="{{unselectedTagList}}"
       wx:key="{{item.key}}"
       data-tag-index="{{index}}"
       bindtap="onAddTag">
    {{item.title}}
    <!-- 选中新闻标签的按钮 -->
    <image class="add-icon"
         src="./image/add.png"/>
  </view>
</view>
```

上方为当前选中的新闻分类，我们在每个标签右上角添加一个删除的图标，以提示用户点击该图标可以删除该标签。下方为未被选中的新闻分类，在右上角增加一个添加的图标，提示用户点击该图标可以将其增加到已选中的新闻列表中。

我们为上下两个列表中的每个新闻分类都绑定了一个点击事件，已选中的分类绑定的为 onRemoveTag，未被选中的分类绑定的为 onAddTag。为了方便在回调函数中判断当前点击是哪一个新闻分类，要为新闻分类绑定 data-tag-index 数据。

下面介绍这两个函数的具体实现。

- 在 onRemoveTag 中，通过 tagIndex 将被点击的新闻标签从 selectedTagList 中移除，并通过 updateTagList()更新页面。
- 在 onAddTag 中，将用户点击的新闻分类添加到 selectedTagList 的最后，同样通过 updateTagList()更新页面。

完成上述功能后进入小程序 IDE 中，尝试点击上方的新闻列表中的分类，可以看到被点击的分类被删除并出现在下方的列表中。当我们点击下方新闻列表中的新闻标签时，该标签被添加到了上方的被选中列表中。如此一来我们便实现了基本的编辑功能，当然目前数据还没被保存下来，首页也还未加载 tag-config 页面的配置信息。下面将该页面的配置信息保存下来，让其真正发挥效果，具体代码如下：

```
onRemoveTag(event) {                    // 移除新闻标签的回调函数
  // 从 event 中获取当前移除的新闻标签 index
  const tagIndex = event.currentTarget.dataset['tagIndex']
  // 从选中的新闻标签列表中移除该标签
  this.data.selectedTagList.splice(tagIndex, 1)
  // 根据剩余被选中的标签列表更新 data 中数据
  this.updateTagList(this.data.selectedTagList)
},
onAddTag(event) {                       // 选中新闻标签的回调函数
  // 从 event 中获取当前增加新闻标签的 index
  const tagIndex = event.currentTarget.dataset['tagIndex']
  // 从未被选中的新闻标签列表中获取该标签
  const newTag = this.data.unselectedTagList[tagIndex]
  // 将该标签加入选中的标签列表
  this.data.selectedTagList.push(newTag)
  this.updateTagList(this.data.selectedTagList)     // 更新 data 中的数据
},
```

新增一个 tag-config-manager.js 文件，用于管理新闻标签配置数据，其中实现两个基本的配置管理函数，具体代码如下：

```
const allTags = require('./all-tags')          // 获取全部新闻标签的列表数据
// storage 中存放选中新闻标签列表的 key
const SELECTED_TAG_LIST = "selectedTagList"
function getSelectedTagList() {                // 获取选中的新闻标签列表
  // 如果选中标签列表为空，默认返回整个列表
  return wx.getStorageSync(SELECTED_TAG_LIST) || allTags
}
function setSelectedTagList(selectedTagList) { // 更新选中的新闻标签列表
  wx.setStorageSync(SELECTED_TAG_LIST, selectedTagList)
}
module.exports = {
  getSelectedTagList,
  setSelectedTagList
}
```

类似于第 4 章中通过小程序的 storageAPI 来保存便签内容，这里同样通过这个 API 来保存用户对于新闻标签的设置信息。

有了这两个管理配置的函数，接下来改造 tag config 页面的逻辑，让其可以管理真实的用户配置信息。在 Page 的 onLoad()函数中，我们通过 getSelectedTagList 加载 selectedTagList，代码如下：

```
onLoad(options) {
  // 加载之前的配置信息
  this.loadTagConfig()                       // 初始化选中新闻标签列表数据
},
loadTagConfig() {
```

```
  // 获取被选中的新闻列表
  const selectedTagList = tagConfigManager.getSelectedTagList()
  this.updateTagList(selectedTagList)        // 更新 data 中的数据
},
```

同时，在标签配置页面的最下方增加一个“保存修改”按钮，当用户点击该按钮时，将当前修改的配置保存到 storage 中。

WXML 的修改非常简单，增加一个 Button 即可，代码如下：

```
<view>
  <text class="title">当前新闻分类</text>
  <view class="tag-list">
    <view class="selected-tag"
          wx:for="{{selectedTagList}}"
          wx:key="{{item.key}}"
          data-tag-index="{{index}}"
          bindtap="onRemoveTag">
      {{item.title}}
      <image class="close-icon"
             src="./image/close.png"/>
    </view>
  </view>
  <text class="title" style="margin-top: 32rpx;">未选中新闻分类</text>
  <view class="tag-list">
    <view class="unselected-tag"
          wx:for="{{unselectedTagList}}"
          wx:key="{{item.key}}"
          data-tag-index="{{index}}"
          bindtap="onAddTag">
      {{item.title}}
      <image class="add-icon"
             src="./image/add.png"/>
    </view>
  </view>
  <!-- 保存当前页面的修改 -->
  <Button bindtap="saveSetting">保存修改</Button>
</view>
```

在 JavaScript 中实现 saveSetting()函数，代码如下：

```
saveSetting(){
  // 将当前选中的新闻标签列表保存到 storage
  tagConfigManager.setSelectedTagList(this.data.selectedTagList)
}
```

如此一来，便将 tag config 页面的配置信息保存了下来。在小程序 IDE 中，进入 tag confong 页面，进行一些操作，然后点击下方的“保存修改”按钮，并刷新小程序，当再次进入 tag config 页面，可以看到配置信息已经被保存了下来。

最后，需要将用户配置的 selectedTagList 加载到主页面上，从而完成该功能的整个逻辑线。在 index 页面的 onLoad()函数中，通过加载 tag-config-manager 中的配置信息初始化新闻标签列表，并在初始化时将 selectedTagList 中的第一个标签对应的新闻列表加载出来。

具体实现代码如下：

```
onload() {
  this.initNewsTag()                          // 初始化新闻标签列表
  this.initNewsList()                         // 初始化新闻列表
},
initNewsTag(){
  // 从 storage 中获取选中的新闻标签列表
  const newsTag = tagConfigManager.getSelectedTagList()
  this.data.currentTag = newsTag[0].key       // 更新当前展示的新闻标签
  this.setData({                              // 更新 data 中的数据
    newsTag
  })
},
```

🔔注意：在 initNewsTag 中，同时需要对 this.data.currentTag 进行赋值，因为后续的 initNews-List 中会根据该值拉取初始新闻列表。

现在整个逻辑就已经串联起来了，但是还有一个小问题，就是当用户在标签配置页面完成配置后回到新闻列表页面，标签并没有实时更新。为了修复这个问题，可以在主页面的 onShow()函数中进行新闻标签列表的刷新。其实也就是将之前在 onLoad()函数中的逻辑转移到 onShow()中，因为页面在首次加载时也会触发 onShow()回调函数，所以直接将 onLoad()函数重命名为 onShow()即可。

```
onShow() {                   // 将新闻标签初始化逻辑放置在 onShow()回调函数中
  this.initNewsTag()
  this.initNewsList()
},
initNewsTag(){
  const newsTag = tagConfigManager.getSelectedTagList()
  this.data.currentTag = newsTag[0].key
  this.setData({
    newsTag
  })
},
```

另外需要注意的是，用户在标签配置页面点击完“保存修改”按钮后，期望的应该是直接回到主页查看效果，所以我们在用户点击“保存修改”按钮的回调函数中加上页面回退的逻辑，具体代码如下：

```
saveSetting(){                                // 保存设置
  // 更新设置到 storage
  tagConfigManager.setSelectedTagList(this.data.selectedTagList)
  wx.navigateBack()                           // 返回上一页
}
```

现在，进入小程序 IDE 体验整个标签配置逻辑，可以发现整个逻辑已经没问题了。

5.8 本章小结

本章通过使用已有的 API，实现了一个完整的新闻客户端应用。通过该应用我们可以学习到如何在小程序中进行网络编程，如何使用 swiper 实现较为复杂的页面切换效果，以及如何通过 CSS 调整实现预期的 UI 展示效果。

另外，本章介绍了如何保存用户的配置信息，从而使用户可以定制新闻客户端，这部分内容非常实用。

当然，本章只是实现了一个新闻客户端的主要功能，其 UI 部分没有经过设计师的设计，样式较为简陋，另外每次切换新闻类型都会发起网络请求，对于流量的使用较为浪费。这些都是可以优化的，读者不妨尝试自行优化，以达到更好的用户体验。

第 6 章　2048 小游戏（上）

本章的主题是 2048 小游戏。这个曾经风靡一时的小游戏，想必读者都曾玩过。本章将一步步拆解游戏逻辑，并实现一个小程序版本的 2048 小游戏。

6.1　功能分析

要实现一个游戏，必须要先了解游戏的玩法和规则。2048 游戏的玩法很简单，如下：

玩家通过滑动屏幕，控制所有方块向同一个方向运动，两个相同数字的方块碰撞在一起后会合并为一个新方块，该方块的数字为合并前两方块的数字之和。每次操作之后，棋盘上会随机生成一个新方块，新方块数字为 2 或 4。当玩家最终得到一个数字为“2048”的方块后，即游戏胜利。如棋盘上再无可合并方块且无空白方块，则认定游戏失败。

转换为编程的思路，则实现的关键点在于：

（1）监听用户滑动屏幕的事件，并判断滑动方向。

（2）根据用户滑动方向，对游戏面板中的数字进行计算。

（3）判断游戏胜利或失败。

请读者带着对这些关键点的思考，跟随笔者进入下面的学习。

6.2　基本布局的实现

项目创建的部分前面几章已详细介绍过，本章不再赘述。我们依然在第 2 章介绍的小程序开发模板的基础上进行开发。

6.2.1　整体页面布局

先来看看游戏界面的最终效果。如图 6-1 所示，2048 游戏页面非常简单，仅一个主页面。

主页面的布局可以分为上、中、下 3 部分。上面部分用于展示游戏的基本信息；中间部分为游戏的棋盘部分，用户的游戏操作主要在这一部分进行；下面部分为用户操作按钮，用于重新开始游戏。

首先来实现基本的上、中、下布局。根据前面的分析，我们先将页面分为3个部分，然后简单地罗列3个view，并赋予不同的背景色以便于区分，具体代码如下：

```
<view class="container">
  <!-- 上方游戏基础信息 -->
  <view class="game-info-panel" style="background-color: red; height: 24px;">
  </view>
  <!-- 游戏棋盘 -->
  <view class="game-board" style="background-color: gray; height: 400px;">
  </view>
  <!-- 下方操作按钮 -->
  <view class="action-panel" style="background-color: blue; height: 24px;">
  </view>
</view>
```

完成上述WXML代码编写后，便可进入小程序IDE中查看效果，如图6-2所示。

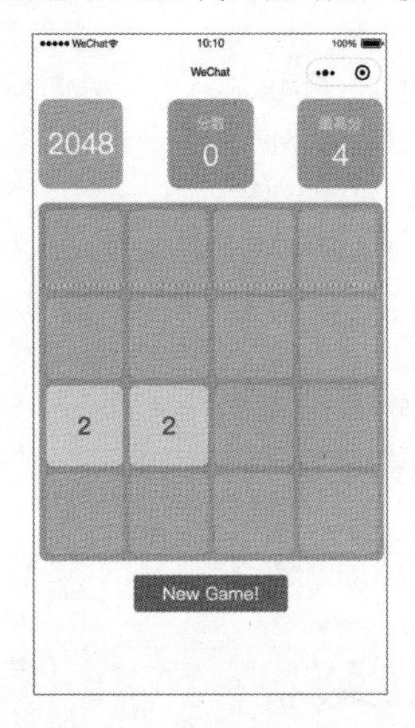

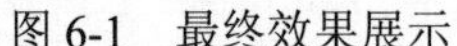
图6-1　最终效果展示

图6-2　基本布局

接下来使用假数据填充上面的信息面板和下面的用户操作面板，完成基本的UI布局效果。中间的游戏棋盘布局实现较为复杂，6.2.2节中会单独介绍。

页面上部的信息面板需要2048数字方块、当前分数和最高分数三者之间的空隙等宽。这里非常自然地就会想到flex布局。通过flex布局，设置justify-content:space-between来实现子元素空隙自适应。

在WXML中，我们将上、中、下三部分分别用3个view承载，具体代码如下：

```
<view class="container">
<view class="game-info-panel">
<!-- 左侧2048 logo -->
```

```
<view class="logo-cell">2048</view>
<!-- 当前分数展示 -->
<view class="score-info">
<text class="title">分数</text>
<text class="score">{{currentScore}}</text>
   </view>
<!-- 历史分数展示-->
<view class="score-info">
<text class="title">最高分</text>
<text class="score">{{highestScore}}</text>
</view>
</view>
<view class="game-board" style="background-color: gray; height: 400px;">
</view>
<view class="action-panel" style="background-color: blue; height: 24px;
margin-top: 12px;">
</view>
</view>
```

在 CSS 中，将最外层包裹的 game-info-panel 设置为 flex 布局，以实现横向均匀排布的效果，具体代码如下：

```
.game-info-panel{                                // 上方游戏基础信息
  display: flex;                                 // 横向 flex 布局
  align-items: center;
  justify-content: space-between;
  .logo-cell{
    background-color: #edc22e;
    width: 180rpx;
    height: 180rpx;
    line-height: 180rpx;
    color: white;
    font-size: 60rpx;
    text-align: center;
    vertical-align: middle;
    border-radius: 12px;
  }
  .score-info{                                   // 纵向 flex 布局
    display: flex;
    flex-direction: column;
    align-items: center;
    justify-content: center;
    border-radius: 12px;
    background-color: #bbada0;
    align-self: stretch;
    width: 180rpx;
    .title{
      font-size: 32rpx;
      color: #eee4da;
    }
    .score{
      color: white;
      font-size: 60rpx;
```

```
      }
    }
  }
```

接下来实现细节 UI。Logo 卡片的实现非常简单，直接设置宽度和高度即可。右边的两个分数面板，因为布局基本一致，故为其设置相同的 class:score-info，以实现代码复用。完成上述设置后，效果如图 6-3 所示。

接下来实现底部的按钮布局。底部的布局较为简单，只有一个操作按钮，直接放置一个按钮 view 即可，具体代码如下：

```
<view class="action-panel">
<!-- 开始游戏按钮 -->
<view class="start-new-game" bindtap="onStartNewGame">New Game!</view>
</view>
```

CSS 的实现也非常简单，只需通过 flex 布局将按钮居中显示即可，具体代码如下：

```
.action-panel{
  display: flex;
  align-items: center;
  justify-content: center;
  .start-new-game{
    background-color: #8f7a66;
    color: white;
    border-radius: 4px;
    width: 320rpx;
    padding: 12rpx 0;
    text-align: center;
    margin-top: 16px;
  }
}
```

完成下方的按钮布局后，整体页面效果如图 6-4 所示。

图 6-3　顶部基本布局效果

图 6-4　下方的按钮布局

6.2.2　中间的 game-panel 布局

中间的 game-panel 显示的是棋盘的数据，而棋盘的数据其实就是一个二维数组。在本节中，我们先初始化一个带有假数据的 4×4 的二维数组，将其作为实现布局的数据源，在后面再将其替换为真实的数据。Page 部分的初始代码如下：

```
Page({
  data: {
    motto: 'Hello World',
    // 棋盘数据
    matrix: [
      [1,2,3,4],
      [5,6,7,8],
      [9,10,11,12],
      [13,14,15,16],
    ]
  }
}
```

首先思考如何将这个二维数组渲染到页面上。对于二维数组中的每一个元素，对应的是页面上的一个方块，所以需要在 WXML 中对二维数组进行循环遍历。二维数组的遍历，对应在小程序中就是双层 wx:for 渲染，具体代码如下：

```
<view class="game-board">
  <!-- 以行为元素进行列表渲染 -->
  <view class="row"
       wx:for="{{matrix}}"
       wx:for-item="row"
       wx:key="index">
    <!-- 以单个方块为元素进行列表渲染 -->
    <view class="cell"
         wx:for="{{row}}"
         wx:for-item="cell"
         wx:key="index">
      <view class="text" wx:if="{{cell !== 0}}">{{cell}}</view>
    </view>
  </view>
</view>
```

对于每个方块，将二维数组中对应的值渲染出来。对于外层循环，就是对一行方块的循环处理，为其赋予 class:row。rowclass 使用 flex 布局，将一行的 4 个 cell 横向均匀排列，具体代码如下：

```
.row {                              // 横向 flex 布局，子元素居中排列
  display: flex;
  align-items: center;
  justify-content: center;
  width: 100%;
}
```

外层的布局实现了，接下来实现每个方块的布局。每一个方块都是一个正方形，但该如何保证其宽度和高度相等呢？这里有两种思路。

思路 1：直接通过小程序的 rpx 单位设置方块的宽度和高度。小程序中页面宽度为 750rpx，我们可以根据每行 4 个方块，通过盒模型的规则“(750rpx–padding–marging)=4*方块宽度”，算出每个方块的宽度，然后将其宽度和高度设为一致即可。不过这个思路基于确定的一行（row）有且只有 4 个方块为前提，如果后续希望动态调整方块数目，使用这种布局方式则需要对代码做较大改动。

思路 2：通过 CSS 布局将每个方块的宽度设为相同的值，通过自适应宽度保证方块的宽度一致。再通过 CSS 或 JavaScript 将每个方块的宽度和高度设为一致。这样便可以根据二维数组中数组的大小动态渲染，并且不用将方块的宽、高和 CSS 代码耦合。

显然，思路 2 要更优，这里也选择思路 2 的实现方式。首先是为每一层级的 view 设置 class，便于在 CSS 代码中为其设置样式，具体代码如下：

```
<view class="game-board">
  <!-- 以行为元素进行列表渲染 -->
  <view class="row"
       wx:for="{{matrix}}"
       wx:for-item="row"
       wx:key="index">
    <!-- 以单个方块为元素进行列表渲染 -->
    <view class="cell"
         wx:for="{{row}}"
         wx:for-item="cell"
         wx:key="index">
      <!-- 显示方块内容 -->
      <view class="text">
        {{cell !== 0 ? cell : ''}}
      </view>
    </view>
  </view>
</view>
```

在 CSS 中给最外层的 game-board 设置 padding，并将其设置为纵向的 flex 布局，将每一行的 row 设置为横向的 flex 布局。因为在 game-board 上已经设置了 padding，所以在 row 中，我们将 justify-content 属性设置为 space-between，然后给 cell 设置 margin 即可实现每个 cell 之间的空隙效果。这里先将 cell 的高度设置为 32px，便于查看效果。具体代码如下：

```
.game-board {
  display: flex;
  padding: 8rpx;
  margin-top: 16px;
  flex-direction: column;
  align-items: center;
  justify-content: center;
  position: relative;
  background-color: #bbada0;
  border-radius: 8px;
```

```
    width: 100%;
    .row {
      display: flex;
      align-items: center;
      justify-content: space-between;
      width: 100%;
      .cell{
        height: 32px;
        flex-grow: 1;
        display: flex;
        align-items: center;
        justify-content: center;
        font-size: 28px;
        font-weight: 500;
        background-color: rgba(238, 228, 218, 0.35);
        border-radius: 8px;
        margin: 8rpx;
        overflow: hidden;
        position: relative;
        .text{
          position: absolute;
        }
      }
    }
  }
}
```

注意： 这里将 text 的 position 设置为 absolute 是为了防止 text 在显示不同的数字时占据的宽度和高度不同，导致父组件的宽度和高度发生变化。

进入小程序 IDE 中查看效果，可以看到已经基本达到了我们想要的布局效果，如图 6-5 所示。

接下来开始实现思路 2 的核心要求：将 cell 宽度设为一致。通过 JavaScript 和 CSS 都可以实现这个要求。JavaScript 的实现思路为：首先获取 cell 的宽度，再动态地设置 cell 的高度为获取的宽度。CSS 的实现思路为：利用 padding 的计算逻辑，直接将节点的宽度和高度设为一致。这里使用 CSS 实现会更优雅。

其实，CSS 实现正方形的方式也有很多种，这里介绍使用伪类的实现方式。利用节点的 padding 是根据父节点宽度计算这一原理，将 cell 节点的 after 伪类设置成高度为 0，然后使用“padding-bottom: 100%;”将高度撑开为和宽度一致，便达到了宽度和高度一致的效果。之所以将 padding-bottom 设置在伪类上，是为了不对 cell 节点内的其他节点产生影响（如果直接设置在 cell 上，即“height:0; padding-bottom: 100%;”，会导致 cell 子节点认为父节点高度为 0）。

完成上述 CSS 设置后，进入小程序 IDE 中查看效果，可以看到方块已变为正方形，如图 6-6 所示。

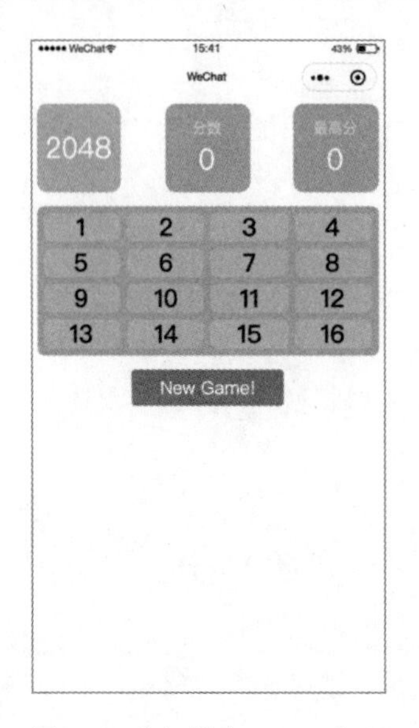

图 6-5　中间棋盘 layout 实现

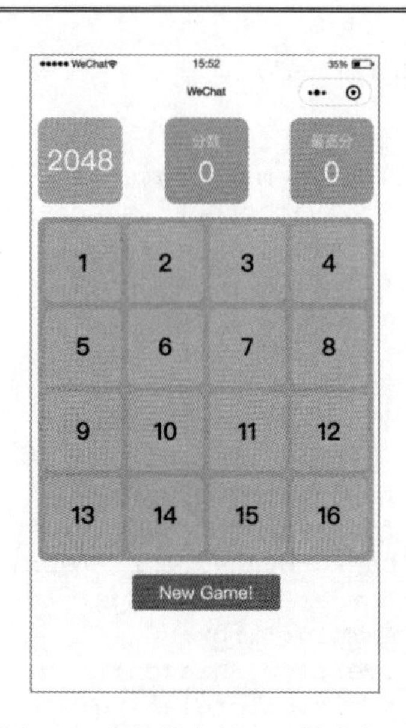

图 6-6　中间棋盘的 cell 样式实现

为了验证这种实现方式，即棋盘能自动适配不同大小的二维数组，我们将 JavaScript 中的 matrix 修改为 5×5 的二维数组，具体代码如下：

```
data: {
  motto: 'Hello World',
  // 棋盘
  matrix: [
    [1,1,2,3,4],
    [1,5,6,7,8],
    [1,9,10,11,12],
    [1,13,14,15,16],
    [1,13,14,15,16],
  ],
  highestScore: 0,                              // 历史最高分
  currentScore: 0,                              // 当前分数
},
```

修改后，再次进入小程序 IDE 中查看效果，可以看到棋盘布局很好地适配了不同大小棋盘的显示效果，如图 6-7 所示。

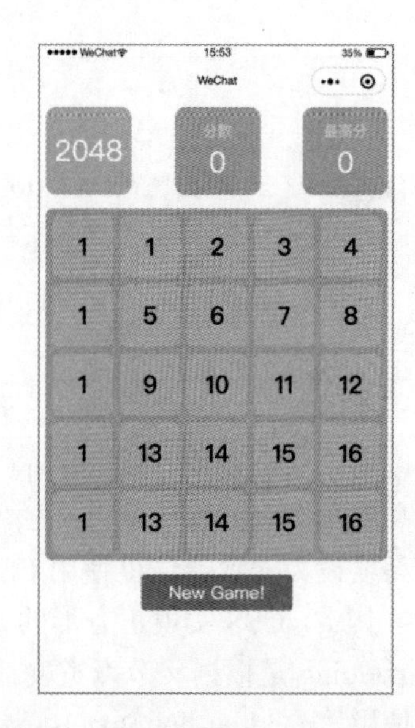

图 6-7　中间棋盘展示 5×5 的效果

6.3　用户手势检测

6.2 节中完成了基本的 UI 布局，接下来实现真正的代码逻辑。

2048 小游戏用户操作的核心是用户触摸屏幕向 4 个方向滑动以合并数字方块。那么

如何检测用户的手势滑动及滑动方向呢？

在原生的 Web 开发中，通过对 div 设置 touchstart、touchmove 和 touchend 监听事件，在这 3 种事件的监听回调函数中可以得到用户手指触摸的坐标，通过比较 touchstart 的位置和 touchend 的位置，便可以判断出用户在朝哪个方向滑动。

小程序中也提供了类似的功能，在 WXML 中通过 bindxxx 绑定对应事件即可达到相同的效果，具体代码如下：

```
<view class="game-board"
     bindtouchstart="onTouchStart"
     bindtouchmove="onTouchMove"
     bindtouchend="onTouchEnd">
  <view class="row"
       wx:for="{{matrix}}"
       wx:for-item="row"
       wx:key="index">
    <view class="cell"
         wx:for="{{row}}"
         wx:for-item="cell"
         wx:key="index">
      <view class="text">
        {{cell !== 0 ? cell : ''}}
      </view>
    </view>
  </view>
</view>
```

相应地，需要在 JavaScript 中增加回调函数的声明。函数的实现先留空，只将回调的 event 参数打印出来以查看数据，具体代码如下：

```
onTouchStart(e) {                        // 触摸开始事件
  console.log('touch start:', e)
},
onTouchMove(e) {                         // 手指移动事件
  console.log('touch move:',e)
},
onTouchEnd(e) {                          // 手指离开事件
  console.log('touch end', e)
}
```

保存修改并进入小程序 IDE 中，使用鼠标模拟用户点击并在游戏棋盘上滑动的动作，然后进入小程序 IDE 的 Console 面板中查看数据，如图 6-8 所示。可以看到，在 event.touches 中可以获取当前用户触摸位置的坐标。其中 clientX 和 clientY 是指相对于用户手机的坐标；pageX 和 pageY 是指相对于小程序 Page 的坐标，因为我们会使用坐标的差值来判断用户的滑动方向，所以这两种坐标均可，这里使用 clientX 和 clientY。

要判断用户的滑动方向，需要比较 touchStart 和 touchEnd 的数据。因此先要保存 touchstart 时用户的触摸点，再在用户 touchmove 时更新用户的 touchEndX 和 touchEndY，最后在 touchEnd 回调函数中通过比较 touchStart 和 touchEnd 的坐标判断滑动方向。

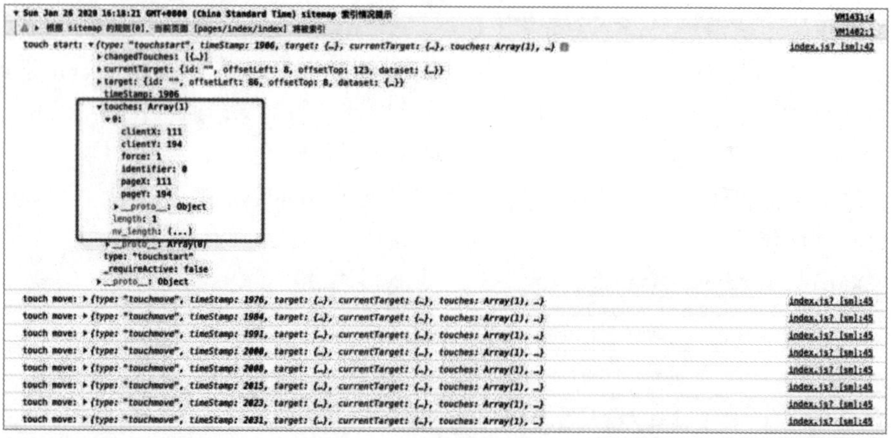

图 6-8　查看 console_touch 数据

注意：之所以不在 onTouchEnd 中更新 touchMove、touchEndX 和 touchEndY，是因为在 touchEnd 回调函数中并不会传递用户触摸的最后一个点的坐标，所以需要在 touchMove 中更新 touchEnd 位置。

首先在 Page 对象中存储几个属性：touchStartX、touchStartY、touchEndX 和 touchEndY，用于保存用户触摸位置。具体代码如下：

```
// 用于判断滑动方向的属性值
touchStartX: 0,                // 触摸开始横坐标
touchStartY: 0,                // 触摸开始纵坐标
touchEndX: 0,                  // 触摸结束横坐标
touchEndY: 0,                  // 触摸结束纵坐标
onTouchStart(e) {              // 触摸开始回调函数，记录触摸起点坐标
  const touch = e.touches[0]
  this.touchStartX = touch.clientX
  this.touchStartY = touch.clientY
},
onTouchMove(e) {               // 手指移动回调函数，更新结束点坐标
  const touch = e.touches[0]
  this.touchEndX = touch.clientX
  this.touchEndY = touch.clientY
},
onTouchEnd(e) {                // 触摸结束回调函数，计算滑动偏移量，进行对应逻辑处理
  const offsetX = this.touchEndX - this.touchStartX
  const offsetY = this.touchEndY - this.touchStartY
  // TODO: 根据 offset 判断滑动方向
}
```

有了用户的触摸数据，下面来判断用户的滑动方向。

基本的判断思路为：将用户在横轴上横向移动距离对比纵向移动距离，哪个方向移动的距离大，就认为用户是朝哪个方向移动的，然后根据移动坐标偏移的正负判断具体方向。

屏幕的坐标系如图 6-9 所示。左上角为原点，x、y 方向见图。可以看出，当(touchEndX–touchStartX)>0 时，用户在向右滑动；反之，当(touchEndX–touchStartX)<0 时，用户在向左滑动。纵轴同理。

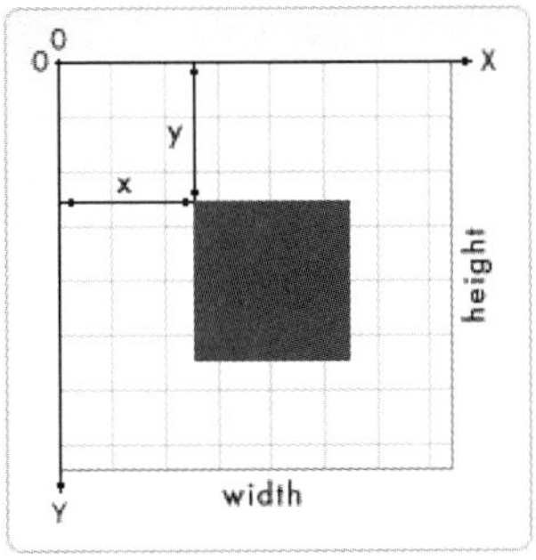

图 6-9　坐标系介绍

这部分逻辑在 onTouchEnd()回调函数中进行处理，我们在检测到用户滑动方向后将滑动的方向打印在控制台中，以便比对是否判断正确。具体代码如下：

```
// 触摸结束回调函数，计算滑动偏移量，进行对应逻辑处理
onTouchEnd(e) {
  // 计算横向偏移量
  const offsetX = this.touchEndX - this.touchStartX
  // 计算纵向偏移量
  const offsetY = this.touchEndY - this.touchStartY
  // 判断移动方向
  const moveVertical = Math.abs(offsetY) > Math.abs(offsetX)
  if (moveVertical) {
    if (offsetY < 0) {
      console.log('move top')
    } else if (offsetY > 0) {
      console.log('move bottom')
    }
  } else {
    if (offsetX < 0) {
      console.log('move left');
    } else if (offsetX > 0) {
      console.log('move right');
    }
  }
}
```

添加上述逻辑后再次进入小程序 IDE 中进行试验，可以看到控制台正确打印出了鼠标指针在棋盘上滑动的方向。但是有一个小问题，当鼠标指针的滑动距离非常小，甚至只是单击了一下棋盘时都会触发 onTouchEnd 回调，进而打印出滑动的方向，这种情况可能会对用户产生一些困扰。这个问题可以通过增加一个最小的偏移触发量（例如 40 个像素点）来解决，即对用户滑动距离进行过滤，只有当用户滑动的距离超过偏移触发量时，才认为用户是有意滑动。

设置一个常量 MIN_OFFSET 为 40，在原来判断方位的地方将比较值 0 替换为 MIN_OFFSET。具体代码如下：

```
const MIN_OFFSET = 40;
onTouchEnd(e) {          // 触摸结束回调函数，计算滑动偏移量，进行对应逻辑处理
  const offsetX = this.touchEndX - this.touchStartX    // 计算横向偏移量
  const offsetY = this.touchEndY - this.touchStartY    // 计算纵向偏移量
  // 判断移动方向
  const moveVertical = Math.abs(offsetY) > Math.abs(offsetX)
  if (moveVertical) {
```

```
    if (offsetY < -MIN_OFFSET) {              // 判断是否达到偏移量最小值
      console.log('move top')
    } else if (offsetY > MIN_OFFSET) {
      console.log('move bottom')
    }
  } else {
    if (offsetX < -MIN_OFFSET) {              // 判断是否达到偏移量最小值
      console.log('move left');
    } else if (offsetX > MIN_OFFSET) {
      console.log('move right');
    }
  }
}
```

注意：需要注意这里的正负号判断。

再次进入小程序 IDE 中进行测试，可以发现，用户非常短距离的滑动操作已经被忽略了，这样便能过滤掉一些用户的无意操作。

6.4　滑动逻辑的实现

获取用户的操作方向后，便可以开始正式地实现游戏逻辑了。

当用户进行滑动操作时要如何响应用户的操作呢？用户的操作是作用于棋盘上的二维数组，游戏逻辑需要根据游戏规则更新二维数组的数据，然后将变更后的数据刷新展示到屏幕上。这样从用户角度来看，就是完成了一个完整的交互。

6.4.1　抽取 Board 类用于管理棋盘

由于游戏的逻辑较为复杂，这里将其游戏逻辑单独抽取到一个 JavaScript 文件中，并在页面的 JavaScript 逻辑中引用这部分游戏逻辑。抽取的思路为：将棋盘二维数组的变更逻辑放在单独的 JavaScript 文件中，每次操作后，从该 JavaScript 文件中获取最新的棋盘二维数组并通过 setData()刷新到页面上。

下面介绍这个棋盘类的基本设计。设计一个类，名为 Board，该类有以下两个属性。

- matrix：用于保存棋盘数据。
- currentScore：用于保存该局游戏的得分。

Board 类需要响应用户的操作，将棋盘向指定方向合并移动，所以需要一个响应用户操作的接口，其函数声明如下：

```
function move(direction) {}
```

这里的 direction 分为上、下、左、右 4 个方向，非常适合抽取为一个常量。在调用 move()函数时，通过传入常量中定义好的方向，有利于代码的可阅读性和鲁棒性。

```
const MOVE_DIRECTION = {                      // 定义移动方向常量
  LEFT: 0,
  TOP: 1,
  RIGHT: 2,
  BOTTOM: 3
}
```

另外，在游戏刚开始时，棋盘会随机将两个方块填充为数字 2 或 4，所以我们增加一个 startGame()函数，用于初始化游戏开始时的两个节点。

现在，Board 类的基本框架如下：

```
class Board {                                 // 记录游戏数据类
  matrix = []
  currentScore = 0
  constructor() {                             // 构造函数
  }
  startGame() {
  }
  move(direction) {
  }
}
```

注意，这里对 Board 类初始化时 matrix 为空数组，所以还需要在 constructor()中对 matrix 进行初始化。新建一个 fillEmptyMatrix()函数，并在构造函数中调用。fillEmptyMatrix()函数的逻辑非常简单，根据 MATRIX_SIZE 创建一个空的二维数组即可，具体代码如下：

```
class Board {
  matrix = []
  currentScore = 0
  constructor() {
    this.fillEmptyMatrix()
  }
  fillEmptyMatrix() {                         // 初始化空棋盘
    for (let i = 0; i < MATRIX_SIZE; i++) {
      const row = []
      for (let j = 0; j < MATRIX_SIZE; j++) {
        row.push(0)
      }
      this.matrix.push(row)
    }
  }
  startGame() {
  }
  move(direction) {
  }
}
```

有了一个基本的棋盘管理类后，下面便可以在 Page 中使用该类管理棋盘了。我们在 Page 中增加一个 board 属性，将其初始化为 Board 类的实例。

注意：这里 Board 不需要放到 data 中，因为它没有直接在 WXML 中被使用。

在 Page 的 onLoad()回调函数中增加初始化 board 的逻辑，将该部分逻辑封装为

startGame()函数（便于后续重新开始游戏时调用）。在 startGame()中初始化 Board 实例，并调用 Board 的 startGame()函数初始化两个初始方块。具体代码如下：

```
onLoad() {
  this.startGame()                    // 开始游戏
},
startGame() {
  // 初始化棋盘对象
  this.board = new board.Board()
  this.board.startGame()    // 开始游戏
  this.setData({
    // 更新棋盘为 board.matrix
    matrix: this.board.matrix,
    currentScore: 0,          // 初始分数为 0
  })
}
```

完成上面的逻辑后，进入小程序 IDE 中可以看到现在的初始效果，目前棋盘还是空的，如图 6-10 所示。

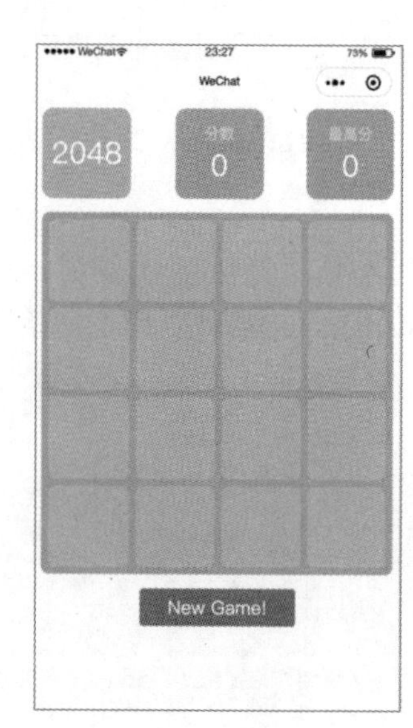

图 6-10　Board 类初始化后显示空棋盘

6.4.2　实现初始化棋盘逻辑

下面实现 Board.startGame()函数来生成初始方块。这里的思路是：棋盘大小目前为 4，我们可以抽取为一个常量 MATRIX_SIZE=4 以便于后续扩展。通过 Math.random 随机两个 0 到 MATRIX-1 的整数作为初始方块的(x, y)坐标，然后将该坐标点在 matrix 中的值设置为 2 或 4。具体实现代码如下：

```
const MATRIX_SIZE = 4
randomIndex() {              // 随机获取棋盘坐标
  return Math.floor(Math.random() * MATRIX_ SIZE)
}
startGame() {
  // 初始化两个 cell
  for (let i = 0; i < 2; i++) {
    // 以 4：1 的概率将方块初始化为数字 2 或 4
    this.matrix[this.randomIndex()][this.
randomIndex()] = Math.random() < 0.8 ? 2 : 4
  }
}
```

这里通过 Math.random() < 0.8 ? 2 : 4 将初始方块值为 2 和 4 的方块比例设置为了 4：1。Math.random 会生成一个[0~1)的随机数，通过比较该随机数便可以实现基本的按比例随机效果。

增加上述逻辑后，再次进入小程序 IDE 中查看效果，可以看到棋盘中已经出现了两个初始方块，如图 6-11 所示。

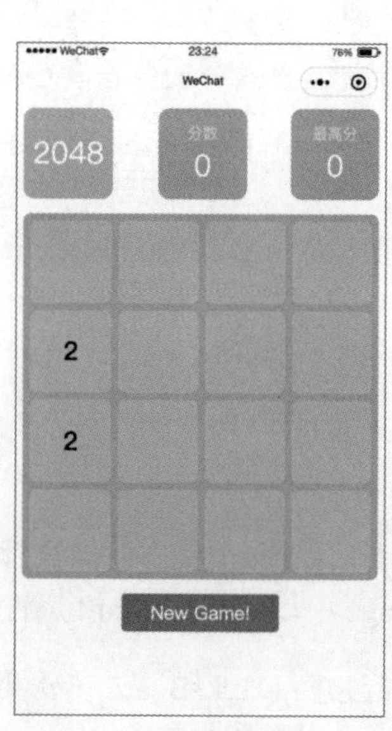

图 6-11　生成初始方块的效果

注意：这里的初始方块是随机生成的，读者看到的效果可能和书中的截图有所不同。

6.4.3　实现初始化棋盘滑动逻辑

经过了上面这么多的准备工作后，现在终于可以去实现 2048 游戏的核心逻辑了，即用户滑动后，棋盘数字的处理。

下面来实现用户滑动的核心逻辑：move()函数。

根据游戏规则，首先要判断的是当前棋盘状态能否向该方向移动。我们增加一个 canMove()函数用于判断。那么什么时候可以移动呢？来思考下游戏的逻辑，以向左滑动为例，当棋盘中的数字左侧有空方块时，是可以向左滑动的，如图 6-12 所示。

另一种情况是，棋盘中数字左边没有空方块，但是存在两个两邻的数字方块也可以合并的情况，如图 6-13 所示。

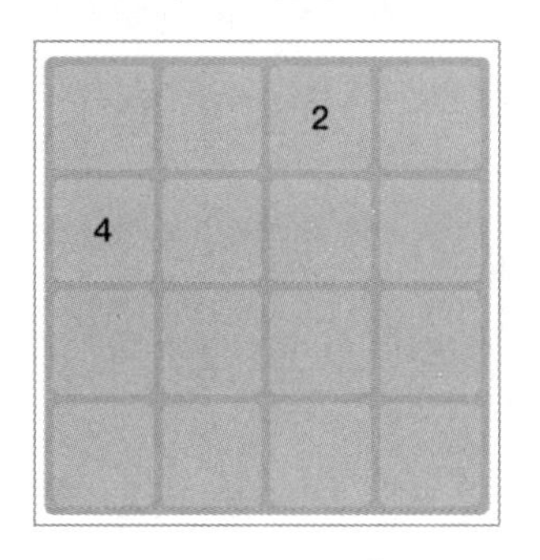

图 6-12　可以向左滑动情况示例

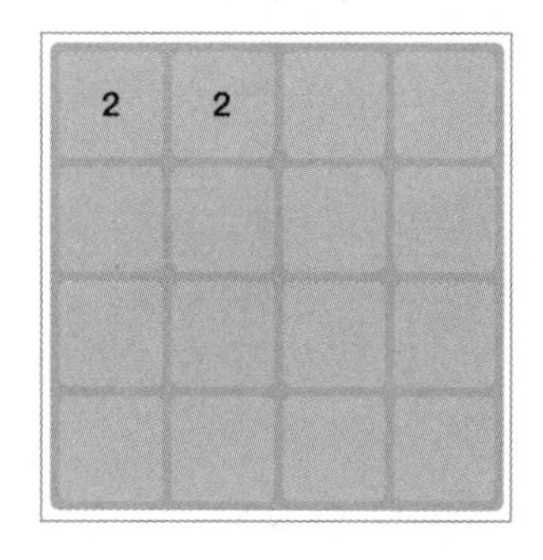

图 6-13　可以向左滑动合并情况示例

当上面两种情况都不存在时，则可以认定不可向左移动，如图 6-14 所示。

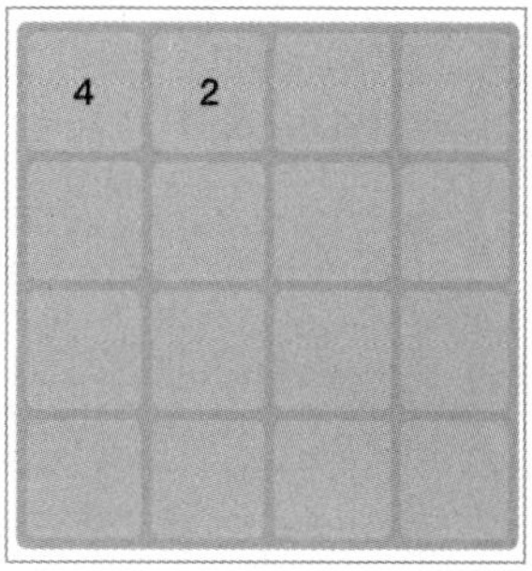

综上所述，按照向左滑动的逻辑来看，只需对棋盘进行如下遍历判断即可。

- 如果存在某个非 0 方块左侧有 0 值方块（空方块）则可左滑。
- 如果存在左右两个相同的非 0 数字方块，则可左滑。

图 6-14　不可向左滑动情况示例

向左滑动的思路厘清了，其他方向也就简单了。我们可以相应地写出其他方向的判断逻辑代码。但是还有一个更简单的办法，可以无须对每个方向都编写单独的判断逻辑，那就是矩阵旋转。思考以下逻辑：

- 向下滑动，可以理解为将矩阵先顺时针旋转 90°，再向左滑动。
- 向右滑动，可以理解为将矩阵先旋转 180°，再向左滑动。
- 向上滑动，可以理解为将矩阵先旋转 270°，再向左滑动。

如此一来，便可以将滑动逻辑全部统一为向左滑动，大大简化了是否能合并的逻辑判断。下面介绍具体实现。

实现思路的重点在于旋转数组的方法，我们先实现将矩阵顺时针旋转 90°的逻辑。读者不妨在纸上画出矩阵旋转前和旋转后的效果，以便理解其旋转原理。具体代码如下：

```
rotateMatrix(matrix) {                              // 旋转棋盘矩阵
  const rotatedMatrix = []                          // 旋转过后的矩阵
  for (let i = 0; i < MATRIX_SIZE; i++) {
    const row = []
    for (let j = MATRIX_SIZE - 1; j >= 0; j--) {
      row.push(matrix[j][i])
    }
    rotatedMatrix.push(row)
  }
  return rotatedMatrix
}
```

注意：上面方法的实现关键代码行是row.push(matrix[j][i])，而不是row.push(matrix[i][j])。

有些方向旋转为向左需要多次旋转 90°，因此增加一个多次调用的函数以方便使用。具体代码如下：

```
rotateMultipleTimes(matrix, rotateNum) {
  let newMatrix = matrix
  while (rotateNum > 0) {                           // 根据 rotateNum 进行多次旋转
    newMatrix = this.rotateMatrix(newMatrix)
    rotateNum--
  }
  return newMatrix
}
```

既然有将棋盘旋转至向左的函数，自然也有将棋盘从左边旋转回来的函数。注意这里从向上到向左转需要顺时针旋转 270°，也就是旋转 3 次；而从左旋转再变回向上旋转只需顺时针旋转 90°，也就是旋转一次。具体代码如下：

```
transformMatrixToDirectionLeft(matrix, direction) {// 将不同方向矩阵转至向左
  switch (direction) {
    case MOVE_DIRECTION.LEFT:
      return matrix
    case MOVE_DIRECTION.TOP:
      return this.rotateMultipleTimes(matrix, 3);
    case MOVE_DIRECTION.RIGHT:
      return this.rotateMultipleTimes(matrix, 2);
    case MOVE_DIRECTION.BOTTOM:
      return this.rotateMatrix(matrix);
    default:
      return matrix
  }
}
// 将向左矩阵恢复原方向
reverseTransformMatrixFromDirectionLeft(matrix, direction) {
  switch (direction) {
```

```
      case MOVE_DIRECTION.LEFT:
        return matrix
      case MOVE_DIRECTION.TOP:
        return this.rotateMultipleTimes(matrix, 1);
      case MOVE_DIRECTION.RIGHT:
        return this.rotateMultipleTimes(matrix, 2);
      case MOVE_DIRECTION.BOTTOM:
        return this.rotateMultipleTimes(matrix, 3);
      default:
        return matrix
    }
  }
```

有了上面这些工具方法后，最后来看 canMove()的实现。再次回顾遍历的逻辑，就是前面的思路：

- 如果存在某个非 0 方块左侧有 0 值方块（空方块）则可左滑。
- 如果存在左、右两个相同的非 0 数字方块，则可左滑。

具体代码如下：

```
canMove(direction) {                    // 判断当前方向是否可滑动
  const rotatedMatrix = this.transformMatrixToDirectionLeft(this.matrix,
direction)                              // 获取旋转到向左的矩阵
  // 根据 direction，改为向左判断
  for (let i = 0; i < MATRIX_SIZE; i++) {
    for (let j = 0; j < MATRIX_SIZE; j++) {
      // 如果有两个连着相等的数字方块，可以滑动
      if (rotatedMatrix[i][j] > 0 && rotatedMatrix[i][j] === rotatedMatrix
[i][j + 1]) {
        return true;
      }
      // 如果有数字左边有 0，可以滑动
      if (rotatedMatrix[i][j] === 0 && rotatedMatrix[i][j + 1] > 0) {
        return true;
      }
    }
  }
  return false
}
```

实现了 canMove()函数后，回到 move()函数中调用 canMove()函数测试一下效果。具体代码如下：

```
move(direction) {
  if (!this.canMove(direction)) {   // 判断是否可滑动，如不可滑动直接返回
    console.log('该方向不可用')
    return
  }
}
```

同时，我们在 Page 中的 onTouchEnd()函数中，根据不同方向调用 Board 类的 move()函数。具体代码如下：

```
onTouchEnd(e) {
  const offsetX = this.touchEndX - this.touchStartX
  const offsetY = this.touchEndY - this.touchStartY
  const moveVertical = Math.abs(offsetY) > Math.abs(offsetX)
  if (moveVertical) {
    if (offsetY < -MIN_OFFSET) {
      console.log('move top')
      this.board.move(MOVE_DIRECTION.TOP)         // 棋盘向上滑动
    } else if (offsetY > MIN_OFFSET) {
      console.log('move bottom')
      this.board.move(MOVE_DIRECTION.BOTTOM)      // 棋盘向下滑动
    }
  } else {
    if (offsetX < -MIN_OFFSET) {
      console.log('move left');
      this.board.move(MOVE_DIRECTION.LEFT)        // 棋盘向左滑动
    } else if (offsetX > MIN_OFFSET) {
      console.log('move right');
      this.board.move(MOVE_DIRECTION.RIGHT)       // 棋盘向右滑动
    }
  }
}
```

增加以上逻辑后，再次进入小程序 IDE 中进行测试，可以看到当鼠标光标滑动的方向不合法时（按照游戏规则不可滑动时），控制台会打印出“该方向不可用”字样，表明滑动判断逻辑已经生效。

使用 canMove()过滤掉不可滑动的情况后，接下来实现可以滑动时棋盘具体的滑动逻辑。

依旧以向左滑动为例，只需将非零数字左侧的 0 移至右侧即可。代码实现时也可以将每一行中的非零数字单独存储起来，然后将后面补 0，这样实现起来更为简洁。将这部分逻辑抽取为一个函数 moveValidNumToLeft()，其具体代码如下：

```
moveValidNumToLeft(matrix) {                     // 将非空方块移至最左侧
  const movedMatrix = []
  for (let i = 0; i < MATRIX_SIZE; i++) {
    const row = []
    for (let j = 0; j < MATRIX_SIZE; j++) {
      if (matrix[i][j] !== 0) {                  // 判断方块是否为空
        row.push(matrix[i][j])
      }
    }
    while (row.length < MATRIX_SIZE) {           // 补齐空余部分
      row.push(0)
    }
    movedMatrix.push(row)
  }
  return movedMatrix                             // 返回移动后的矩阵
}
```

然后在 move()函数中调用 moveValidNumToLeft()，并将移动后的 matrix 旋转后返回。如此一来，调用 move()后，matrix 便完成了移动。具体代码如下：

```
move(direction) {
  if (!this.canMove(direction)) {
    console.log('该方向不可用')
    return
  }
  // 将矩阵转至向左
  const rotatedMatrix = this.transformMatrixToDirectionLeft(this.matrix,
direction)
  // 将矩阵向左滑动，非空方块向左移动
  const leftMovedMatrix = this.moveValidNumToLeft(rotatedMatrix)
  // 将矩阵旋转回原始方向
  return this.reverseTransformMatrixFromDirectionLeft(leftMovedMatrix,
direction)
}
```

进入小程序 IDE 中进行测试，在棋盘上向下滑动，可以看到棋盘的数字已经能够滑动了。滑动前如图 6-15 所示，滑动后如图 6-16 所示。

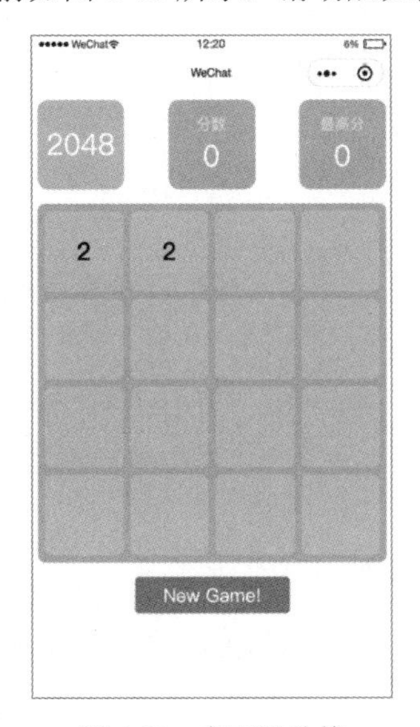

图 6-15　向下滑动前

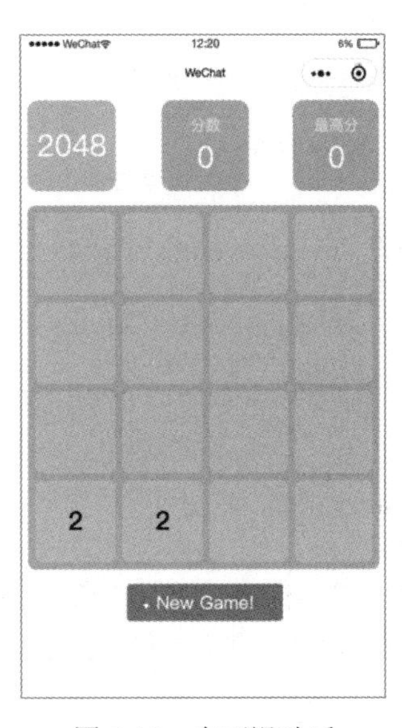

图 6-16　向下滑动后

6.5　方块合并及新方块生成的实现

6.4 节中实现了棋盘数字的滑动功能。但是数字只是滑动，并没有合并，下面实现方块合并和新方块生成的逻辑。

6.5.1　实现方块合并

首先厘清方块合并的逻辑：滑动方向上，两个相邻方块的数字相等时进行合并。依然以向左滑动为例，当横向上有两个方块的数字相同时，将右侧数字置为0，将左侧数字值乘2。

注意：方块合并后可能出现非零方块左侧为0的情况，这时需再次调用上面的滑动逻辑。

首先介绍方块合并部分的逻辑。依然是先将matrix旋转为方向向左，然后遍历matrix，当某个方块其值不为0且它的右侧方块值和该方块值相等时，进行合并操作。具体代码如下：

```
move(direction) {
  if (!this.canMove(direction)) {
    console.log('该方向不可用')
    return
  }
  // 将矩阵转至向左
  const rotatedMatrix = this.transformMatrixToDirectionLeft(this.matrix,
direction)
  // 将矩阵向左滑动，非空方块向左移动
  const leftMovedMatrix = this.moveValidNumToLeft(rotatedMatrix)
  // 相同数字合并
  for (let i = 0; i < MATRIX_SIZE; i++) {
    for (let j = 0; j < MATRIX_SIZE - 1; j++) {
      if (leftMovedMatrix[i][j] > 0 && leftMovedMatrix[i][j] === leftMoved
Matrix[i][j + 1]) {                                 // 判断方块是否需要合并
        leftMovedMatrix[i][j] *= 2;
        this.currentScore += leftMovedMatrix[i][j];
        leftMovedMatrix[i][j + 1] = 0;              // 合并后，右侧方块清空
      }
    }
  }
}
```

当遍历结束后便成功地将需要合并的数字合并了。合并完成后再调用一次moveValidNumToLeft()去除新出现的空白方块，最后将matrix旋转至原来的方向并更新matrix。具体代码如下：

```
move(direction) {
  if (!this.canMove(direction)) {
    console.log('该方向不可用')
    return
  }
  // 将矩阵转至向左
  const rotatedMatrix = this.transformMatrixToDirectionLeft(this.matrix,
direction)
  // 将矩阵向左滑动，非空方块向左移动
  const leftMovedMatrix = this.moveValidNumToLeft(rotatedMatrix)
  // 相同数字合并
  for (let i = 0; i < MATRIX_SIZE; i++) {
    for (let j = 0; j < MATRIX_SIZE - 1; j++) {
      if (leftMovedMatrix[i][j] > 0 && leftMovedMatrix[i][j] === leftMoved
Matrix[i][j + 1]) {                       // 判断方块是否需要合并
```

```
          leftMovedMatrix[i][j] *= 2;
          this.currentScore += leftMovedMatrix[i][j];
          leftMovedMatrix[i][j + 1] = 0;   // 合并后，右侧方块清空
        }
      }
    }
    // 再次将方块向左移动
    const againMovedMatrix = this.moveValidNumToLeft(leftMovedMatrix)
    // 将矩阵旋转回原始方向
    this.matrix = this.reverseTransformMatrixFromDirectionLeft(againMoved
  Matrix, direction)
  }
```

完成上述逻辑后，进入小程序 IDE 中进行测试。在棋盘上向左滑动，可以看到相邻方块已经能成功合并了。合并前如图 6-17 所示，合并后如图 6-18 所示。

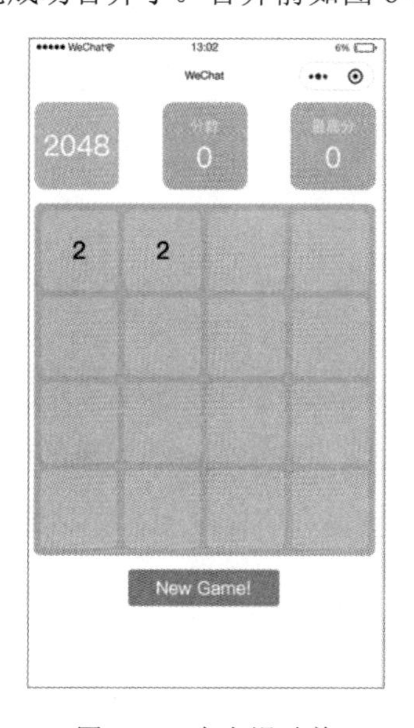

图 6-17　向左滑动前

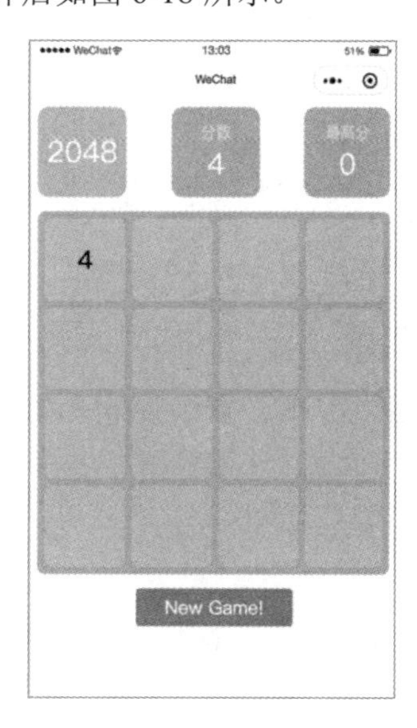

图 6-18　向左滑动后

6.5.2　新方块生成

当滑动、合并逻辑结束后，按照游戏规则，棋盘上需要出现一个新生成的方块。这里的逻辑和游戏刚刚开始时生成两个初始方块的逻辑非常相似，唯一不同的是：游戏刚开始时可以直接通过随机数在棋盘上随机找两个方块；而在游戏进行当中时，有些方块已经有了数字，因而不能被使用，所以需要找到空白的方块用于生成新方块。

找到空白方块的一个思路是直接从左往右、从上到下对棋盘进行遍历，当遍历到某个方块是空白方块时，直接使用该方块作为新方块。但这个思路有一个问题，即新的方块总是在棋盘的左上角出现，而不是在整个棋盘中随机出现，非常影响游戏体验。

为了实现在棋盘中全局随机产生新方块，需要首先找到所有的空白节点，再在其中随机找一个方块作为新方块。

厘清思路后，开始实现。首先定义一个 Point 类用于保存棋盘中一个节点的坐标，代码如下：

```
class Point {                                        // 保存单个节点数据的类
  constructor(rowIndex, columnIndex) {
    this.rowIndex = rowIndex                         // 行数
    this.columnIndex = columnIndex                   // 列数
  }
}
```

接下来遍历整个棋盘，将所有空白节点存储到一个数组中返回，代码如下：

```
getEmptyCells() {                                    // 获取棋盘中所有的空白节点
  const emptyCells = []
  for (let i = 0; i < MATRIX_SIZE; i++) {
    for (let j = 0; j < MATRIX_SIZE; j++) {
      if (this.matrix[i][j] === 0) {
        emptyCells.push(new Point(i, j))
      }
    }
  }
  return emptyCells
}
```

在生成新方块时，首先获得空白的方块列表，并在 0～（列表长度-1）之间取随机数作为新方块的位置，并将其作为新的方块。这样便实现了方块位置随机出现的效果。下面是 move()函数的完整实现。

```
move(direction) {
  if (!this.canMove(direction)) {          // 如该方向不可滑动，则直接返回
    console.log('该方向不可用')
    return
  }
  // 将矩阵转至向左
  const rotatedMatrix = this.transformMatrixToDirectionLeft(this.matrix,
direction)
  // 将矩阵向左滑动，非空方块向左移动
  const leftMovedMatrix = this.moveValidNumToLeft(rotatedMatrix)
  // 相同数字的方块合并
  for (let i = 0; i < MATRIX_SIZE; i++) {
    for (let j = 0; j < MATRIX_SIZE - 1; j++) {
      if (leftMovedMatrix[i][j] > 0 && leftMovedMatrix[i][j] === leftMoved
Matrix[i][j + 1]) {
        leftMovedMatrix[i][j] *= 2;
        this.currentScore += leftMovedMatrix[i][j];
        leftMovedMatrix[i][j + 1] = 0;
      }
    }
  }
  // 再次将方块向左移动
```

```
    const againMovedMatrix = this.moveValidNumToLeft(leftMovedMatrix)
    // 将矩阵旋转回原始方向
    this.matrix = this.reverseTransformMatrixFromDirectionLeft(againMoved
Matrix, direction)
    // 增加一个新数字
    const emptyPoints = this.getEmptyCells();
    if (emptyPoints.length !== 0) {
      const emptyPoint = emptyPoints[Math.floor(Math.random() * emptyPoints.
length)]
      this.matrix[emptyPoint.rowIndex][emptyPoint.columnIndex] = Math.random()
< 0.8 ? 2 : 4
    }
  }
```

再次进入小程序 IDE 中查看效果，随意滑动棋盘，可以看到方块能正确滑动，相同方块可以合并，并且新方块会在棋盘上随机产生，这样便实现了游戏的基本交互。

6.6　游戏状态管理

完成 6.5 节的逻辑实现后，游戏已初具模型，只是对游戏状态的管理还没有处理。本节将完善游戏状态的管理。

游戏的状态管理包含游戏分数的计算、游戏是否结束的判断和游戏历史最高分的保存。下面来一一实现。

6.6.1　游戏分数计算

游戏分数和游戏操作相关，因此我们将分数字段放置在 Board 类中，在合并操作结束后，查询 Board 中的分数并更新到页面上。

来回顾一下之前 Board 类的设计：在 Board 的构造函数中，我们将 currentScore 初始化为 0。

```
class Board {
  constructor() {
    this.matrix = []                       // 棋盘矩阵
    this.currentScore = 0                  // 当前游戏分数
    this.fillEmptyMatrix()                 // 初始化空棋盘
  }
}
```

当 move()函数执行到合并逻辑时，每次合并的数字就是新加的分数。在合并操作时加入分数增加的逻辑，具体代码如下：

```
move(direction) {
  if (!this.canMove(direction)) {
    console.log('该方向不可用')
```

```
    return
  }
  // 将矩阵转至向左
  const rotatedMatrix = this.transformMatrixToDirectionLeft(this.matrix,
direction)
  // 将矩阵向左滑动，非空方块向左移动
  const leftMovedMatrix = this.moveValidNumToLeft(rotatedMatrix)
  // 相同的数字合并
  for (let i = 0; i < MATRIX_SIZE; i++) {
    for (let j = 0; j < MATRIX_SIZE - 1; j++) {
      if (leftMovedMatrix[i][j] > 0 && leftMovedMatrix[i][j] === leftMoved
Matrix[i][j + 1]) {
        leftMovedMatrix[i][j] *= 2;
        // 分数增加
        this.currentScore += leftMovedMatrix[i][j];
        leftMovedMatrix[i][j + 1] = 0;
      }
    }
  }
  // 再次将方块向左移动
  const againMovedMatrix = this.moveValidNumToLeft(leftMovedMatrix)
  this.matrix = this.reverseTransformMatrixFromDirectionLeft(againMoved
Matrix, direction)
  // 增加一个新数字
  const emptyPoints = this.getEmptyCells();
  if (emptyPoints.length !== 0) {
    const emptyPoint = emptyPoints[Math.floor(Math.random() * emptyPoints.
length)]
    this.matrix[emptyPoint.rowIndex][emptyPoint.columnIndex] = Math.random()
< 0.8 ? 2 : 4
  }
}
```

这样就实现了分数记录的逻辑。接下来在 Page 中将 Board.currentScore 在每次 move()操作后进行更新，并通过 setData()刷新展示到页面上。具体代码如下：

```
onTouchEnd(e) {
  const offsetX = this.touchEndX - this.touchStartX
  const offsetY = this.touchEndY - this.touchStartY
  const moveVertical = Math.abs(offsetY) > Math.abs(offsetX)
  if (moveVertical) {
    if (offsetY < -MIN_OFFSET) {
      console.log('move top')
      this.board.move(MOVE_DIRECTION.TOP)
    } else if (offsetY > MIN_OFFSET) {
      console.log('move bottom')
      this.board.move(MOVE_DIRECTION.BOTTOM)
    }
  } else {
    if (offsetX < -MIN_OFFSET) {
      console.log('move left');
      this.board.move(MOVE_DIRECTION.LEFT)
    } else if (offsetX > MIN_OFFSET) {
      console.log('move right');
```

```
      this.board.move(MOVE_DIRECTION.RIGHT)
    }
  }
  this.setData({                        // 更新移动后的棋盘数据和当前游戏得分
    matrix: this.board.matrix,
    currentScore: this.board.currentScore
  });
}
```

同时，在 WXML 中引用 currentScore 来展示当前游戏的分数。在 onTouchEnd()函数的最后，会通过 setData()触发页面分数更新。具体代码如下：

```
<view class="game-info-panel">
  <view class="logo-cell">2048</view>
  <view class="score-info">
    <text class="title">分数</text>
    <text class="score">{{currentScore}}</text>
  </view>
  <view class="score-info">
    <text class="title">最高分</text>
    <text class="score">{{highestScore}}</text>
  </view>
</view>
```

进入小程序 IDE 中可以看到，当有方块合并时，分数会增加，增加数目即为合并的方块的数值。

6.6.2　游戏结束处理

游戏结束的判定逻辑为：当棋盘已经无法在任一方向进行滑动操作，并且棋盘上无空方块时，可以认定为游戏结束。

但仔细思考一下，上面这两个条件其实为包含关系。只要棋盘上还有空方块，棋盘就必定可以向某个方向滑动，所以要判断的其实只是棋盘能否向某个方向滑动。这正是我们之前已经实现过的 canMove()函数，只需对上下左右 4 个方向都进行判断即可。

新增一个 isGameOver()函数，用于判断游戏是否结束。只有当 4 个方向均不能移动时，判定为游戏结束。具体代码如下：

```
isGameOver() {            // 判断游戏是否结束，通过判断是否 4 个方向都已无法滑动
  return !this.canMove(MOVE_DIRECTION.LEFT) &&
    !this.canMove(MOVE_DIRECTION.TOP) &&
    !this.canMove(MOVE_DIRECTION.RIGHT) &&
    !this.canMove(MOVE_DIRECTION.BOTTOM)
}
```

在用户每次滑动后，游戏都有可能结束，所以在 onTouchEnd()函数末尾，每次都需要对游戏状态进行判断。

在游戏结束时，弹出提醒，当用户点击“确认”按钮时，将游戏状态重置。下面是修改后的 onTouchEnd()代码。

```
  onTouchEnd(e) {
    const offsetX = this.touchEndX - this.touchStartX
    const offsetY = this.touchEndY - this.touchStartY
    const moveVertical = Math.abs(offsetY) > Math.abs(offsetX)
    if (moveVertical) {
      if (offsetY < -MIN_OFFSET) {
        console.log('move top')
        this.board.move(MOVE_DIRECTION.TOP)
      } else if (offsetY > MIN_OFFSET) {
        console.log('move bottom')
        this.board.move(MOVE_DIRECTION.BOTTOM)
      }
    } else {
      if (offsetX < -MIN_OFFSET) {
        console.log('move left');
        this.board.move(MOVE_DIRECTION.LEFT)
      } else if (offsetX > MIN_OFFSET) {
        console.log('move right');
        this.board.move(MOVE_DIRECTION.RIGHT)
      }
    }
    this.setData({
      matrix: this.board.matrix,
      currentScore: this.board.currentScore
    });
    if (this.board.isGameOver()) {      // 在每次用户滑动操作结束时，判断游戏是否结束
      wx.showModal({                    // 弹窗显示游戏结束
        title: '游戏结束',
        content: '再玩一次',
        showCancel: false,
        success : () => {               // 用户点击“确定”按钮的回调函数
          this.startGame()              //  重新开始游戏
        }
      })
    }
  }
```

图 6-19　游戏失败弹窗

注意：wx.showModal 是小程序提供的和用户交互的 UI 组件，这里在传递的参数中设置 showCancel 为 false，只给用户保留一个“确定”按钮。参数中的 success 为用户点击“确定”按钮时的回调函数。注意这里传递的是一个箭头函数，所以在函数内部可以通过 this.startGame()调用 Page 的函数。

完成上述修改后，再次进入小程序 IDE 中尝试滑动方块，直到游戏结束，此时会看到小程序弹出弹窗，提示游戏结束，效果如图 6-19 所示。点击“确定”按钮后，游戏棋盘会被重置。

另外，除了游戏失败，当棋盘上出现数字为 2048 的方块

时（代表玩家已通关），也需要进行和游戏失败时同样的处理逻辑。

在 Board 类中，增加判断用户是否通关的逻辑，具体代码如下：

```
isWinning() {                           // 判断游戏是否已经胜利
  let max = 0
  const winNum = 2048
  for (let row of this.matrix) {        // 遍历棋盘，判断是否有方块数字为 2048
    for (let cell of row) {
      max = Math.max(cell, max)
    }
    if (max > winNum) {
      return false
    }
  }
  return max === winNum
}
```

并在 Page 的 onTouchEnd()函数中，每次都进行判断，具体代码如下：

```
onTouchEnd(e) {
  const offsetX = this.touchEndX - this.touchStartX
  const offsetY = this.touchEndY - this.touchStartY
  const moveVertical = Math.abs(offsetY) > Math.abs(offsetX)
  if (moveVertical) {
    if (offsetY < -MIN_OFFSET) {
      console.log('move top')
      this.board.move(MOVE_DIRECTION.TOP)
    } else if (offsetY > MIN_OFFSET) {
      console.log('move bottom')
      this.board.move(MOVE_DIRECTION.BOTTOM)
    }
  } else {
    if (offsetX < -MIN_OFFSET) {
      console.log('move left');
      this.board.move(MOVE_DIRECTION.LEFT)
    } else if (offsetX > MIN_OFFSET) {
      console.log('move right');
      this.board.move(MOVE_DIRECTION.RIGHT)
    }
  }
  this.setData({
    matrix: this.board.matrix,
    currentScore: this.board.currentScore
  });
  console.log('current score', this.board.currentScore)
  if (this.board.isGameOver()) {          // 判断游戏是否结束
    const highestScore = gameManager.getHighestScore()
    if (this.data.currentScore > highestScore) {
      gameManager.setHighestScore(this.data.currentScore)
    }
    wx.showModal({
      title: '游戏结束',
      content: '再玩一次',
      showCancel: false,
      success : () => {
```

```
        this.startGame()
      }
    })
  }
  if (this.board.isWinning()) {          // 判断游戏是否已经胜利
    // 显示祝福语，可以继续玩
    wx.showToast({
      title: '达成 2048 成就',
      icon: 'success'
    })
  }
}
```

6.6.3 历史最高分记录

历史最高分其实类似于一种用户的游戏设置。因为涉及设置，所以必然是要长期保存的数据，否则用户关闭小程序后再打开，游戏的历史最高分为 0，必然会降低用户的体验。这里依然是使用小程序提供的 storage 相关 API 进行数据保存。

因为这部分逻辑和 Page 部分逻辑耦合度较低，所以这部分代码可以单独抽取为一个 JavaScript 文件，这里命名为 game-manager.js。该文件对外提供以下两个函数。

- setHighestScore：用于设置游戏最高分。
- getHighestScore：获取游戏最高分。

有了前面章节的经验，相信读者这里已经能想到这两个函数的实现方法了。首先是给最高分在 storage 中的存储定义一个 key 值，代码如下：

```
const HIGHEST_SCORE_KEY = 'highest_score'
```

然后在设置最高分时，将 HIGHEST_SCORE_KEY 对应的值设置为最高分。在获取最高分时，使用该 key 获取最高分的数值。具体实现代码如下：

```
const HIGHEST_SCORE_KEY = 'highest_score'      // storage 中存放最高分的 key
const DEFAULT_HIGHEST_SCORE = 0                 // 默认初始时的最高分
function setHighestScore(score) {               // 更新最高分数据
  if (score <= 0) throw new Error("score is invalid")
  wx.setStorageSync(HIGHEST_SCORE_KEY, score)
}
function getHighestScore() {                    // 获取最高分数据
  return wx.getStorageSync(HIGHEST_SCORE_KEY) | DEFAULT_HIGHEST_SCORE
}
module.exports = {
  setHighestScore,
  getHighestScore
}
```

这里考虑到小程序被初次打开时最高分数据为空，所以当数据为空时，返回默认的最高分 0。完成工具函数的编写后，回到 index.js 中，使用该工具函数管理最高分。需要做出以下两点修改：

- 在初始化时，加载历史最高分到页面上。
- 在游戏结束时，如产生了比历史最高分更高的分数，则更新历史最高分。

具体代码如下：

```
Page({
  data: {
    motto: 'Hello World',
    // 棋盘
    matrix: [[]],
    highestScore: 0,
    currentScore: 0,
  },
  board: new board.Board(),
  onLoad() {
    this.startGame()                                   // 初始化游戏
  },
  startGame() {
    this.board = new board.Board()                     // 初始化棋盘
    this.board.startGame()                             // 初始化 board 中的数据
    this.setData({                                     // 初始化 data 中的数据
      matrix: this.board.matrix,                       // 初始化棋盘
      currentScore: 0,                                 // 初始化当前分
      highestScore: gameManager.getHighestScore()      // 初始化最高分
    })
  },
}
```

因为最高分的刷新只需在游戏结束时进行判断即可，所以只需到游戏结束时，在 onTouchEnd()中进行判断并对历史最高分进行更新。具体代码如下：

```
if (this.board.isGameOver()) {                         // 判断游戏是否结束
  const highestScore = gameManager.getHighestScore() // 获取历史最高分
  // 如当前分数超过历史最高分，则更新最高分
  if (this.data.currentScore > highestScore) {
    gameManager.setHighestScore(this.data.currentScore)
  }
  wx.showModal({
    title: '游戏结束',
    content: '再玩一次',
    showCancel: false,
    success : () => {
      this.startGame()
    }
  })
}
```

如此一来，便完成了历史最高分的管理。进入小程序 IDE 中进行测试，当游戏结束时点击“确定”按钮后，能够看到历史最高分面板的分数发生了变化。

6.7　UI 优化

在 6.6 节中我们完善了游戏的各方面逻辑，现在在小程序 IDE 中体验到的已经是一个完整的 2048 小游戏了。但是细心的读者肯定已经发现，目前游戏的 UI 方面和本章开头展示的图片还有些差距，这是因为 CSS 方面还未给不同数字的方块设置不同颜色。

本节将调整方块的颜色展示，优化 UI 效果。

要为不同数字的方块展示不同的颜色效果，就需要在 WXML 中为不同的方块设置不同的 class，然后在 CSS 文件中为不同的 class 设置不同的 color 和 background-color。

在小程序的 WXML 中，class 是可以引用 JavaScript 变量动态指定的。可以根据当前 cell 的数字指定其 class 名称。WXML 中的实现代码如下：

```
<view class="game-board"
    bindtouchstart="onTouchStart"
    bindtouchmove="onTouchMove"
    bindtouchend="onTouchEnd">
  <view class="row"
      wx:for="{{matrix}}"
      wx:for-item="row"
      wx:key="index">
    <view class="cell"
        wx:for="{{row}}"
        wx:for-item="cell"
        wx:key="index">
      <!--为每个方块绑定以 cell 为前缀的 class -->
      <view class="text cell-{{cell}}">
        {{cell !== 0 ? cell : ''}}
      </view>
    </view>
  </view>
</view>
```

我们为不同数字的方块指定了以 cell-为前缀的 class。因为游戏中方块数字只会是 2 的倍数，并且游戏的最高分为 2048，所以需要处理的 class 列表有 cell-2、cell-4、cell-8、cell-16、cell-32、cell-64、cell-128、cell-256、cell-512、cell-1024 和 cell-2048。这里的颜色，读者可以参考 index.less 文件，其代码如下：

```
.cell-2 { background: #eee4da; color: #776e65}
.cell-4 { background: #ede0c8; color: #776e65}
.cell-8 {
  color: #f9f6f2;
  background: #f2b179;
}
.cell-16 {
  color: #f9f6f2;
  background: #f59563;
}
.cell-32 {
```

```
    color: #f9f6f2;
    background: #f67c5f;
  }
  .cell-64 {
    color: #f9f6f2;
    background: #f65e3b;
  }
  .cell-128 {
    color: #f9f6f2;
    background: #edcf72;
    font-size: 30px;
  }
  .cell-256 {
    color: #f9f6f2;
    font-size: 30px;
    background: #edcc61;
  }
  .cell-512 {
    color: #f9f6f2;
    font-size: 30px;
    background: #edc850;
  }
  .cell-1024 {
    color: #f9f6f2;
    font-size: 25px;
    background: #edc53f;
  }
  .cell-2048 {
    color: #f9f6f2;
    font-size: 25px;
    background: #edc22e;
  }
```

完成 CSS 样式调整后，进入小程序 IDE 中查看效果，可以看到不同的方块有了不同的字体颜色和背景颜色，如图 6-20 所示。

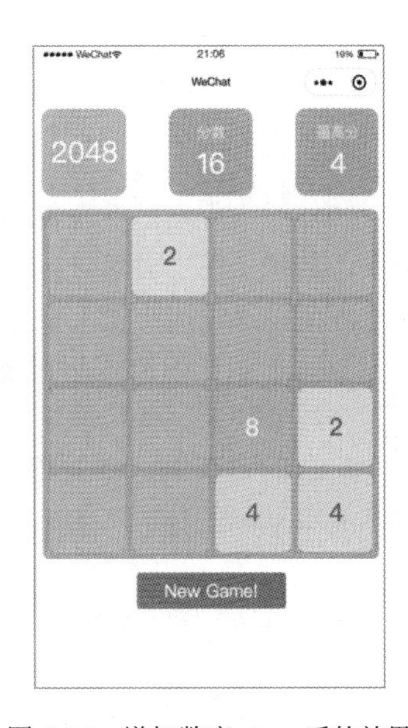

图 6-20　增加数字 class 后的效果

6.8　本章小结

本章实现了一个曾经风靡一时的 2048 小游戏的完整功能。写一个小游戏在大部分读者眼中是非常困难的，其实不然，只要厘清游戏的规则，其实现并不比普通小程序困难。

需要注意的是，游戏的规则实现起来其逻辑代码较为复杂，需要将游戏部分的代码抽取出来，避免和页面 UI 事件的逻辑代码相耦合（如本章抽取出来的 board.js 和 game-manager.js）。

在第 7 章中，我们将学习小程序中 canvas 的使用，并使用 canvas 绘图来重构本章的 2048 小游戏。通过 canvas 灵活的绘制能力，可以实现更好的动画效果，这对提升游戏体验是非常有帮助的。

第 7 章　2048 小游戏（下）

在第 6 章中，我们使用原生小程序的开发方式实现了 2048 小游戏。本章将学习小程序提供的 canvas 绘图功能，并使用学到的绘制知识重构第 6 章的代码，以实现更好的用户体验。

7.1　canvas 的使用

和使用小程序提供的各种 UI 组件开发页面不同，使用 canvas 制作界面更为灵活，也更复杂。其优点在于灵活、自由，可以绘制出更丰富的效果；其缺点在于它不像 UI 组件那样可以方便地绑定用户点击事件。基于 canvas 的这些特点，它常用于数据可视化和游戏编程。

canvas 默认的绘图元素仅有两个：rect 和 path。所有的复杂图形都可以通过这两个元素组合绘制出来。除了静态页面，我们还可以通过定时帧绘制不同的画面来实现动画效果。

后面的章节中，将介绍 rect 和 path 的基本用法，以及复杂的 path 的用法、曲线的绘制和简单动画的绘制，最后会综合使用这些绘制方法，重构第 6 章的 2048 小游戏。

7.1.1　搭建 canvas 测试页面

本章沿用第 6 章的代码作为初始代码。读者可以将第 6 章的代码复制一份开始本章的开发。创建好项目后，在 pages 目录下新建一个页面文件夹 canvas-demo，后续将在这个页面上进行 canvas API 的学习和试验。

首先在 WXML 中放置一个 canvas 节点，并在其上方放置绘制动作的触发按钮以便于测试。WXML 的布局如下：

```
<view class="container">
  <view class="action-panel">
    <button bindtap="onClearCanvas">清空画布</button>
  </view>
  <view class="action-panel">
    <button bindtap="onDrawRect">画矩形</button>
    <button bindtap="onFillRect">填充矩形</button>
    <button bindtap="onClearRect">清空矩形</button>
  </view>
  <view class="action-panel">
    <button bindtap="onDrawTriangle">三角形</button>
    <button bindtap="onDrawArc">arc</button>
```

```
    <button bindtap="onDrawRoundedRect">圆角矩形</button>
    <button></button>
  </view>
  <view class="action-panel">
    <button bindtap="onDrawSimpleAnimation">简单动画</button>
  </view>
  <canvas class="canvas" canvas-id="canvas">
  </canvas>
</view>
```

在 CSS 中，将外层的 container 设置为纵向的 flex 布局，并将其子元素居中排列，具体代码如下：

```
page {
  display: flex;
  flex-direction: column;
  align-items: center;
  justify-content: center;
  width: 100%;
  hcight: 100%;
}
.container {
  width: 100%;
  display: flex;
  flex-direction: column;
  align-items: flex-start;
  justify-content: space-between;
  .action-panel {
    display: flex;
    align-items: center;
    justify-content: flex-start;
    padding: 0 12px 4px 12px;
    button{
      margin: 0 2px;
    }
  }
  .canvas {           // 为画布设置灰色背景，以方便识别
    background-color: lightgray;
  }
}
```

🔔**注意：** 这里需要将 Page 的宽度和高度设置为 100%，以保证占满屏幕。

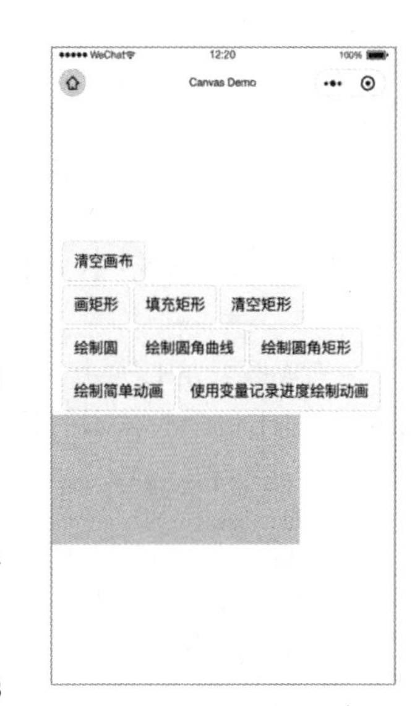

图 7-1　基本布局效果

在 CSS 中将 canvas 背景设置为浅灰色，以便于识别 canvas 的边界。进入小程序 IDE 查看目前的效果，如图 7-1 所示。

可以看到，页面中的 canvas 是一块灰色的长方形，这是因为 canvas 的默认大小为 300×150px。这里使用 CSS 将 canvas 的大小设置为宽度和屏幕宽度一致的正方形。CSS 实现正方形的函数在第 6 章中已有提及，这里不再重复讲解。实现代码如下：

```
.container {
  width: 100%;
```

```
    display: flex;
    flex-direction: column;
    align-items: flex-start;
    justify-content: space-between;
    .action-panel {
      display: flex;
      align-items: center;
      justify-content: flex-start;
      padding: 0 12px 4px 12px;
      button{
        margin: 0 2px;
      }
    }
    .canvas {
      width: 100%;
      height: 100%;
      background-color: lightgray;
    }
    .canvas:after {
      content: '';
      display: block;
      padding-bottom: 100%;
      height: 0;
      line-height: 0;
    }
  }
```

实现方式依然是通过伪类将 canvas 的宽度和高度设置为相同。再次进入小程序 IDE 查看效果，可以看到，canvas 已经变为了宽度和屏幕宽度一致的正方形，如图 7-2 所示。

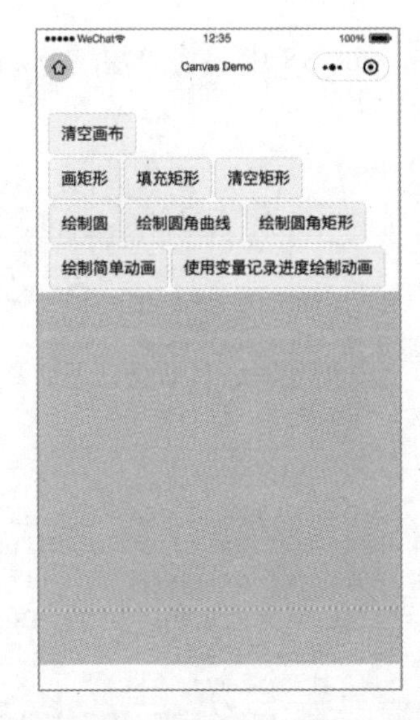

图 7-2　将 canvas 设置为正方形效果

7.1.2　在小程序中调用 canvas 接口

在 Web 开发中使用过 canvas 的读者应该知道，使用 canvas 需要先获取 canvas 的 context。Web 开发中一个最基本的使用 canvas 绘制矩形的 demo 代码如下：

```
const canvas = document.getElementById('tutorial');    // 获取 canvas 节点
const context = canvas.getContext('2d');               // 获取 canvas 上下文
context.rect(0, 0, 200, 200)                           // 绘制矩形
context.stroke()
```

context，顾名思义就是画布的上下文，获得了上下文，就可以对 canvas 进行各种操作。其实我们的所有绘图操作都是基于 canvas 的 context 进行的。小程序中 canvas 的操作逻辑同样如此，只是在小程序中获取 context 的方式有所不同。

在小程序的 WXML 中定义 canvas 节点有其特殊的规定，即在 WXML 中为 canvas 指定 ID 需要通过设置属性 canvas-id，代码如下：

```
<canvas class="canvas" canvas-id="canvas">
</canvas>
```

在小程序的 JavaScript 代码中，需要通过 wx.createCanvasContext(canvasId)获取 canvas

的 context。为了后续调用方便，这里将其封装为一个函数，代码如下：

```
const CANVAS_ID = 'canvas'
getCanvasContext() {
  return wx.createCanvasContext(CANVAS_ID, this);  // 创建 canvas 上下文
},
```

获得 canvas 的上下文后，尝试在小程序中调用 canvas API 画出一个矩形。在 WXML 中，给“画矩形”按钮绑定点击事件，代码如下：

```
<view class="action-panel">
  <button bindtap="onClearCanvas">清空画布</button>
</view>
<view class="action-panel">
  <button bindtap="onDrawRect">画矩形</button>
  <button bindtap="onFillRect">填充矩形</button>
  <button bindtap="onClearRect">清空矩形</button>
</view>
<view class="action-panel">
  <button bindtap="onDrawTriangle">三角形</button>
  <button bindtap="onDrawArc">arc</button>
  <button bindtap="onDrawRoundedRect">圆角矩形</button>
  <button></button>
</view>
```

到 index.js 中实现上述函数。调用 getCanvasContext 获取画布的上下文，接着使用 rect() 接口定义一个矩形，定义好矩形后调用 fill()接口将刚刚定义的矩形进行填充，最后需要调用 context 的 draw()函数。具体代码如下：

```
onDrawRect() {
  // 获取 canvas 上下文
  const context = this.getCanvasContext()
  context.rect(0, 0, 200, 200) // 绘制矩形
  context.fill()               // 填充矩形
  context.draw(true)           // 开始绘制
}
```

注意： 小程序 canvas 和 Web 网页开发不同，需要调用 draw()函数来让绘制生效。draw()函数的第一个参数 reserve 表示是否保留 canvas 之前的绘制内容，默认为 false，即调用 context. draw()会将之前绘制的内容清除。本节的 demo 中调用 draw()时会传入 true 以保留之前绘制的内容。

API 的使用细节后面会详细介绍。进入小程序 IDE，点击“画矩形”按钮，查看绘制效果。可以看到在正方形的 canvas 上成功地绘制出了一个黑色的矩形，如图 7-3 所示。

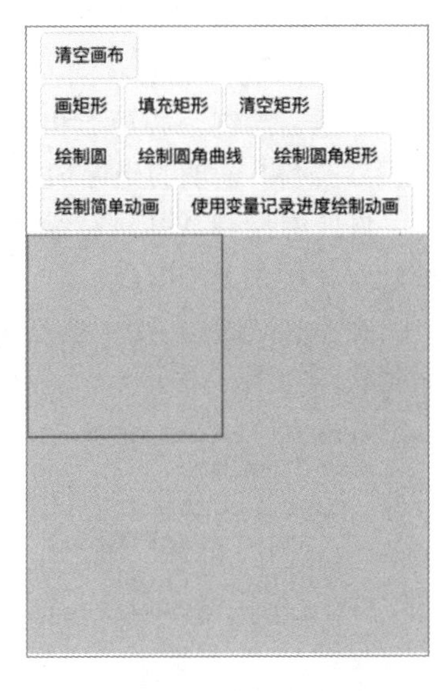

图 7-3　基本矩形绘制

7.2　canvas 绘图 API 的使用

本节会在 7.1 节的基础上更加详细地介绍 canvas 绘图相关的 API，包括矩形绘制、path 绘制及曲线的绘制等。

7.2.1　矩形绘制 API

在 7.1 节中，我们接触了矩形的绘制，调用的 API 为 rect()，其函数声明如下：

```
// x：矩形的 x 轴坐标
// y：矩形的 y 轴坐标
// width：矩形的宽度
// height：矩形的高度
rect(x: number, y: number, width: number, height: number)
```

rect()接口的参数非常好理解。在一个坐标系中，有了矩形的左上角顶点及宽度和高度，自然就可以确定一个矩形了。那么这个坐标系是什么样子的呢？其实在第 6 章中已有提及过，这里的坐标系和检测用户触摸屏幕位置的坐标系相同，也是原点在左上角，x 轴正方向向右，y 轴正方向向下，如图 7-4 所示。

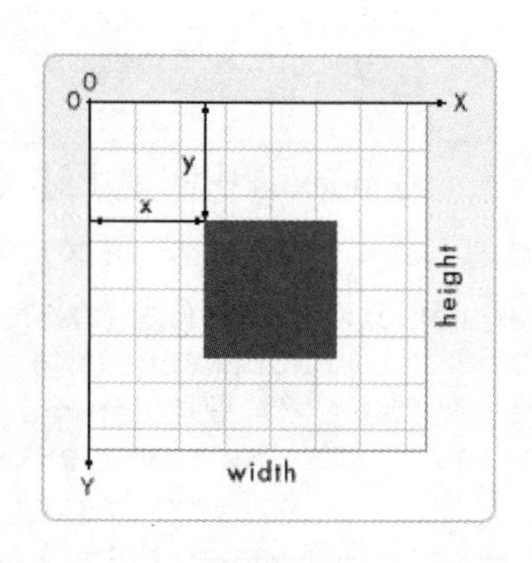

图 7-4　canvas 坐标系介绍

了解了坐标系定位后，就不难理解 7.1 节中绘制的矩形为什么会出现在 canvas 的左上角了。下面来介绍实心矩形的绘制方法。绘制空心矩形和绘制实心矩形非常类似，都是先根据 x 轴和 y 轴的坐标加上宽度和高度定义一个唯一的矩形，再调用绘制 API 进行绘制。唯一不同的是，绘制空心矩形使用的是 stroke()，绘制实心矩形使用的是 fill()。

在 WXML 中，给“填充矩形”绑定点击事件，并在 JavaScript 中使用 fill()方法实现，具体代码如下：

```
<button bindtap="onFillRect">填充矩形</button>
onFillRect() {
  const context = this.getCanvasContext()  // 获取 canvas 的上下文
  context.rect(0, 0, 200, 200)
  context.fill()                           // 使用 fill()进行内容填充
  context.draw(true)
},
```

进入小程序 IDE，点击“填充矩形”按钮，可以看到页面上绘制出了实心矩形，如图 7-5 所示。

其实，绘制矩形除了先定义 rect()再进行 stroke()、fill()绘制外，还可以使用 canvas 提供的两个直接绘制矩形的 API，即 strokeRect()和 fillRect()。将前面的代码进行改造，测试使用这两个 API。代码如下：

```
onDrawRect() {
  // 获取 canvas 上下文
  const context = this.getCanvasContext()
  // 使用 strokeRect()绘制矩形
  context.strokeRect(0, 0, 200, 200)
  context.draw(true)
},
onFillRect() {
  // 获取 canvas 上下文
  const context = this.getCanvasContext()
  // 使用 fillRect()绘制矩形
  context.fillRect(0, 0, 200, 200)
  context.draw(true)
},
```

图 7-5　绘制实心矩形

进入小程序 IDE，单击按钮测试，可以看到绘制效果和之前保持一致。

既然有绘制内容的接口，相应也有清除绘制内容的接口。clearRect()就是实现清除绘制内容的接口。通过参数指定一块矩形区域，可以将指定的矩形区域内绘制的内容清除。

在 WXML 中增加一个“清空矩形”按钮进行测试。在调用 clearRect()时，指定和前面绘制矩形同样的坐标，以及宽度和高度，以测试是否能够清除指定位置的矩形，具体代码如下：

```
<view class="action-panel">
  <button bindtap="onClearCanvas">清空画布</button>
</view>
<view class="action-panel">
  <button bindtap="onDrawRect">画矩形</button>
  <button bindtap="onFillRect">填充矩形</button>
  <button bindtap="onClearRect">清空矩形</button>
</view>
<view class="action-panel">
  <button bindtap="onDrawTriangle">三角形</button>
  <button bindtap="onDrawArc">arc</button>
  <button bindtap="onDrawRoundedRect">圆角矩形</button>
  <button></button>
</view>
onClearRect() {
  const context = this.getCanvasContext()
  context.clearRect(0, 0, 200, 200)
  context.draw(false)
}
```

注意： 调用 clearRect()后，同样要调用 context.draw()，使修改生效。

进入小程序 IDE 进行测试。先点击“画矩形”按钮，再点击“清空矩形”按钮，可以看到前面绘制的矩形被成功清除了。

7.2.2　path 的使用

前面提到，canvas 只提供了绘制 rect 和 path 的能力。而 rect 只能绘制简单的矩形和清空画布，所以要绘制其他复杂的图案就得依靠 path 了。

注意：其实 rect 也可以理解为 path 的一种，通过 rect 的 4 个顶点便可以确定 rect 的 path。

path 的绘制可分为以下三步：

（1）调用 beginPath()函数，表示后面的代码开始描述 path 的具体内容。

（2）调用 path 相关的 API（如 moveTo()、lineTo()），描述 path 的具体路径，如果需要闭合 path 的话，可以通过 closePath()将 path 闭合。

（3）调用 fill()、stroke()函数将 path 绘制出来。

了解绘制流程后，我们尝试绘制一个三角形。三角形的 path 由三个顶点构成，首先使用 moveTo()将 path 起点移动至三角形的一个顶点，然后使用 lineTo()画线到第二个顶点，继续使用 lineTo()画线到第三个顶点，最后一条线可直接使用 closePath()让 path 自动闭合。具体代码如下：

```
<button bindtap="onDrawTriangle">三角形</button>
onDrawTriangle() {        // 绘制三角形
  // 获取 canvas 上下文
  const context = this.getCanvasContext()
  context.beginPath()   // 开始 path 绘制
  // 移动画笔到（100,100）
  context.moveTo(100, 100)
  // 画线到（160，200）
  context.lineTo(160, 200);
  // 画线到（220，100）
  context.lineTo(220, 100);
  context.closePath()   // 结束 path 绘制
  context.stroke()      // 画出 path 线条
  context.draw()
}
```

进入小程序 IDE，点击“三角形”按钮，可以看到页面上成功绘制出了一个三角形，如图 7-6 所示。

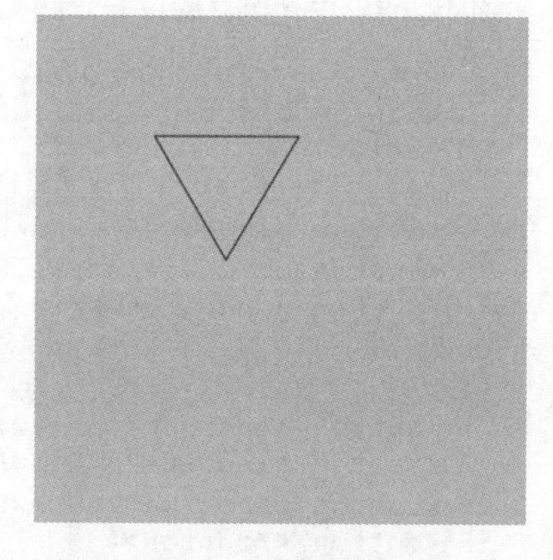

图 7-6　绘制三角形

7.2.3　曲线绘制

前面绘制的都是直线，而第 6 章的 2048 游戏中方块都是带圆角的，那么如何绘制曲线呢？接下来介绍如何在 canvas 中绘制曲线。

曲线中最常见的就是圆，我们尝试使用 canvas 的 arc()函数绘制一个简单的半圆。arc()函数的声明如下：

```
// x：圆心横坐标
// y：圆心纵坐标
// radius：圆半径
// startAngle：扇形起始角度
// endAngle：扇形结束角度
// anticlockwise：选填参数，是否逆时针绘制
void ctx.arc(x, y, radius, startAngle, endAngle [, anticlockwise]);
```

与 rect()接口类似，arc()接口也是通过坐标点、圆半径和扇形角度确定坐标系中唯一的一个扇形的。另外，arc()接口还有一个参数 anticlockwise，用于指定绘制时按照顺时针还是逆时针。在测试页面上增加一个 arc 按钮，尝试绘制出一个半圆，代码如下：

```
<button bindtap="onDrawArc">arc</button>
onDrawArc() {                                  // 绘制扇形
  const context = this.getCanvasContext(); // 获取上下文
  context.arc(100, 100, 50, 0, Math.PI);    // 调用 arc()接口绘制弧形
  context.stroke()
  context.draw(false)
}
```

注意： arc()接口中的第三个和第四个参数，单位不是度而是弧度，即不是°，而是 rad，360°= 2π（rad）。

进入小程序 IDE，点击 arc 按钮测试，可以看到 canvas 上成功绘制出了一个半圆，如图 7-7 所示。

图 7-7　绘制半圆

在第 6 章中，游戏里的方块都是圆角矩形，我们在 canvas 上绘制出了曲线。那么思考一下：在 canvas 中如何画出圆角矩形呢？

有了使用 arc()接口的经验，读者可能会想到通过交替绘制直线、四分之一圆的方式绘制出圆角矩形。这个办法确实可行，不过 canvas 提供了一个更为便捷的绘制圆角的接口 arcTo()，其函数声明如下：

```
// x1：第一个控制点的横坐标
// y1：第一个控制点的纵坐标
// x2：第二个控制点的横坐标
// y2：第二个控制点的纵坐标
// radius：圆角半径
void ctx.arcTo(x1, y1, x2, y2, radius);
```

arcTo()的绘制逻辑为：以当前 path 起点、第一控制点、第二控制点连接成一段折线，然后将折线的角按照给定的半径绘制成圆角。需要注意的是，arcTo()绘制圆角时会将 path 起始点和圆角曲线连接起来，要注意不要因此绘制出多余线段。

下面来尝试使用该接口绘制出一个圆角正方形。首先定义正方形的 4 个顶点坐标，4 个点为正方形顺时针排布的 4 个顶点，point1 为左上角点，具体代码如下：

```
const points = {          // 正方形顶点
```

```
  point1: {x: 100, y: 100},
  point2: {x: 200, y: 100},
  point3: {x: 200, y: 200},
  point4: {x: 100, y: 200}
}
```

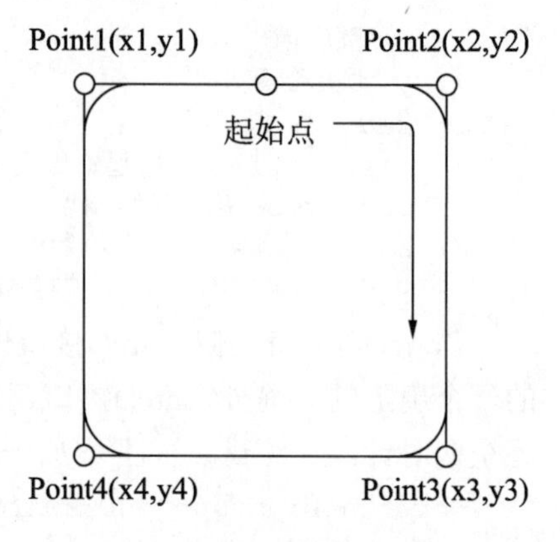

图 7-8　圆角控制点示意

首先绘制右上角的圆角。因为 arcTo()会将 path 起点和圆角用直线相连，所以这里使用正方形上边的中点作为 path 起点。如图 7-8 所示，右上角的 point2 为第一控制点，右下角的 point3 为第二控制点，所以绘制首个圆角的代码如下：

```
context.beginPath();
context.moveTo((points.point1.x + points.
point2.x) / 2,
  (points.point1.y + points.point2.y) / 2)
context.arcTo(points.point2.x, points.point2.y,
  points.point3.x, points.point3.y, 12)
```

同理，顺时针绘制后面的三个圆角，并在绘制完左上角的圆角后，使用 closePath()让 path 自动闭合，最后调用 context.stroke()画出圆角矩形线条，具体代码如下：

```
onDrawRoundedRect() {
  const context = this.getCanvasContext();
  const points = {
    point1: {x: 100, y: 100},
    point2: {x: 200, y: 100},
    point3: {x: 200, y: 200},
    point4: {x: 100, y: 200}
  }
  context.beginPath();
  // 移动至正方形上边的中点（起始点）
  context.moveTo((points.point1.x + points.point2.x) / 2,
    (points.point1.y + points.point2.y) / 2)
  context.arcTo(points.point2.x, points.point2.y,  // 绘制右上方的圆角
    points.point3.x, points.point3.y, 12)
  context.arcTo(points.point3.x, points.point3.y,  // 绘制右下方的圆角
    points.point4.x, points.point4.y, 12)
  context.arcTo(points.point4.x, points.
point4.y,              // 绘制左下方的圆角
    points.point1.x, points.point1.y, 12)
  context.arcTo(points.point1.x, points.
point1.y,              // 绘制左上方的圆角
    points.point2.x, points.point2.y, 12)
  context.closePath()   // 闭合 path
  context.stroke()
  context.draw(true)
},
```

完成上述逻辑后，进入小程序 IDE，点击“圆角矩形”按钮查看效果，可以看到 canvas 上成功绘制出了一个圆角正方形，如图 7-9 所示。

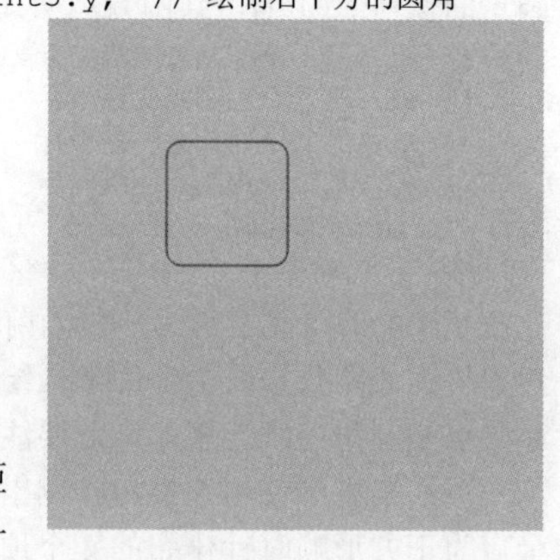

图 7-9　圆角矩形效果

后面的小节中还会用到这里绘制圆角矩形的函数，以绘制出 2048 游戏中的数字方块。

7.3　在 canvas 中实现动画效果

学习完 canvas 绘图的常见 API，我们已经基本掌握了大部分形状的绘制技巧。下面来学习 canvas 中如何制作动画。本章的目标也正是使用 canvas 中的动画功能为 2048 小游戏带来更好的游戏体验。

首先需要理解动画的原理：动画就是通过快速绘制多帧画面，来让画面视觉上感觉是连续的动作画面。知道这一点后，便可开始思考如何实现动画。

首先需要定时绘制画面，要实现定时，可以使用 setTimeout()或 setInterval()函数。但是在绘制动画时，使用这两个 API 并不是最优选项。canvas 中绘制动画一般使用 requestAnimationFrame()这个 API。该 API 接收一个回调函数作为参数，并会在页面下次渲染前执行该回调函数，以达到页面刷新的效果。

使用 requestAnimationFrame()的好处在于，浏览器可通过调节回调函数的执行频率和时机以保证更流畅的动画体验，缺点是回调函数的执行并不是定时的，所以需要开发人员自行保存动画进度，而不能将时间作为动画绘制的进度。

注意： setInterval()和 setTimeout()的定时也并不是精准的，感兴趣的读者不妨去查阅相关资料，了解其细节。

选定了使用 requestAnimationFrame()进行动画绘制后，现在来试着绘制一个简单的方块移动动画。最后绘制效果为一个黑色方块从左边逐渐移动到右边。

在 Web 开发中，requestAnimationFrame()是挂载在 Window 对象上的方法。而在小程序中，requestAnimationFrame()是挂载在 canvas 对象上的，直接调用该方法会抛出找不到方法的错误。正确的使用步骤是先通过 wx.createSelectorQuery()接口获得 canvas 实例，再通过 canvas 实例获得 requestAnimationFrame()引用。具体代码如下：

```
<view class="container">
  <view class="action-panel">
    <button bindtap="onClearCanvas">清空画布</button>
  </view>
  <view class="action-panel">
    <button bindtap="onDrawRect">画矩形</button>
    <button bindtap="onFillRect">填充矩形</button>
    <button bindtap="onClearRect">清空矩形</button>
  </view>
  <view class="action-panel">
    <button bindtap="onDrawTriangle">三角形</button>
    <button bindtap="onDrawArc">arc</button>
    <button bindtap="onDrawRoundedRect">圆角矩形</button>
    <button></button>
```

```
  </view>
  <view class="action-panel">
    <button bindtap="onDrawSimpleAnimation">简单动画</button>
  </view>
  <canvas class="canvas" canvas-id="canvas">
  </canvas>
  <!-- 用于绘制动画的 canvas-->
  <canvas
          type="2d"
          id="canvas-animation"
          class="canvas">
  </canvas>
</view>
```

注意：和前面的基本 API 绘制不同，当使用这种方式获取 canvas 实例时，canvas 在 WXML 中的声明不能有 canvas-id 属性，所以我们在 WXML 中新建了一个 canvas。

我们在页面的 onLoad()回调函数中获取 canvas 实例，有了 canvas 实例便能获得 requestAnimationFrame()引用，以便于后面的调用。具体代码如下：

```
onLoad: async function () {
  this.canvas = await this.getCanvas()
  this.context = this.canvas.getContext('2d')  // 保存 canvas 的上下文
},
async getCanvas() {
  return new Promise(resolve => {
    wx.createSelectorQuery()
      .select('#canvas-animation')        // 通过 CSS 中的 ID 选择器选中 canvas
      .fields({
        node: true,
        size: true,
      })
      .exec((res) => {
        const canvas = res[0].node        //将数组中的第一个元素返回
        resolve(canvas)
      })
  })
},
```

需要注意的是，这里调用 createSelectorQuery()之后还需要设置将要获取的 fields。调用 fields()方法，参数传入 node:true，表示需要获取 canvas 实例，然后调用 exec()并在回调函数中通过 res[0].node 获得 canvas 实例。因为该方法是通过回调函数获得 canvas 节点的，不便于编写后面的代码逻辑，这里将其封装为 async()函数，以便于调用。获得 canvas 节点后，便可通过 canvas.getContext('2d')获得 canvas 的上下文。

有了 canvas 和上下文，就可以开始编写动画函数了。首先在 WXML 上加上“简单动画”按钮，并在 JavaScript 中声明其点击函数，代码如下：

```
onDrawSimpleAnimation() {}
```

绘制正方形方块移动的动画。首先定义正方形的左上角坐标和正方形的大小，代码如下：

```
const rectSize = 50                                   // 正方形的大小
const leftTopPoint = {                                // 正方形左上角的点
  x: 100,
  y: 100
}
```

接下来需要定义一个回调函数，也就是 canvas 绘图函数，用于传递给 requestAnimationFrame()进行回调。我们定义一个绘图函数 drawRect()在 drawRect()中，使用 fillRect()绘制出一个正方形。具体代码如下：

```
const drawRect = () => {
  this.context.clearRect(0, 0, 1000, 1000)            // 清空画布
  // 填充矩形
  this.context.fillRect(leftTopPoint.x, leftTopPoint.y, rectSize, rectSize)
}
```

注意：绘制之前需要调用 clearRect()清空画布。

为了循环绘制，我们在 drawRect()函数的最后调用 requestAnimationFrame(drawRect)，以在下一次页面重绘时再次执行 drawRect()函数。

```
const requestAnimationFrame = this.canvas.requestAnimationFrame
const drawRect = () => {
  this.context.clearRect(0, 0, 1000, 1000)            // 清空画布
  this.context.fillRect(leftTopPoint.x, leftTopPoint.y, rectSize, rectSize)
  requestAnimationFrame(drawRect)     // 在下一个 UI 渲染周期再次调用 drawRect()
}
```

最后调用 drawRect()触发动画的循环绘制，代码如下：

```
onDrawSimpleAnimation() {
  const rectSize = 50
  const leftTopPoint = {
    x: 100,
    y: 100
  }
  const requestAnimationFrame = this.canvas.requestAnimationFrame
  const drawRect = () => {
    this.context.clearRect(0, 0, 1000, 1000) )        // 清空画布
    // 绘制矩形
    this.context.fillRect(leftTopPoint.x, leftTopPoint.y, rectSize, rectSize)
    requestAnimationFrame(drawRect) // 在下一个 UI 渲染周期再次调用 drawRect()
  }
  drawRect()                                          // 开始循环绘制
}
```

完成 onDrawSimpleAnimation()的逻辑后，进入小程序 IDE 进行测试。点击“简单动画”按钮，可以看到页面上出现了一个黑色正方形，但此时正方形还没有动起来，这是因为 drawRect()中每次绘制的正方形位置都是一样的。

接下来尝试在循环中修改正方形起点的坐标以使方块动起来。在 drawRect()函数的末尾增加对当前正方形起始点横坐标的判断。我们的目标是将方块从横坐标 100 移动至横坐

标 200。如果横坐标小于 200，则对其加 1，并调用 requestAnimationFrame()执行下次绘制，否则不再调用 requestAnimationFrame()，动画结束。具体代码如下：

```
onDrawSimpleAnimation() {
  const rectSize = 50
  const leftTopPoint = {
    x: 100,2(0, 0, 1000, 1000)
    this.context.fillRect(leftTopPoint.x, leftTopPoint.y, rectSize, rectSize)
    if (leftTopPoint.x < 200) {  // 当方块左上角横坐标小于 200 时不断将其向右移动
      leftTopPoint.x += 1;
      requestAnimationFrame(drawRect)
    }
  }
  drawRect()
}
```

这样一来，每次绘制后正方形都会向右移动一个像素（从横坐标 100 移动到横坐标 200），便实现了方块从左侧移动至右侧的动画效果。再次进入小程序 IDE，点击“简单动画”按钮，便能看到方块移动的动画效果了。

7.4　使用 canvas 绘制 2048 静态页面

现在我们已经掌握了绘制 canvas 的必备基础知识，本节开始改造第 6 章的 2048 小游戏。

7.4.1　修改棋盘布局

首先是对棋牌部分布局的修改，将前面使用双层 wx:for 循环生成棋盘的逻辑修改为单个 canvas 节点。之前棋盘的 WXML 布局代码如下：

```
<view class="game-board"
    bindtouchstart="onTouchStart"
    bindtouchmove="onTouchMove"
    bindtouchend="onTouchEnd">
  <view class="row"
      wx:for="{{matrix}}"
      wx:for-item="row"
      wx:key="index">
    <view class="cell cell-{{cell}}"
        wx:for="{{row}}"
        wx:for-item="cell"
        wx:key="index">
      <view class="text">
        {{cell !== 0 ? cell : ''}}
      </view>
    </view>
  </view>
</view>
```

将双层 wx:for 循环替换为 canvas 节点后的 WXML 布局如下：

```
<view class="game-board"
      bindtouchstart="onTouchStart"
      bindtouchmove="onTouchMove"
      bindtouchend="onTouchEnd">
  <canvas type="2d" id="canvas"></canvas>
</view>
```

注意： 这里需要使用 7.3 节提到的 requestAnimationFrame()函数，因此 canvas 的声明不能使用 canvas-id 属性。

和 7.3 节相同，我们需要在 Page 的 onLoad()函数中对 canvas 的相关内容进行初始化，以方便后续调用。具体代码如下：

```
async onLoad() {
  await this.initCanvas()
  this.startGame()
},
async initCanvas() {
  this.canvas = await this.getCanvas()                    // 获取 canvas 节点
  this.canvasSize = await this.getCanvasSize()            // 获取 canvas 大小
  this.context = this.canvas.getContext('2d')             // 获取 canvas 上下文
}
```

代码中的 getCanvasSize()函数用于获取 canvas 节点的尺寸，它的实现方式和获取 canvas 节点的方式类似，读者可以直接查看本章源代码了解，在此不再赘述。有了 canvas 的相关属性，下面便可以尝试在 canvas 上绘出棋盘了。

7.4.2　改造 Board 类

实现动态棋盘的绘制，让小程序在 canvas 上的效果先达到第 6 章原生 WXML 实现的效果。

需要改造一下前面的棋盘数据结构。Board 类的构造函数需要改动，因为后续的 canvas 绘制逻辑会放置在 Board 类中，所以 Board 类需要保存一份 canvas 及 canvas 上下文的索引。修改 Board 类的构造函数，增加 canvas、context 和 canvasSize 三个参数，代码如下：

```
const PADDING = 8
constructor(canvas, context, canvasSize) {
  this.matrix = []                                   // 棋盘矩阵
  this.currentScore = 0                              // 当前分数
  this.fillEmptyMatrix()                             // 初始化棋盘
  this.canvas = canvas                               // 保存 canvas
  this.context = context                             // 保存 canvas 的上下文
  this.canvasSize = canvasSize                       // 保存画布大小
  this.CELL_SIZE = (canvasSize - (5 * PADDING)) / MATRIX_SIZE
}
```

这样，Board 类中便有了 canvas 的相关信息，后续便可方便地进行绘图操作。

之前 Board 类的 matrix 二维数组中保存的是每个节点的数字，这些信息在原生渲染下已经足够了。但是在使用 canvas 绘制时，要绘制出更复杂的动画效果，所以需要给每个方块保存更多信息。这里通过定义一个新类 Cell 来保存每个方块的详细信息，代码如下：

```
class Cell {
  constructor(value) {
    this.value = value
    // 用于保存移动状态，以便绘制动画
    this.isNew = false
    this.moveStep = 0
  }
}
```

除了当前方块数字 value 外，增加一个 isNew 属性用来标识方块是否为新产生的，增加一个 moveStep 用来标识该方块在当前用户滑动操作下移动了几步。在 Board 中所有引用 matrix 的地方需要做出相应的改动，如获取数字时，不再是通过 matrix[i][j]获取，而是通过 matrix[i][j].value 获取。另外，Cell 的两个新属性 isNew 和 moveStep 也需要做相应的更新，以便在绘制 Cell 时能根据这些信息计算出动画的位置。更新的位置包括：

- 方块合并时，合并生成的方块需要将 isNew 属性设置为 true。
- 每次用户滑动结束后新生成的方块，其 isNew 属性设置为 true。
- 方块滑动时，其 moveStep 需增加（在 Board.moveValidNumToLeft 中）。

注意：这里需要改动的地方较多，建议读者修改时参考源代码进行修改。

7.4.3　绘制棋盘静态画面

在 Board 类中增加一个绘制棋盘的函数 drawBoard()。在这个函数中，我们会遍历当前的 matrix，并依次将每个方块画出。我们将绘制单个方块的函数定义为 drawCell()，函数声明如下：

```
drawCell(x, y, cell )
```

其中，参数 x、y 为方块左上角顶点的坐标，参数 cell 为当前方块的 Cell 内对象，用于获取方块的其他信息。有了方块的这些信息，就可以在 canvas 上绘出方块了。下面是 drawCell()的实现，代码如下：

```
drawCell(x, y, cell, process) {
  const text = cell.value                       // 获取方块的数字
  if (text === 0) return                        // 如果数字为 0，不进行绘制
  const context = this.context                  // 获取 canvas 的上下文
  context.fillStyle = COLOR_MAP[text].bgColor   // 设置画笔颜色
  context.fillRect(x, y, this.CELL_SIZE, this.CELL_SIZE)   // 绘制矩形方块
  context.fillStyle = COLOR_MAP[text].color     // 切换画笔颜色为文字颜色
  context.font = '40px Clear Sans'              // 设置字体大小
```

```
    context.textAlign = 'center'                        // 设置字体居中
    context.textBaseline = 'middle'                     // 设置文字 baseline
    context.fillText(                                   // 绘制文字
      text,
      x + this.CELL_SIZE / 2,
      y + this.CELL_SIZE / 2
    )
  }
```

在绘制方块前，首先判断当前 cell 的数字是否为 0，如果当前方块数字为 0，则不进行绘制。接下来为 context 设置绘制方块背景用的颜色，这里的颜色使用和之前 CSS 中类似的颜色，每个数字的方块有其对应的文字颜色和背景色。颜色值使用一个常量 COLOR_MAP 保存在 board.js 中，代码如下：

```
const COLOR_MAP = {                         // 不同数字方块的文字颜色和背景颜色
  0: {color: '#776e65', bgColor: '#EEE4DA40'},
  2: {color: '#776e65', bgColor: '#eee4da'},
  4: {color: '#776e65', bgColor: '#ede0c8'},
  8: {color: '#f9f6f2', bgColor: '#f2b179'},
  16: {color: '#f9f6f2', bgColor: '#f59563'},
  32: {color: '#f9f6f2', bgColor: '#f67c5f'},
  64: {color: '#f9f6f2', bgColor: '#f65e3b'},
  128: {color: '#f9f6f2', bgColor: '#edcf72'},
  256: {color: '#f9f6f2', bgColor: '#edcc61'},
  512: {color: '#f9f6f2', bgColor: '#edc850'},
  1024: {color: '#f9f6f2', bgColor: '#edc53f'},
  2048: {color: '#f9f6f2', bgColor: '#edc22e'}
}
```

设置好 context 的颜色后，使用 fillRect()进行矩形绘制便可绘出该矩形。一个方块除了矩形背景外还有文字。文字的绘制虽然 7.3 节中未提及，但是使用较为简单，下面直接介绍其使用方法。

和背景一样，首先需要指定文字的颜色，并指定文字的字体及文本的对齐属性。这里我们将文本的横纵对齐属性均设置为居中，再将绘制坐标设置为方块中心，这样便实现了文本内容居中的效果。具体实现代码如下：

```
context.fillStyle = COLOR_MAP[text].color
context.font = '40px Clear Sans'
context.textAlign = 'center'
context.textBaseline = 'middle'
context.fillText(
  text,
  x + this.CELL_SIZE / 2,
  y + this.CELL_SIZE / 2
)
```

添加上述文本内容的绘制逻辑后，便实现了 drawCell()的完整逻辑。下面是 drawCell()的完整代码：

```
drawCell(x, y, cell) {
  const text = cell.value
  if (text === 0) return
```

```
    const context = this.context                        // 获取 canvas 的上下文
    context.fillStyle = COLOR_MAP[text].bgColor         // 设置画笔颜色
    context.fillRect(x, y, this.CELL_SIZE, this.CELL_SIZE)  // 绘制矩形方块
    context.fillStyle = COLOR_MAP[text].color           // 切换画笔颜色为文字颜色
    context.font = '40px Clear Sans'                    // 设置字体大小
    context.textAlign = 'center'                        // 设置字体居中
    context.textBaseline = 'middle'                     // 设置文字 baseline
    context.fillText(                                   // 绘制文字
      text,
      x + this.CELL_SIZE / 2,
      y + this.CELL_SIZE / 2
    )
  }
```

有了绘制单个方块的方法，接下来遍历整个 matrix，将各个方块绘制出来即可绘制出整个棋盘。下面是 drawBoard()的实现代码：

```
  drawBoard() {                                         // 绘制完整的棋盘
    const context = this.context                        // 获取上下文
    const canvasSize = this.canvasSize                  // 获取画布大小
    const matrix = this.matrix                          // 获取棋盘矩阵数据
    const CELL_SIZE = this.CELL_SIZE
    context.clearRect(0, 0, canvasSize, canvasSize) // 清空画布
    // 遍历棋盘，绘制所有方块
    for (let rowIndex = 0; rowIndex < MATRIX_SIZE; rowIndex++) {
      for (let colIndex = 0; colIndex < MATRIX_SIZE; colIndex++) {
        const startPoint = {                            // 计算方块左上角的坐标
          x: (PADDING + colIndex * (CELL_SIZE + PADDING)),
          y: PADDING + rowIndex * (CELL_SIZE + PADDING)
        }
        this.drawCell(                                  // 绘制方块
          startPoint.x,
          startPoint.y,
          matrix[rowIndex][colIndex],
        )
      }
    }
  }
```

上述代码的逻辑非常简单，首先将整个 canvas 清空，然后遍历 matrix 中的 cell，计算出每个 cell 左上角点的坐标，进而调用 drawCell()将其绘出。这里需要注意的是每个 cell 左上角点位置的计算。读者不妨在纸上计算一下，理解为何如此设置方块左上角的坐标位置。

完成了 drawBoard()函数的基本逻辑后，我们需要在某个地方调用该方法来绘制页面。第 6 章是通过 setData()更新 matrix 来触发页面更新的，而现在我们需要将页面更新逻辑放置在 Board.move()函数中，因为只有当用户操作棋盘发生变化后才需要重绘。

我们在 move()函数的最后调用 drawBoard()函数。另外，在 board.startGame()初始化游戏的两个方块时也需要绘制棋盘，因此在 startGame()的末尾也需要调用 drawBoard()。具体代码如下：

```
move(direction) {
  // 已有代码逻辑
  this.drawBoard()
}
startGame() {
  // 初始化两个 cell
  for (let i = 0; i < 2; i++) {
    this.matrix[this.randomIndex()][this.randomIndex()].value = Math.random() <
0.8 ? 2 : 4
    this.matrix[this.randomIndex()][this.random
Index()].isNew = true
  }
  this.drawBoard()
}
```

进入小程序 IDE，刷新页面后可以看到 canvas 上绘制出了两个基本的方块，如图 7-10 所示。

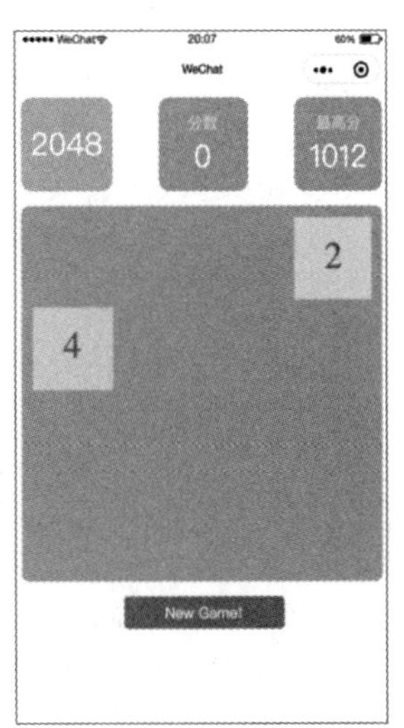

图 7-10　正方形数字方块效果

目前的效果和第 6 章的效果相差还很远，接下来一步步地优化。

首先将正方形方块修改为圆角正方形。使用前面学习的绘制圆角矩形的方法，将 drawCell()中绘制的矩形调整为圆角矩形。

在 Board 类中增加一个绘制圆角矩形的函数。这里圆角的绘制细节不再赘述，该方法接收三个参数，分别为正方形左上角点的坐标和正方形的大小，具体代码如下：

```
drawRoundSquare(startX, startY, size) {          // 绘制圆角正方形
  const point1 = {
    x: startX,
    y: startY
  }
  const points = {
    point1,
    point2: {
      x: point1.x + size,
      y: point1.y
    },
    point3: {
      x: point1.x + size,
      y: point1.y + size
    },
    point4: {
      x: point1.x,
      y: point1.y + size
    }
  }
  const context = this.context
  context.beginPath()
  context.moveTo((points.point1.x + points.point2.x) / 2,
    (points.point1.y + points.point2.y) / 2)
  context.arcTo(points.point2.x, points.point2.y,
```

```
    points.point3.x, points.point3.y, 12)
  context.arcTo(points.point3.x, points.point3.y,
    points.point4.x, points.point4.y, 12)
  context.arcTo(points.point4.x, points.point4.y,
    points.point1.x, points.point1.y, 12)
  context.arcTo(points.point1.x, points.point1.y,
    points.point2.x, points.point2.y, 12)
  context.closePath()
}
```

接下来修改 drawCell()函数，在 drawCell()中，将绘制正方形的代码修改为 drawRoundSquare()函数。

```
drawCell(x, y, cell) {
  const text = cell.value
  if (text === 0) return
  const context = this.context                     // 获取 canvas 的上下文
  context.fillStyle = COLOR_MAP[text].bgColor      // 设置画笔颜色
  context.fillRect(x, y, this.CELL_SIZE, this.CELL_SIZE)   // 绘制矩形方块
  this.drawRoundSquare(x, y, this.CELL_SIZE)       // 绘制圆角矩形
  context.fill()
  context.fillStyle = COLOR_MAP[text].color        // 切换画笔颜色为文字颜色
  context.font = '40px Clear Sans'                 // 设置字体大小
  context.textAlign = 'center'                     // 设置字体居中
  context.textBaseline = 'middle'                  // 设置文字 baseline
  context.fillText(                                // 绘制文字
    text,
    x + this.CELL_SIZE / 2,
    y + this.CELL_SIZE / 2
  )
}
```

完成修改后进入小程序 IDE 查看效果，可以看到方块背景已经绘制成了圆角，如图 7-11 所示。

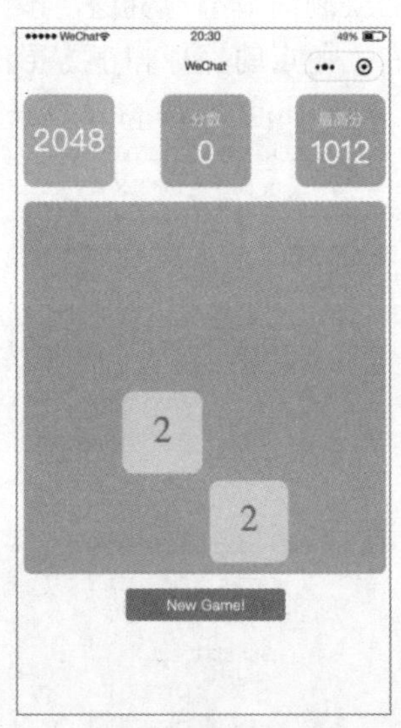

图 7-11　圆角方块效果

现在非 0 的方块已经和第 6 章的效果一致了，下面绘制数字为 0 的方块。这里需要转换一下思路，其实并不需要对数字为 0 的方块做特殊处理，而只需在绘制非 0 方块前，先在每个方块的位置绘制一个数字为 0 时的背景色，这样绘制的效果和单独绘制数字为 0 的方块视觉效果是一致的，但是实现起来要简单很多。

为绘制背景方块增加一个函数 drawBgCells()，该函数的实现非常简单，就是给每个方块都绘制出一个数字为 0 的背景色的圆角方块，具体代码如下：

```
drawBgCells() {                                  // 绘制背景方块
  const context = this.context
  context.globalAlpha = 1
  // 遍历所有的方块
  for (let rowIndex = 0; rowIndex < MATRIX_SIZE; rowIndex++) {
```

```
    for (let colIndex = 0; colIndex < MATRIX_SIZE; colIndex++) {
      context.fillStyle = 'rgba(238, 228, 218, 0.35)'   // 设置画笔颜色
      this.drawRoundSquare(                               // 绘制圆角矩形背景
        PADDING + colIndex * (this.CELL_SIZE + PADDING),
        PADDING + rowIndex * (this.CELL_SIZE + PADDING),
        this.CELL_SIZE
      )
      context.fill()
    }
  }
}
```

在 drawBoard()中，清空 canvas 后调用 drawBgCells()绘制背景方块，再遍历二维数组绘制真实的 cell，具体代码如下：

```
drawBoard() {                                        // 绘制棋盘
  const context = this.context
  const canvasSize = this.canvasSize
  const matrix = this.matrix
  const CELL_SIZE = this.CELL_SIZE
  context.clearRect(0, 0, canvasSize, canvasSize)
  // 绘制背景方块
  this.drawBgCells()
  // 遍历棋盘，绘制正式的棋盘方块
  for (let rowIndex = 0; rowIndex < MATRIX_SIZE; rowIndex++) {
    for (let colIndex = 0; colIndex < MATRIX_SIZE;
colIndex++) {
      const startPoint = {
        x: (PADDING + colIndex * (CELL_SIZE + PADDING)),
        y: PADDING + rowIndex * (CELL_SIZE + PADDING)
      }
      this.drawCell(
        startPoint.x,
        startPoint.y,
        matrix[rowIndex][colIndex],
      )
    }
  }
}
```

增加上述逻辑后进入小程序 IDE，可以看到，除了新生成的两个方块外，其他为 0 的方块也有了空白方块的效果，如图 7-12 所示。

现在，在 IDE 中使用小程序的效果已经和第 6 章一致了。后续我们将给游戏增加动画效果，以达到更好的用户体验。

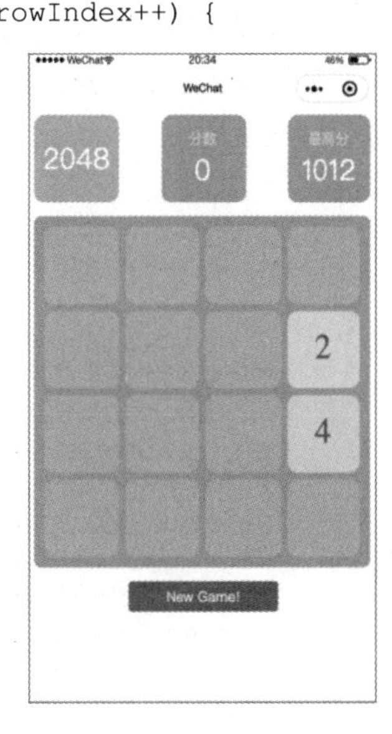

图 7-12　背景方块的效果

7.5　绘制动画效果

要实现动画效果，其实就是不断地调整方块坐标并绘制棋盘。2048 游戏中的动画主

要由两部分组成：已有方块的滑动和新方块的出现。

7.5.1　绘制方块移动动画

我们在 drawBoard()函数中进行改动以实现动画效果。为了绘制出方块移动的中间过程，以实现方块在真实移动时的动画效果，为 drawBoard()增加两个参数，即 process 和 direction，用于计算方块在动画过程中的中间位置。

process 表示当前动画进度，其值为 0～1。假设某个方块在用户进行向左滑的操作时向左移动一格，则其 moveStep 为 1，调用 drawBoard()时的 direction 为 LEFT，因此动画开始的坐标应该为当前坐标向右移动 moveStep 个方块，方块横坐标在动画进度为从 0～1 时变动为：

startPoint.x+moveStep*(CELL_SIZE+PADDING)～startPoint.x

可以推导出，当 process 变动时，其横坐标为：

startPoint.x+moveStep*(CELL_SIZE+PADDING)（1-process）

同理，可以推断出其他方向的坐标计算方式。将根据 process 计算出的坐标代入 drawCell()中，即可绘制出动画进行到 process 时绘制出的方块移动的中间画面。

接下来要做的是将 process 从 0 遍历到 1，并不断地调用 drawBoard()来实现动画效果。

下面是 drawBoard()改动后的代码。首先按照原先的逻辑计算出每个方块起始节点的位置，然后根据 process 调整起始节点的位置，最后调用 drawCell()绘制当前方块。代码如下：

```
drawBoard(process, direction) {
  const context = this.context
  const canvasSize = this.canvasSize
  const matrix = this.matrix
  const CELL_SIZE = this.CELL_SIZE
  context.clearRect(0, 0, canvasSize, canvasSize)  // 清空画布
  this.drawBgCells()                               // 绘制背景方块
  // 绘制棋盘方块的真实内容
  for (let rowIndex = 0; rowIndex < MATRIX_SIZE; rowIndex++) {
    for (let colIndex = 0; colIndex < MATRIX_SIZE; colIndex++) {
      // 画出当前的矩形
      const moveStep = matrix[rowIndex][colIndex].moveStep
      const startPoint = {
        x: (PADDING + colIndex * (CELL_SIZE + PADDING)),
        y: PADDING + rowIndex * (CELL_SIZE + PADDING)
      }
      switch (direction) {           // 根据 process 计算移动方块左上角的位置
        case MOVE_DIRECTION.LEFT:
          startPoint.x += moveStep * (CELL_SIZE + PADDING) * (1 - process)
          break
        case MOVE_DIRECTION.RIGHT:
          startPoint.x -= moveStep * (CELL_SIZE + PADDING) * (1 - process)
          break
```

```
          case MOVE_DIRECTION.TOP:
            startPoint.y += moveStep * (CELL_SIZE + PADDING) * (1 - process)
            break
          case MOVE_DIRECTION.BOTTOM:
            startPoint.y -= moveStep * (CELL_SIZE + PADDING) * (1 - process)
            break
        }
        this.drawCell(
          startPoint.x,
          startPoint.y,
          matrix[rowIndex][colIndex],
          process
        )
      }
    }
  }
```

参考 7.3 节中绘制动画的逻辑，定义一个新函数 drawWithAnimation()，用于绘制动画。在 drawWithAnimation()中定义一个 process 变量，用于保存动画的进度，并定义一个 draw()函数，用于传入 requestAnimationFrame()，进行每帧绘制函数的调用。具体代码如下：

```
drawWithAnimation(direction) {                    // 动态绘制棋盘的变化
  let process = 0                                 // 初始进度为 0
  const draw = () => {                            // 定义循环执行的绘制函数
    this.drawBoard(process / 100, direction)
    if (process < 100) {
      process += 10
      // 递归调用绘制函数，在下一次 UI 渲染时进行绘制
      this.canvas.requestAnimationFrame(draw)
    } else {              // 当进度为 100（动画结束）时，将 cell 中的动画字段置空
      // 将 cell 数据复位
      for (let row of this.matrix) {
        for (let cell of row) {
          cell.newStatus(false)
          cell.moveStep = 0
        }
      }
    }
  }
  draw()
}
```

在每次进行 requestAnimationFrame()回调操作结束后，将 drawWithAnimation()函数中的 process 值加 10，当 process 增加到 100 时，则认为动画结束。动画结束时将 matrix 中的每个方块状态重置：将 isNew 设置为 false，将 moveStep 设置为 0。

最后，将 board.js 中调用 drawBoard()的函数替换为 drawWithAnimation()。再次进入小程序 IDE 查看效果，可以看到方块已经有了动画效果，其效果相比第 6 章有了大幅度的提升。

7.5.2 绘制新方块出现动画

现在新生成的方块还没有动画效果，比较突兀，下面在 drawCell()中进行改造。

这里为新方块的出现设计一个透明度变化的动画效果，在绘制新方块时，通过控制画笔的透明度来实现方块渐渐出现的动画，实现的方法为控制 context 的 globalAlpha 属性。具体代码如下：

```
context.globalAlpha = cell.isNew ? process * process : 1
```

这里使用 process*process 而不是 process，是为了让方块出现的曲线更陡峭，看上去动画效果更具动感。增加上面的逻辑后，再次进入小程序测试，可以看到，我们的 2048 游戏已经有了非常好的动画效果，这是在第 6 章中使用原生 UI 组件难以实现的。

除此之外，我们还可以增加更多想要的效果，例如为消失的方块增加消失的动画效果等。读者不妨发挥自己的想象力，实现更丰富的动画效果。

7.6 本章小结

本章首先介绍了在小程序开发中 canvas 的基本使用方法，然后介绍了 canvas 常用的绘图 API 及其应用。在介绍了小程序开发中的 canvas 绘图技巧后，我们使用 canvas 组件重构了第 6 章的 2048 小游戏，得到了更好的游戏体验。发挥自己的想象力用 canvas 绘图是一件非常有乐趣的事，希望读者也能喜欢本章绘制出的动画效果。

第 8 章　音乐小程序（上）

本章和第 9 章的目标是实现一个完整功能的音乐小程序，其首页效果如图 8-1 所示。

图 8-1　效果展示

小程序的功能包括歌单查看、歌曲播放、MV 查看、电台详情查看、电台节目播放及排行榜查看等。因为项目功能较多，我们会将该项目分解，按小程序页面分两章进行讲解。本章重心将放在主页的开发上。由图 8-1 可以看到，主页分为 4 个 tab 页面，本章将实现它们。

第 9 章中，我们会实现从首页的各个 tab 跳转到的其他页面，如歌单详情页、音乐播放页、MV 播放页、电台详情页及电台节目播放页等。

下面将开始实际功能的实现。对于每一部分的讲解，大致步骤均为：

（1）基本文件结构搭建。

（2）后端接口的调用和封装。

（3）页面布局和功能实现。

8.1　准 备 工 作

本项目的数据来源为 GitHub 上开源的音乐 API。在开发阶段，可以通过在本地计算机启动一个后端服务，进行小程序的本地开发。

本书会专注于讲解小程序部分的内容，对于后端 API 仅介绍如何使用。

8.1.1　启动后端服务

首先我们需要获取后端服务的代码。可通过下载 zip 包或 git clone 的方式获取后端项目的代码。zip 包可通过访问页面 https://github.com/sqaiyan/netmusic-node 进行下载，git clone 可通过 git clone https://github.com/sqaiyan/netmusic-node.git 命令将项目克隆到本地。

获取代码后，以命令行方式进入代码目录，执行 node app.js 命令即可启动后台 API 服务。当在命令行中看到“启动 App”字样时，就表明后台服务已经启动成功。

启动成功后，可以通过访问 http://localhost:3000 进行测试。

为了测试后端服务能否获取正确的数据，可以使用 postman 软件或命令行工具 curl 进行测试。

下面以首页“个性推荐”tab 展示的个性化歌单数据为例，使用 curl 工具测试接口是否能返回正确的数据。

简单介绍一下 curl 命令的使用方式。以本项目为例，访问个性化歌单接口的 curl 命令如下：

```
curl -X GET http://localhost:3000/v1/personalized
```

-X 参数用于指定 HTTP 请求的 Method，这里使用的是 GET 方式，GET 后跟随的是请求 API 的地址。我们的后端项目启动在 3000 端口，数据的具体路径为/v1/personalized，故完整的网络请求地址为 http://localhost:3000/v1/personalized。

执行上面的命令后，可以在命令行看到输出了对应的数据。对该 API 请求返回的具体结构暂时不展开解释，后面会具体讲解各个请求的返回结构。现在只需要知道本地能够成功地从后端接口获取数据即可。

8.1.2　创建小程序前端项目

前端部分依然使用本书第 2 章构建的模板初始化本章的项目。因为本章项目结构较为复杂，在开始讲解前，我们先了解一下项目的完整目录结构，以便对项目有一个整体的印象。

项目的外层文件主要是用于工程化开发的脚本和配置，第 2 章已经详细讲解过，这里主要讲解 src 目录下的结构划分。

在项目根目录下使用 tree 命令可以方便地查看其整体结构，使用 tree src -L 2 查看代码的目录结构，显示如下：

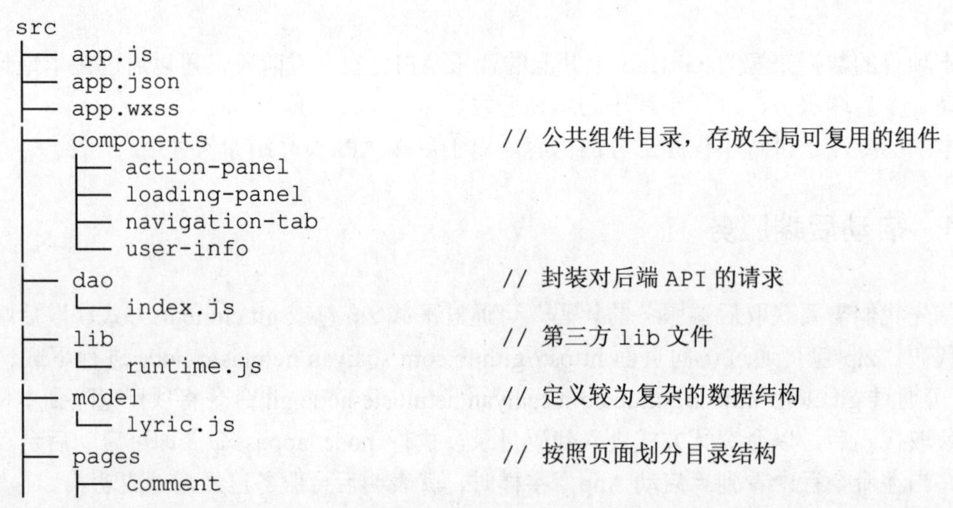

```
src
├── app.js
├── app.json
├── app.wxss
├── components                  // 公共组件目录，存放全局可复用的组件
│   ├── action-panel
│   ├── loading-panel
│   ├── navigation-tab
│   └── user-info
├── dao                         // 封装对后端 API 的请求
│   └── index.js
├── lib                         // 第三方 lib 文件
│   └── runtime.js
├── model                       // 定义较为复杂的数据结构
│   └── lyric.js
├── pages                       // 按照页面划分目录结构
│   ├── comment
```

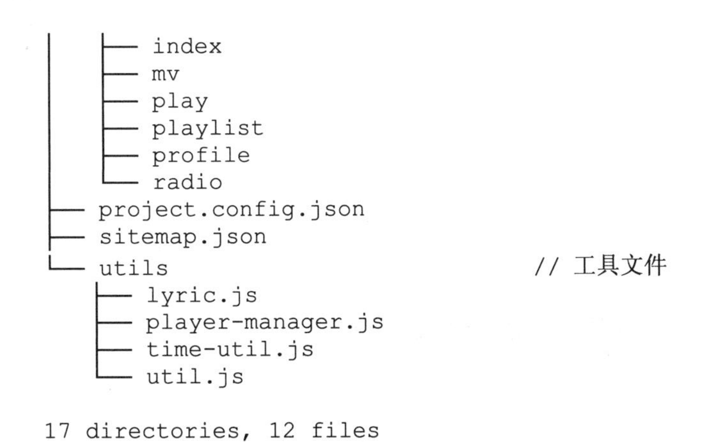

```
│    ├── index
│    ├── mv
│    ├── play
│    ├── playlist
│    ├── profile
│    └── radio
├── project.config.json
├── sitemap.json
└── utils                              // 工具文件
    ├── lyric.js
    ├── player-manager.js
    ├── time-util.js
    └── util.js

17 directories, 12 files
```

注意：本章中用到的许多图片资源均可在本章项目代码中找到。

上面的目录结构中，src/components 存放的是全局可复用的 component。而对于每个页面而言，为了代码的可维护性也会拆分出许多的 component，这些 component 往往不能和其他页面复用，所以这些 component 会放在当前页面的目录下。以主页为例，其目录下可再多建立一层文件夹，用于存放仅该页面会用到的组件。可以看到，我们为主页下每个 tab 都新建了一个组件，以便拆分首页复杂的业务逻辑。

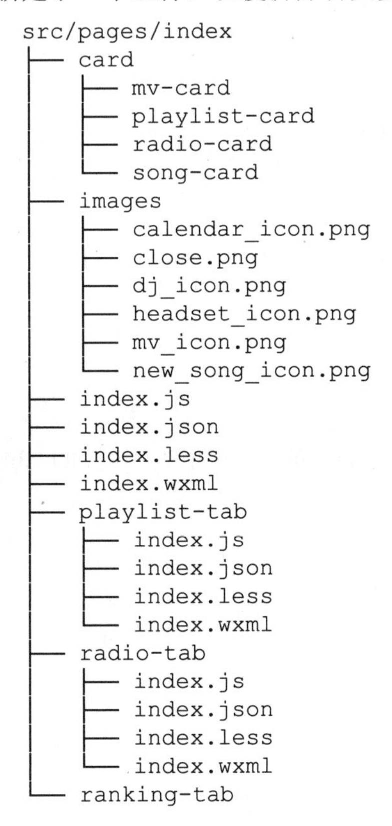

```
src/pages/index
├── card
│   ├── mv-card
│   ├── playlist-card
│   ├── radio-card
│   └── song-card
├── images
│   ├── calendar_icon.png
│   ├── close.png
│   ├── dj_icon.png
│   ├── headset_icon.png
│   ├── mv_icon.png
│   └── new_song_icon.png
├── index.js
├── index.json
├── index.less
├── index.wxml
├── playlist-tab
│   ├── index.js
│   ├── index.json
│   ├── index.less
│   └── index.wxml
├── radio-tab
│   ├── index.js
│   ├── index.json
│   ├── index.less
│   └── index.wxml
└── ranking-tab
```

```
├── index.js
├── index.json
├── index.less
└── index.wxml

9 directories, 22 files
```

对项目的整体结构有了大致的印象后，现在正式开始小程序的功能开发。

8.2　主页面基本框架搭建

本章着重介绍首页的开发，因为首页的 UI 元素和逻辑较为复杂，本节我们先将首页的整体框架搭建起来，并对其进行逻辑划分，以便后续分块开发。

首页的整体布局如图 8-1 所示，其顶部有 4 个 tab，分别为“个性推荐”“歌单”“主播电台”“排行榜”，通过点击上方的按钮可以切换到各个 tab 的具体内容。

按组件开发的思路，自然会想到将顶栏 tab 拆分为一个组件。4 个 tab 的具体内容拆分为 4 个组件，通过主页面 Page 将组件间的状态关联起来。

下面来实现顶栏 tab 组件及其下方 UI 内容显示控制部分的逻辑。

8.2.1　静态顶部 tab 的实现

首先分析顶栏 tab 的功能。我们需要在用户点击 tab 时，通知 Page 进行 tab UI 的切换，所以顶栏组件需要在点击时抛出 tab 点击事件。另外，顶栏组件需要保存当前选中的 tab，并将其高亮显示。

创建 src/pages/index/navigation-tab 目录，并创建 component 的 4 个基本文件，如下：

```
src/pages/index/navigation-tab
├── index.js
├── index.json
├── index.less
└── index.wxml
```

首先修改 WXML 文件，通过 wx:for="{{tabList}}"将 tab 列表渲染出来。这里的 tabList 变量来自 JavaScript 代码中定义好的数据。

```
{
    id: 'recommend',
    title: '个性推荐',
},
{
    id: 'playlist',
    title: '歌单',
},
{
    id: 'radio',
```

```
    title: '主播电台',
  },
  {
    id: 'ranking',
    title: '排行榜',
  }
```

这样一来就完成了基本 tab 内容的渲染。接下来在 JavaScript 中定义一个变量用于保存当前选中的 tabId，具体代码如下：

```
activeTabId: 'recommend'
```

在 WXML 中，判断 tab 的 ID 是否为 activeTabId，如果是，则为其添加 active 的 class 以展示出被选中的效果。

完成上述逻辑后进入小程序 IDE 查看效果，能够看到 4 个 tab 的名字被简单地罗列了出来。下面为其编写样式文件以使 4 个 tab 横向排布，且宽度一致。使用横向的 flex 布局，通过设置其子元素 flex:1 来保证宽度一致。具体样式代码如下：

```
.navigation-tab {
  display: flex;
  align-items: center;
  justify-content: stretch;

  .tab-item {
    flex: 1;
    font-size: 32rpx;

    .tab-title {
      display: inline-block;
      width: 100%;
      height: 100%;
      text-align: center;
      vertical-align: middle;
      padding-bottom: 8rpx;
    }

    &.active {
      .tab-title {
        border-bottom: 4rpx solid red;
        color: red;
      }
    }
  }
}
```

注意： 对于 active 的 tab，要为其增加红色的下边框，并设置字体颜色为红色以凸显其被选中的效果。

为了查看当前组件的效果，我们进入 index 页面，引用该组件以便查看其展示效果。要使用该组件，首先需要在 index 页面的 JSON 配置文件中声明对 navigation-tab 组件的引用，具体代码如下：

```
{
  "navigationBarTitleText": "首页",
  "usingComponents": {
    "navigation-tab": "./navigation-tab/index"
  }
```

声明引用后，便可在 index 页面的 WXML 中使用该组件，具体代码如下：

```
<view class="container">
  <navigation-tab bind:change-tab="onChangeTab">
</navigation-tab>
</view>
```

完成上述改动后，进入小程序 IDE 查看目前 navigation-bar 的效果，如图 8-2 所示。

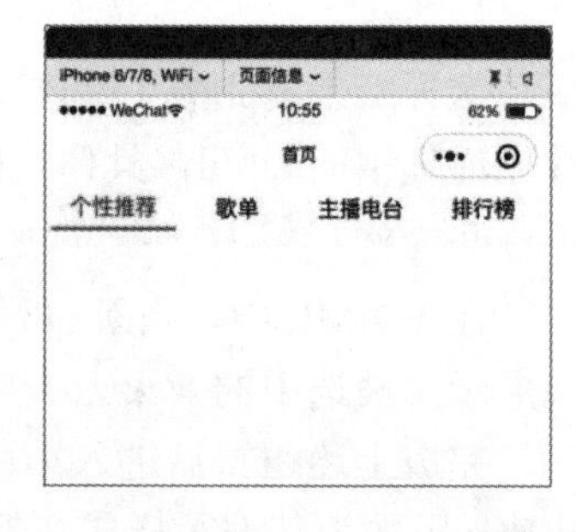

图 8-2　navigation-bar 效果展示

8.2.2　tab 动态切换的实现

目前 navigation-bar 的 UI 布局和样式已经实现，但是实际的点击切换功能还未实现。下面来实现点击切换 tab 的逻辑。

切换 tab 的逻辑分为两步。第一步是更新 navigation-bar 中保存的 selectedTabId 变量，以刷新 UI 上被选中的 tab；第二步是在 navigation-bar 组件中抛出 tab 切换事件，让 index 页面能够根据该事件切换下方展示的具体内容。

按照上面拆分的步骤，下面来分步实现。首先为每个 tab 绑定点击事件：bindtap="onClickTab"。在 tab 被点击时，通过 setData()更新被选中的 tab。具体代码如下：

```
methods: {
  onClickTab(event) {                  // 点击 tab 的回调函数
    // 从 event 中获取当前点击 tab
    const tabItem = event.currentTarget.dataset['tab']
    this.setData({                     // 更新点击 tab 的 ID 为当前 activeTabId
      activeTabId: tabItem.id
    })
  }
}
```

增加切换 tab 逻辑后，进入小程序 IDE，点击不同的 tab 进行测试，可以看到被点击的 tab 会切换为选中状态。

下一步需要在 navigation-bar 组件中抛出切换 tab 事件，并在 index 页面中对该事件进行处理。在组件中抛出事件需要调用小程序提供的 triggerEvent()函数，该函数的第一个参数为事件名称，第二个参数为具体的事件内容。

```
onClickTab(event) {                                    // 点击 tab 的回调函数
  // 从 event 中获取当前点击 tab
  const tabItem = event.currentTarget.dataset['tab']
```

```
    this.setData({                    // 更新点击 tab 的 ID 为当前 activeTabId
      activeTabId: tabItem.id
    })
    this.triggerEvent('change-tab', tabItem.id)  // 抛出 tab 切换事件
  }
```

对于抛出的 event，可在 WXML 中注册处理函数进行处理。来到 index 页面的 WXML 代码中，对 change-tab 事件绑定处理函数。通过 bind:前缀，加上 eventName 即可为事件绑定处理函数。具体格式如下：

```
<navigation-tab bind:change-tab="onChangeTab"></navigation-tab>
```

下面需要思考在 index 页面中如何处理该事件。和 navigation-tab 类似，index 页面中同样需要保存当前选中的 tabId，并在 WXML 中根据 tabId 展示不同的 tab 内容。下面是 index 页面中的 JavaScript 逻辑部分处理。

```
const regeneratorRuntime = require('../../lib/runtime'); // eslint-disable-
line

const dao = require('../../dao/index')

Page({
  data: {
    currentTabId: 'recommend'             // 保存当前选中 tab 的 ID
  },
  onLoad() {
  },
  onChangeTab(e) {
    const tabId = e.detail
    this.setData({
      currentTabId: tabId
    })
  }
})
```

和 navigtabion-tab 一样，index 页面中默认选中 ID 为 recommend 的 tab。在 tab 变化的回调函数 onChangeTab()中，通过 setData()更新当前选中的 tab 的 ID。接下来在 WXML 中，根据 tab 的 ID 展示不同的 tab 内容。

```
<view class="container">
  <navigation-tab bind:change-tab="onChangeTab"></navigation-tab>
  <!-- 根据 currentTabId 判断当前 tab 内容是否展示 -->
  <view class="content recommend-tab"
        hidden="{{currentTabId !== 'recommend'}}">
    <!-- <recommend-tab></recommend-tab>-->
    recommend tab
  </view>

  <view class="content playlist-tab"
        hidden="{{currentTabId !== 'playlist'}}">
```

```
    <!-- <playlist-tab></playlist-tab>-->
    playlist tab
  </view>

  <view class="content radio-tab"
        hidden="{{currentTabId !== 'radio'}}">
    <!-- <radio-tab></radio-tab>-->
    radio tab
  </view>

  <view class="content ranking-tab"
        hidden="{{currentTabId !== 'ranking'}}">
    <!-- <ranking-tab></ranking-tab>-->
    ranking tab
  </view>
</view>
```

注意这里通过动态变更 class 的方式控制内容的显示和隐藏，而不是通过 wx:if 的方式进行控制。这样做是因为通过 wx:if 的方式控制组件显示和隐藏会涉及组件的销毁和重建，而组件的销毁和重建对性能消耗较大，并且点击切换 tab 是一个较为频繁的操作，使用 wx:if 势必会影响用户体验。

有过 Vue 编程经验的读者应该能联想到，这就类似于 Vue 中 v-if 和 v-show 的区别。当一个组件的显示状态不会经常改变时，使用 v-if 能节约 Dom 节点。但当组件的显示状态会频繁变化时，使用 v-show 则有更好的用户体验。

我们将首页的 4 个 tab 拆分为 4 个单独的组件，后面章节中将依次实现这 4 个 tab。不过本节中我们暂时在 WXML 中使用纯文本来替代这 4 个 tab 的内容，并在小程序 IDE 中查看切换效果，如图 8-3 所示。

图 8-3　tab 切换效果展示

在小程序 IDE 中点击不同的 tab，能够看到下方文本正确地切换，这就表明 tab 内容切换逻辑已经正确实现。

8.3　“个性推荐”tab

8.2 节中，我们完成了基本 UI 框架的搭建，从本节开始将进行具体内容的开发。本节首先来实现“个性推荐”tab 的功能。该 tab 下的内容分为 4 个部分：推荐歌单、最新音乐、推荐 MV 和主播电台。

这 4 个部分的布局较为类似，都是卡片列表的布局结构，且歌单卡片和 MV 卡片在其他页面也有出现。为了方便后续其他页面的开发，我们会将该 tab 页面中的卡片抽取为单独的组件。

8.3.1　搭建基本结构

首先来搭建“个性推荐”tab 组件的基本文件结构，创建 recommend-tab 目录结构，如下：

```
src/pages/index/recommend-tab
├── index.js
├── index.json
├── index.less
└── index.wxml
```

在 WXML 代码中，搭建由上至下的基本 UI 框架，依次排列出 4 个板块的基本内容框架，具体代码如下：

```
<view class="recommend-tab">

  <!-- 推荐歌单-->
  <view class="recommend-panel">
    <view class="top-title">
      <image src="../images/calendar_icon.png"></image>
      <text class="recommend-title">推荐歌单</text>
      <view class="placeholder"></view>
    </view>
    <view class="card-list">
    </view>
  </view>

  <!-- 最新音乐-->
  <view class="recommend-panel">
    <view class="top-title">
      <image src="../images/new_song_icon.png"></image>
      <text class="recommend-title">最新音乐</text>
      <view class="placeholder"></view>
    </view>
    <view class="card-list">
    </view>
  </view>

  <!-- 推荐 MV-->
  <view class="recommend-panel">
    <view class="top-title">
      <image src="../images/mv_icon.png"></image>
      <text class="recommend-title">推荐 MV</text>
      <view class="placeholder"></view>
    </view>
    <view class="card-list">
    </view>
  </view>

  <!-- 主播电台-->
  <view class="recommend-panel">
```

```
    <view class="top-title">
      <image src="../images/dj_icon.png"></image>
      <text class="recommend-title">主播电台</text>
      <view class="placeholder"></view>
    </view>
    <view class="card-list">
    </view>
  </view>
</view>
```

注意观察该页面 4 个部分的 UI 设计，可以看出每个部分的顶栏布局是一致的，只是标题和图标不同，所以对 4 个部分的顶栏使用同样的 class 进行修饰。

顶栏部分通过横向的 flex 布局，将顶栏内容的排布设置为从左到右，限制图片尺寸为 36rpx。具体代码如下：

```
.recommend-tab{

  .recommend-panel {
    margin-top: 32rpx;

     .top-title {
      display: flex;
      align-items: center;
      justify-content: flex-start;
      font-size: 28rpx;

      image {
        width: 36rpx;
        height: 36rpx;
      }

      .recommend-title{
        margin-left: 4px;
      }
    }
  }
}
```

注意： 如果能提前确定小程序中的 image 标签的大小，最好直接在 CSS 中设置其宽度和高度，避免通过 mode=widthFix 这种方式动态计算宽度和高度，这种方式容易造成页面初始加载时图片长宽比异常，影响用户体验。

完成上述修改后进入小程序 IDE 查看效果，可以看到基本的内容结构已经出现，如图 8-4 所示。下面开始分块填充内容。

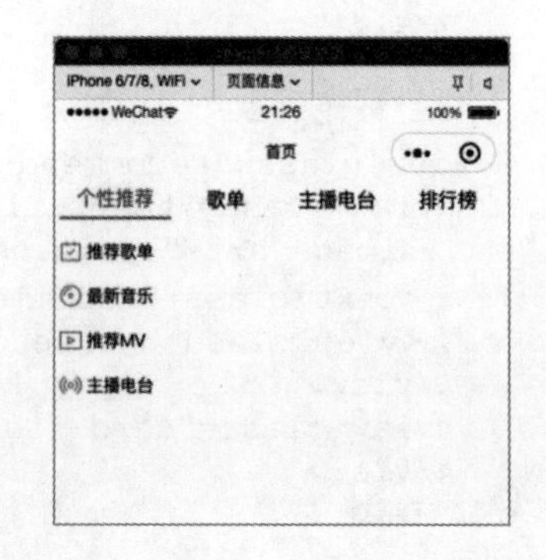

图 8-4　个性推荐 tab 基本内容框架搭建

8.3.2 “推荐歌单”部分的实现

要展示歌单列表，必然得从后台获取歌单数据。获取推荐歌单的 API 为 baseUrl/personalized。

本章开始时，我们尝试过使用 curl 命令对该接口进行测试，具体代码如下：

```
curl  -X GET http://localhost:3000/v1/personalized
```

因为在命令行中查看返回的数据十分不便，因此可以在小程序中创建一个调用后端 API 的函数进行测试，并在小程序 IDE 的 Network 面板中查看数据。

我们将所有和后端交互的函数放在一个文件中以便管理，因此创建如下文件：

```
src/dao/index.js
```

在该文件中，创建一个名为 getRecommendPlaylists()的函数用于获取推荐的歌单，具体代码如下：

```
async function getRecommendPlaylists() {
}
```

因为这里涉及网络请求，我们将函数声明为异步函数以方便调用。在该函数中，我们调用后端的 API，并对返回的结果进行处理后返回给调用方。在小程序中进行网络请求的接口为 wx.request。下面是具体的代码实现。

```
const regeneratorRuntime = require('../lib/runtime'); // eslint-disable-
line

const BASE_URL = `http://localhost:3000/v1/`        // 基本的 URL 前缀

async function getRecommendPlaylists() {            // 获取推荐歌单列表
  return new Promise((resolve, reject) => {
    wx.request({                                     // 向后台发出网络请求
      url: BASE_URL + 'personalized',
      data: {cookie: ''},
      success: function (res) {                      // 请求成功回调函数
        resolve(res.data.result)
      }
    })
  })
}
```

注意：这里用到了 async 语法，需要引入 runtime lib。

接下来打开 recommend-tab 的 JavaScript 代码文件，在组件的初始化回调函数 attached 中对 getRecommendPlaylists()函数进行调用。调用后进入小程序 IDE 的 Network 面板查看请求的结果，如图 8-5 所示。

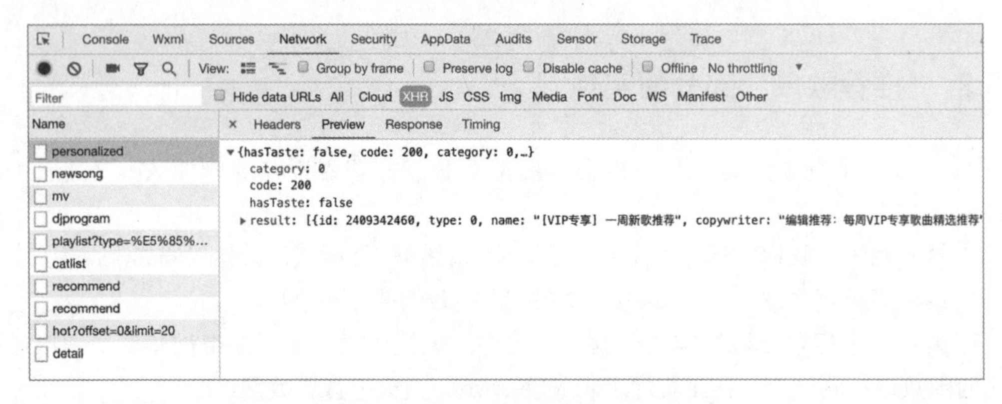

图 8-5　获取推荐歌单网络请求展示

后端返回的数据中最外层的 code 字段表示的是业务逻辑的返回码，其他字段是我们需要的数据字段。getRecommendPlaylists()函数通过 resolve(res.data.result)将需要的数据字段进行返回。

有了获取数据的接口，接下来在 recommend-tab 的 JavaScript 逻辑中，当进行组件初始化时拉取推荐歌单的数据。具体代码如下：

```
const regeneratorRuntime = require('../../../lib/runtime'); // eslint-
disable-line
const dao = require('../../../dao/index')

Component({
  data: {
    loading: true,                              // 页面是否在加载中
    playlists: [],                              // 推荐歌单
    newSongList: [],                            // 最新音乐
    mvList: [],                                 // 推荐 MV
    djList: [],                                 // 主播电台
  },
  lifetimes: {
    attached() {
      this.initData()                           // 初始化数据
    }
  },
  methods: {
    async initData() {
      try {
        const playlists = await dao.getRecommendPlaylists() // 获取歌单数据
        this.setData({
          loading: false,
          playlists: playlists.slice(0, 6),     // 展示前 6 个歌单卡片
        })
      } catch (e) {                             // 数据获取失败的提示
        wx.showToast({
          icon: 'none',
          duration: 1500,
```

```
          title: '获取数据失败，请稍后重试'
        });
      }
    },
  },
})
```

注意：data 中的 playlists、newSongList、mvList 和 djList 分别对应页面上的推荐歌单、最新音乐、推荐 MV 和主播电台。这里我们首先处理推荐歌单。

获取数据后，通过 setData()将数据更新到视图层。接下来便可以在 WXML 中使用数据将 UI 渲染出来。

因为歌单卡片在后续的其他页面中也会用到，这里将其抽取为一个单独的组件，并命名为 playlist-card。新建如下的 playlist-card 目录结构：

```
src/components/card/playlist-card
├── images
│   └── headset_icon.png
├── index.js
├── index.json
├── index.less
└── index.wxml

1 directory, 5 files
```

注意：这里需要用到的一个图片文件，也放置在当前目录下。

在 recommend-tab 组件的 JSON 配置文件中引用 playlist-card 组件，代码如下：

```
{
  "component": true,
  "usingComponents": {
    "playlist-card": "/components/card/playlist-card/index"
  }
}
```

在 recommend-tab 的 WXML 中使用 wx:for 渲染歌单卡片列表。注意，这里渲染歌单卡片列表的同时在外层包裹一个 navigator 的跳转，跳转 URL 为 pages/playlist/index。具体代码如下：

```
<!-- 推荐歌单-->
<view class="recommend-panel">
  <view class="top-title">
    <image src="../images/calendar_icon.png"></image>
    <text class="recommend-title">推荐歌单</text>
  </view>
  <view class="card-list">
    <navigator wx:for="{{playlists}}"
              wx:for-item="playlist"
              wx:key="index"
              class="card"
              url="/pages/playlist/index?playlistId={{playlist.id}}">
```

```
        <playlist-card
              playlist="{{playlist}}">
        </playlist-card>
      </navigator>
    </view>
  </view>
```

注意：pages/playlist/index 对应的是歌单详情页面，后面的章节会实现该页面。

现在，我们已经成功将 playlist-card 和 recommend-tab 的推荐歌单数据关联了起来，但是目前还没有实现 playlist-card 组件，所以页面依然显示的是空态。下面来实现 playlist-card 组件，填充真实歌单的内容。

首先来分析一下，一个歌单卡片对应显示的数据有哪些字段。

```
{
  "id": 2434388371,
  "type": 0,
  "name": "优质的翻唱男声",
  "copywriter": "热门推荐",
  "picUrl": "http://p1.music.126.net/TUBlMnKtrTmtyK3T0up3JA==/1099511647
12687908.jpg",
  "canDislike": true,
  "trackNumberUpdateTime": 1583921333485,
  "playCount": 295002,
  "trackCount": 88,
  "highQuality": false,
  "alg": "cityLevel_unknow"
}
```

上面的数据对应到 UI 上需要用到的字段有 playCount（收听量）、picUrl（封面图）和 name（标题），如图 8-6 所示。

拆分 UI 和数据之间的映射后，下面来着手实现。首先在 recommend-tab 中使用 wx:for 渲染，传递给每个 playlist-card 组件 playlist="{{playlist}}"属性，我们要在 playlist-card 的 properties 中接收该属性。除了 playlist 属性外，还需要声明一个 showBottomTitle 属性，用来控制是否限制底部的 title，该属性默认是 true。该属性用来在其他页面使用该卡片时可选择是否展示底部的 title。具体代码如下：

```
Component({
  properties: {
    playlist: {            // 歌单数据
      type: Object
    },
    showBottomTitle: {  // 是否显示底部的 title
      type: Boolean,
      value: true,
    }
  },
```

图 8-6　playlist-card 组件 UI 分析

```
  data: {},
  methods: {},
  lifetimes: {}
})
```

获得 property 后，我们在 WXML 中按照前面分析的映射关系将数据渲染出来。具体代码如下：

```
<view class="card">
  <view class="square">
    <image src="{{playlist.picUrl || playlist.coverImgUrl}}?param=200y200"
          class="cover-img"></image>

    <view class="top-right-title">
      <image class="count-icon" src="./images/headset_icon.png"></image>
      {{playlist.playCount}}
    </view>
  </view>

  <text class="title" wx-if="{{showBottomTitle}}">{{playlist.name}}</text>
</view>
```

注意：上面的 WXML 代码中，image 标签的 src 为{{playlist.picUrl || playlist.coverImgUrl}}，这是因为某些歌单的 picUrl 字段可能为空，这时可以使用 coverImgUrl 作为封面图。

卡片上方的播放量数字背景是渐变色，可以使用 CSS 中的 linear-gradient 属性来实现。当 linear-gradient 参数数目为 3 时，三个参数的含义分别为旋转角度、起始颜色和结束颜色。默认渐变方向是由上至下，但这里想要的渐变效果为从左到右，所以需要将渐变旋转 90°，渐变颜色设置为从透明变为浅黑色。具体的 CSS 代码如下：

```
.top-right-title{
  position: absolute;
  top: 0;
  right: 0;
  color: white;
  background-image: linear-gradient(90deg, rgba(0,0,0,0),rgba(0,0,0,.2));
  font-size: 24rpx;
  padding: 2px 4px 2px 4px;

  .count-icon{
    width: 12px;
    height: 12px;
  }
}
```

另外，为了保证卡片封面图为正方形，需要为 image 的父级标签增加 square class，并将封面图 image 标签的宽度和高度设置为 100%。下面是 playlist-card 的完整 CSS 样式代码。

```
.square {
  width: 100%;
  height: 0;
  padding-bottom: 100%;
  position: relative;
```

```
}

.card {
  display: flex;
  flex-direction: column;
  position: relative;

  .cover-img {
    position: absolute;
    left: 0;
    top: 0;
    width: 100%;
    height: 100%;
  }

  .title{
    font-size: 26rpx;
    color: #666;
  }

  .top-right-title{
    position: absolute;
    top: 0;
    right: 0;
    color: white;
    background-image: linear-gradient(90deg, rgba(0,0,0,0),rgba(0,0,0,.2));
    font-size: 24rpx;
    padding: 2px 4px 2px 4px;

    .count-icon{
      width: 12px;
      height: 12px;
    }
  }

}
```

现在已经完成了歌单卡片组件的编写，并在recommend-tab的推荐歌单部分使用了该组件。进入IDE查看展示效果，如图8-7所示。

可以看到，卡片的基本样式符合预期，只是卡片的大小和排布比较杂乱。回到recommend-tab组件中，为卡片列表增加card-list的class，修改其布局为flex的横向布局，并支持换行，通过设置其子卡片宽度为32%，以保证每行有且仅有三个卡片。具体代码如下：

```
.card-list {
  display: flex;
  flex-wrap: wrap;
  justify-content: space-between;
  margin-top: 16rpx;

  .card {
    margin-top: 8rpx;
    width: 32%;
  }
}
```

完成上述调整后，再次进入小程序 IDE 查看效果，可以看到“推荐歌单”部分的 UI 效果已经达到预期，如图 8-8 所示。

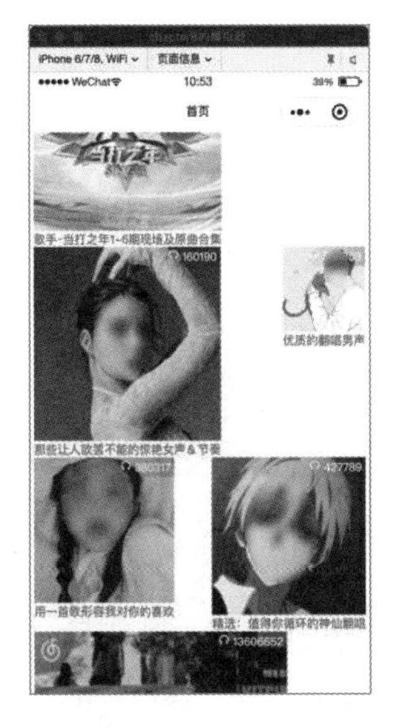

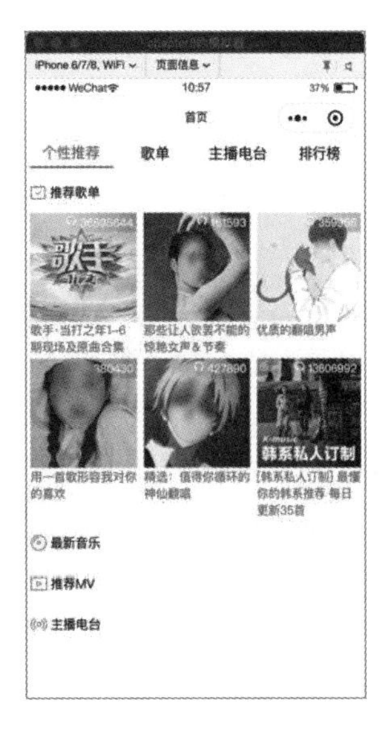

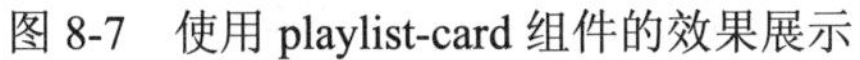

图 8-7　使用 playlist-card 组件的效果展示　　　　图 8-8　增加宽度限制后的效果

8.3.3 “最新音乐”部分的实现

最新音乐部分和推荐歌单部分的开发流程类似，同样是拉取列表数据、抽取列表卡片组件和完成卡片组件 UI 渲染。

首先完成获取音乐列表数据的逻辑，在 dao.js 中增加拉取音乐列表数据的函数 getRecommendNewSong()。该函数向 personalized/newsong()接口发出请求，获取推荐的音乐列表，具体代码如下：

```
async function getRecommendNewSong() {      // 获取最新音乐数据
  return new Promise((resolve, reject) => {
    wx.request({
      url: BASE_URL + 'personalized/newsong',
      data: {cookie: ''},
      success: function (res) {             // 网络请求成功执行的回调函数
        resolve(res.data.result)            // 将返回数据中的 result 字段
      }
    })
  })
}

module.exports = {
  getRecommendPlaylists,
  getRecommendNewSong,
}
```

接下来对 recommend-tab 的 initData()函数进行调整，增加对拉取音乐列表函数 getRecommendNewSong()的调用。

```
async initData() {
  try {
    // 获取推荐歌单数据
    const playlists = await dao.getRecommendPlaylists()
    const newSongList = await dao.getRecommendNewSong() // 获取最新音乐数据
    this.setData({                                    // 更新 data 中的数据
      loading: false,
      playlists: playlists.slice(0, 6),
      newSongList: newSongList.slice(0,6),
    })
  } catch (e) {                                       // 数据获取失败的提示
    wx.showToast({
      icon: 'none',
      duration: 1500,
      title: '获取数据失败，请稍后重试'
    });
  }
},
```

获得数据后开始下一步，即抽取列表卡组件。和之前一样，我们将歌曲卡片抽取为一个单独的组件以方便后续代码复用。其目录结构如下：

```
src/components/card/song-card
├── index.js
├── index.json
├── index.less
└── index.wxml

0 directories, 4 files
```

创建好组件后在 recommend-tab 中引用 song-card 组件。打开 recommend-tab 的配置文件，增加对 song-card 组件的引用，具体代码如下：

```
{
  "component": true,
  "usingComponents": {
    "playlist-card": "/components/card/playlist-card/index",
    "song-card": "/components/card/song-card/index"
  }
}
```

在 WXML 中，通过列表渲染 song-card 组件填充内容。点击音乐卡片时会跳转至音乐播放页面，所以在卡片组件外层使用 navigator 实现该跳转逻辑。列表渲染时为 song-card 传递一个 song 属性，后续 song-card 组件便可以使用该数据进行 UI 渲染。具体代码如下：

```
<!-- 最新音乐-->
<view class="recommend-panel">
  <view class="top-title">
    <image src="../images/new_song_icon.png"></image>
    <text class="recommend-title">最新音乐</text>
  </view>
  <view class="card-list">
```

```
      <navigator wx:for="{{newSongList}}"
                 wx:for-item="song"
                 wx:key="index"
                 class="card"
                 url="/pages/play/index?songId={{song.id}}">
        <song-card song="{{song}}">
        </song-card>
      </navigator>
    </view>
  </view>
```

完成了对 recommend-tab 的改造后，来实现 song-card 组件。首先来看一个歌曲卡片接收的 song 属性的数据结构。

同样在小程序 IDE 的 Network 面板中，查看 URL 为 http://localhost:3000/v1/personalized/newsong 的网络请求，如图 8-9 所示。

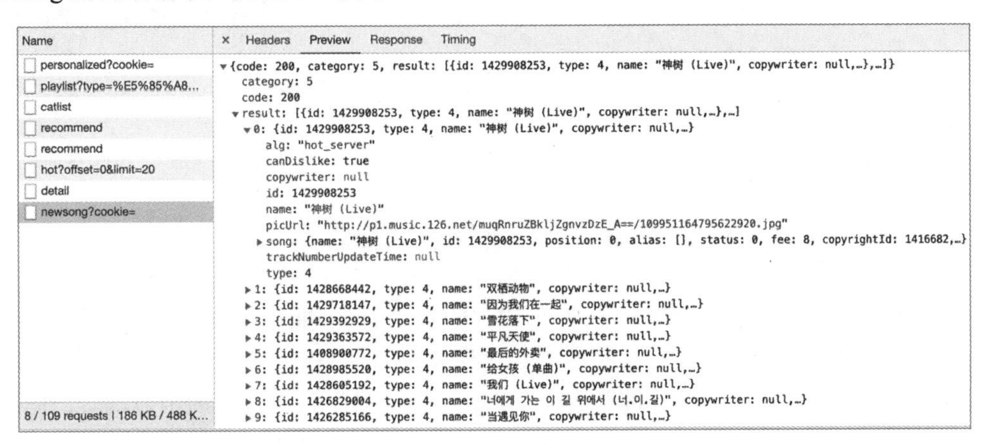

图 8-9　song-card 对应的数据展示

该数据字段较多，读者可自行在 IDE 中查看数据的具体字段。其中在本组件中会用到的主要有三个字段：song.picUrl（封面图链接）、song.song.name（歌曲名）和 song.song.artists[0].name（首位歌手名）。

打开 song-card 组件，在 JavaScript 代码中配置 properties 以接收 song 属性的数据，具体代码如下：

```
Component({
  properties: {
    song: {                           // 音乐数据
      type: Object,
      value: {}
    }
  }
})
```

获得数据后，便可开始在 WXML 中进行内容填充，具体代码如下：

```
<view class="card">
  <view class="square">
```

```
    <image src="{{song.picUrl}}?param=200y200"
           class="cover-img"></image>
  </view>

  <text   class="song-name">{{song.song.name}}
</text>
  <text class="artist-name">{{song.song.artists[0].
name}}</text>
</view>
```

图 8-10　最新音乐部分效果展示

注意： WXML 这两个 image 的 src 属性为 src="{{song.picUrl}}?param=200y200"。后缀“? param=200y200”是指从后端获取宽度和高度为 200 的图片，而不是原图，这样可以减小图片大小。song-card 的布局方式和 playlist-card 非常类似，这里就不再赘述样式代码的实现。

完成 song-card 组件的开发后进入小程序 IDE 便能看到最新音乐部分的效果，如图 8-10 所示。

8.3.4 “推荐 MV”和“主播电台”部分的实现

完成“推荐歌单”和“最新音乐”两部分的开发后，“推荐 MV”和“主播电台”部分想必读者已经能自行完成了。这里简略地讲解剩余两部分的实现过程。

依然在 dao.js 中增加拉取“推荐 MV”和“主播电台”列表数据的函数，其访问的后端接口分别为 personalized/mv 和 personalized/djprogram。代码如下：

```
async function getRecommendMV() {                // 获取推荐 MV 数据
  return new Promise((resolve, reject) => {
    wx.request({
      url: BASE_URL + 'personalized/mv',
      success: function (res) {                  // 网络请求成功执行的回调函数
        resolve(res.data.result)
      }
    })
  })
}

async function getRecommendDJ() {                // 获取主播电台数据
  return new Promise((resolve, reject) => {
    wx.request({
      url: BASE_URL + 'personalized/djprogram',
      success: function (res) {                  // 网络请求成功执行的回调函数
        resolve(res.data.result)
      }
    })
  })
}
```

```
module.exports = {
  getRecommendPlaylists,
  getRecommendNewSong,
  getRecommendMV,
  getRecommendDJ,
}
```

打开 recommend-tab 组件，增加对 getRecommendMV()和 getRecommendDJ()函数的引用，具体代码如下：

```
async initData() {
    try {
      const playlists = await dao.getRecommendPlaylists() // 获取推荐歌单
      const newSongList = await dao.getRecommendNewSong() // 获取最新音乐
      const mvList = await dao.getRecommendMV()           // 获取推荐 MV
      const djList = await dao.getRecommendDJ()           // 获取主播电台
      this.setData({                          // 将获取的数据更新到 data 中
        loading: false,
        playlists: playlists.slice(0, 6),
        newSongList: newSongList.slice(0, 6),
        mvList: mvList.slice(0, 6),
        djList: djList.slice(0, 6)
      })
    } catch (e) {                             // 数据获取失败的提示
      wx.showToast({
        icon: 'none',
        duration: 1500,
        title: '获取数据失败，请稍后重试'
      });
    }
  },
```

这样便获取了 recommend-tab 页面所需的所有数据。initData()函数连续发出了 4 个网络请求，并且都是通过 await 串行发出的，因此没有充分利用并行网络请求的优势。为了不等待 4 个网络请求结束，我们需要将这 4 个网络请求分别异步发出。

一种做法是不使用 await，所有的网络请求都异步发起，并在每个网络请求结束的回调函数中通过 setData()更新页面 UI。但这样做会触发 4 次 setData()函数的调用，而小程序中不建议频繁调用 setData()函数，这样会影响页面渲染的性能。

更好的做法是将 4 个网络请求并行发出，并等待 4 个网络请求全部结束后统一进行 setData()操作。这里用到了 Promise.all 接口，该请求也是一个异步请求，参数为 Promise 列表，返回结果为 Promise 结果的列表。优化后的代码如下：

```
async initData() {
  try {
    // 使用 Promise.all 并行发起多个网络请求
    const [playlists, newSongList, mvList, djList] = await Promise.all([
      dao.getRecommendPlaylists(),
      dao.getRecommendNewSong(),
      dao.getRecommendMV(),
      dao.getRecommendDJ()
```

```
      ])
      this.setData({                        // 将获取的数据更新到 data 中
        loading: false,
        playlists: playlists.slice(0,6),
        newSongList: newSongList.slice(0,6),
        mvList: mvList.slice(0,6),
        djList: djList.slice(0,6),
      })
    } catch (e) {                           // 数据获取失败的提示
      wx.showToast({
        icon: 'none',
        duration: 1500,
        title: '获取数据失败，请稍后重试'
      });
    }
  },
```

进入小程序 IDE 的 Network 面板，可以看到，4 个网络请求是并行发出的，达到了网络请求并行发出又不会重复调用 setData()的效果。读者在今后的小程序开发中可以使用这个小技巧来进行性能优化。

接下来和处理“推荐歌单”和“最新音乐”一样，我们创建 MV 卡片和电台卡片的组件 mv-card 和 radio-card。具体目录结构如下：

```
src/components/card/mv-card
├── index.js
├── index.json
├── index.less
└── index.wxml

0 directories, 4 files

src/components/card/radio-card
├── index.js
├── index.json
├── index.less
└── index.wxml

0 directories, 4 files
```

组件的具体实现方法和前面介绍的 playlist-card 和 song-card 的实现方式非常相似，这里不再重复讲解其实现过程。读者若是在开发过程中遇到问题，可以直接查看源代码。

另外，别忘了要在 recommend-tab 中声明对卡片组件的引用，否则小程序渲染引擎会将无法识别的标签渲染为空节点。

完成 4 个部分的开发后，进入小程序 IDE 查看效果，可以看到，recommend-tab 的基本展示已经全部实现，如图 8-11 所示。读者完成此步时若发现 UI 效果和截图有出

图 8-11　“个性推荐”tab 效果展示

入，则需要检查 CSS 样式的实现代码是否正确。

8.4 “歌单”tab

下面开始实现“歌单”tab。“歌单”tab 是按照类别展示歌单列表的，默认显示的是“全部歌单”分类，如图 8-12 所示。单击“全部类别”按钮可以呼出分类面板，并切换不同的分类。

本节首先实现基本的歌单列表展示，再实现切换分类部分的逻辑。

图 8-12　歌单 tab UI 元素分析

8.4.1 全部歌单列表实现

首先实现本部分数据获取的后端接口。在 dao.js 中创建函数 getPlaylistByCategory()，该函数接收三个参数：category（歌单类别）、offset（数据起始位置）和 limit（歌单数目）。category 参数用于表示当前拉取歌单列表的类别，因为该页面下拉到最底部时会加载更多歌单卡片，所以需要通过控制 offset 和 limit 实现前后端交互时列表数据分页的效果，具体代码如下：

```
// 根据歌单类别获取歌单列表
async function getPlaylistByCategory(category, offset, limit) {
  return new Promise((resolve => {
    wx.request({
      url: BASE_URL + 'top/playlist',
      data: {                         // 传递给后台的数据
        type: category,               // 歌单分类
        offset,                       // 列表偏移量
        limit                         // 一次拉取数目
      },
      success(res) {                  // 网络请求成功执行的回调函数
        resolve(res.data)
      }
    })
  }))
}
```

进入小程序 IDE 的 Network 面板，可以看到歌单列表的数据结构，如图 8-13 所示。其数据结构大致如下：

```
cat: "全部歌单"                       // 分类名
code: 200                             // 请求处理结果返回码
```

```
more: true                                  // 列表是否拉取结束
playlists: []                               // 当前拉取的歌单列表
total: 1301                                 // 歌单总数
```

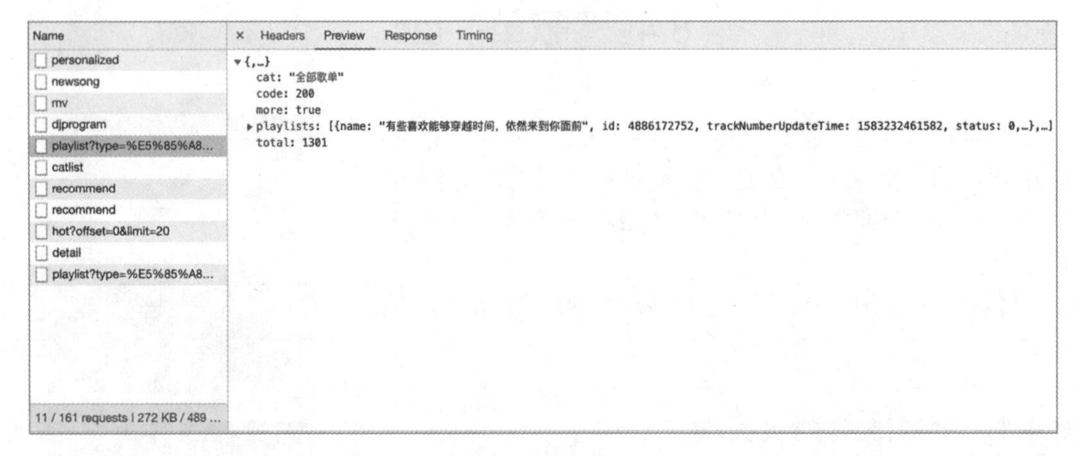

图 8-13　歌单数据展示

读者如果有桌面 Web 应用的开发经验，应该知道 total 字段可用来计算并展示数据的总页数。通过展示当前列表一共有多少页，方便用户快速翻页。小程序开发中，因为页面较小，不方便进行分页展示，一般通过下拉到底后自动加载下一页实现。当列表拉取到最后一页时，后台返回的 more 字段会变为 false，可以通过 more 字段判断列表是否拉取结束。

playlist 的具体内容和前一个 recommend-tab 的歌单列表相同，渲染歌单卡片可复用之前的 playlist-card 组件。

分析完后端返回的数据，现在开始实现具体功能。首先到 playlist-tab 组件的 JavaScript 文件中调用拉取歌单数据的 getPlaylistByCategory()函数。因为后续需要实现下拉继续加载的逻辑，我们需要在 data 中保存的数据为当前拉取的 offset 以及歌曲列表是否已经全部拉取的标志。

```
data: {
  hasMore: true,                            // 用于判断是否拉取结束
  playlists: [],                            // 歌单列表
  offset: 0,                                // 当前歌单列表偏移量
  // 歌单分类
  selectedCategory: '全部歌单'
},
```

拉取歌单列表的函数声明为 fetchPlaylist()。注意，在对请求的返回值进行处理时，需要将当前的歌单列表 this.data.playlists 和新拉取的 response.playlists 拼接起来，并且要更新当前的 offset，这样当下次调用 fetchPlaylist()函数时才能继续拉取后面的歌单列表。具体代码如下：

```
async fetchPlaylist() {
  try {
    // 根据类别获取歌单列表
```

```
        const  response  =  await  dao.getPlaylistByCategory(this.data.
selectedCategory, this.data.offset, LIMIT)
        const newPlaylists = response.playlists
        const newData = {
          hasMore: response['more'],
        }
        if (newPlaylists) {       // 如果拉取到的歌单列表不为空,则更新歌单列表数据
          // 拼接新旧歌单列表
          newData.playlists = this.data.playlists.concat(newPlaylists)
          this.data.offset = newData.playlists.length        // 更新 offset
        }
        this.setData(newData)     // 更新 data 中的数据
      } catch (e) {               // 数据获取失败的提示
        console.error(e)
        wx.showToast({
          icon: 'none',
          duration: 2000,
          title: '获取歌单信息失败'
        })
      }
    },
```

注意：因为 offset 在 WXML 渲染中不会被用到，所以可以直接通过 this.data.offset=newData.playlists.length 来更新数据。

接下来，在 playlist-tab 组件的初始化回调函数中对 fetchPlaylist()函数进行调用，具体代码如下：

```
  lifetimes: {
    attached() {                    // 组件初始化时的回调函数
      this.fetchPlaylist()          // 拉取歌单列表
    }
  },
```

在 JavaScript 代码中完成了数据的拉取逻辑后，接下来到 WXML 代码中对歌单列表数据进行渲染。因为需要检测用户滑动到底部的事件来加载更多数据，这里使用 scroll-view 作为承载歌单卡片的容器，具体代码如下：

```
<view class="playlist-tab">

  <scroll-view bindscrolltolower="onReachBottom"
               scroll-y="true">

    <view class="playlist-container">
      <playlist-card wx:for="{{playlists}}"
                     wx:for-item="playlist"
                     wx:key="index"
                     playlist="{{playlist}}"
                     data-playlist-id="{{playlist.id}}"
                     class="card"
      bindtap="onClickPlaylist">
      </playlist-card>
```

```
      </view>

    </scroll-view>
  </view>
```

进入小程序 IDE 查看当前实现的效果，可以看到，基本的歌单列表渲染效果已经完成，如图 8-14 所示。

接下来实现滑动到底部加载更多的功能。该功能的实现逻辑是当用户下拉 scroll-view 到底部时，会触发绑定在 scroll-view 上的 bindscrolltolower="onReachBottom"事件，在该事件回调函数中进行下一页数据的拉取。

根据小程序的官方文档，当使用 scroll-view 进行 y 轴方向的滑动时，需要给定其固定的 height，否则 scroll-view 的高度会直接被其内容撑大，不会触发 bindscrolltolower 属性绑定的回调事件。所以在 playlist-tab 的样式文件中，需要将 scroll-view 的 height 进行设置，具体代码如下：

图 8-14　歌单列表效果展示

```
scroll-view {
  height: 100%;
}
```

下面实现 scroll-view 滑动到底部时的回调函数 onReachBottom。在回调函数中调用 fetchPlaylist()加载下一页歌单即可，具体代码如下：

```
onReachBottom() {                    // 滑动到最底部的回调函数
  this.fetchPlaylist()               // 拉取歌单列表
},
```

进入小程序 IDE，测试在 playlist-tab 中将页面滑动到最下方，可以看到 Network 面板再次发出了拉取歌单的网络请求，并且页面上的歌单列表加载了更多歌单。

不过因为下滑到底部时没有 UI 的提示，用户并不知道正在加载更多的歌单。为了达到更好的用户体验，我们新建一个 loading 组件。在加载歌单的网络请求发出之前将 loading 组件显示出来，在网络请求完成后隐藏 loading 组件，以达到更好的用户体验。

后续还有许多页面会用到 loading 组件，为了方便代码的复用，我们抽取一个 loading-panel 组件，新建如下文件结构：

```
src/components/loading-panel
├── index.js
├── index.json
├── index.less
└── index.wxml

0 directories, 4 files
```

在 loading-tab 组件的 JSON 配置文件中声明对 loading-panel 组件的引用，并在 WXML 代码中将 loading-panel 放置在 scroll-view 的最下方。在 data 中增加 showLoading 属性来控制 loading-panel 组件的显示状态，具体代码如下：

```
<scroll-view bindscrolltolower="onReachBottom"
           scroll-y="true">

  <view class="playlist-container">
    <playlist-card wx:for="{{playlists}}"
                wx:for-item="playlist"
                wx:key="index"
                playlist="{{playlist}}"
                data-playlist-id="{{playlist.id}}"
                class="card"
    bindtap="onClickPlaylist">
    </playlist-card>
  </view>

  <loading-panel hidden="{{showLoading !== true}}"></loading-panel>
</scroll-view>
```

在 WXML 中增加组件调用后，到 JavaScript 代码中增加对 showLoading 属性的控制，具体代码如下：

```
async fetchPlaylist() {
  this.setData({  // 显示 loading-panel
    showLoading: true
  })
  try {
    const response = await dao.getPlaylistByCategory(this.data.selected
Category, this.data.offset, LIMIT)
    const newPlaylists = response.playlists
    const newData = {
      hasMore: response['more'],
    }
    if (newPlaylists) {
      newData.playlists = this.data.playlists.concat(newPlaylists)
      this.data.offset = newData.playlists.length
    }
    this.setData(newData)
  } catch (e) {                   // 数据获取失败的提示
    console.error(e)
    wx.showToast({
      icon: 'none',
      duration: 2000,
      title: '获取歌单信息失败'
    })
    this.setData({                // 隐藏 loading-panel
      showLoading: false
    })
  }
```

loading-panel 的显示和隐藏由外部使用它的组件通过 CSS 来控制，其本身没有任何业务逻辑。该组件的关键点在于 UI 动画效果。加载框右侧有三个矩形，且矩形的大小会不断地变化。要实现这样的效果，布局上需要放置三个独立控制的 view 节点，具体代码如下：

```
<view class="loading-panel">
  <text class="loading-label">加载中...</text>
```

```
  <view class="block block-one"></view>
  <view class="block block-two"></view>
  <view class="block block-three"></view>
</view>
```

将三个 view 节点设置为红色背景。这里的关键点在于通过 CSS animation 使得矩形的 height 属性动态变化。CSS 中的 animation 通过@keyframes 来实现，设置动画进度在 0%、50%和 100%时的不同宽高，CSS 会自动插值，以实现平滑的动画效果。下面是 CSS 中动画的声明：

```
@keyframes jump {
  0% {
   height: 8rpx;
  }

  50% {
   height: 32rpx;
  }

  100%{
    height: 8rpx;
  }
}
```

声明了动画属性后，在需要用到动画的节点上通过 animation 属性调用动画。调用时可以对动画定义各种属性，如动画的一个循环的时长、插值函数、动画是否重复执行等。这里我们希望循环一次动画时长为 0.8s，插值函数为 ease-in-out（即动画开始和结束时会比较慢，中间会较快），并且让动画不断地重复执行。我们将动画属性赋予三个方块公用的 block 类，具体的 CSS 代码如下：

```
.loading-panel {
  display: flex;
  align-items: center;
  justify-content: center;
  height: 120rpx;
  font-size: 28rpx;
  color: #999;

  .loading-label{
    padding: 0 8rpx;
  }

  .block {
    display: inline-block;
    width: 4rpx;
    background-color: red;
    animation: 0.8s ease-in-out jump infinite;
    margin: 0 4rpx;
  }

}
```

需要注意的是，上面的 CSS 代码中外层的 loading-panel 使用了 flex 横向布局，并设置子元素的纵向居中显示，这是因为我们希望三个方块在高度变化时其位置始终保持在中间。现在进入小程序 IDE 查看效果，已经能看到三个方块高度变化的动画了，如图 8-15 所示。不过因为三个方块是完全同步变化的，看起来有些单调。

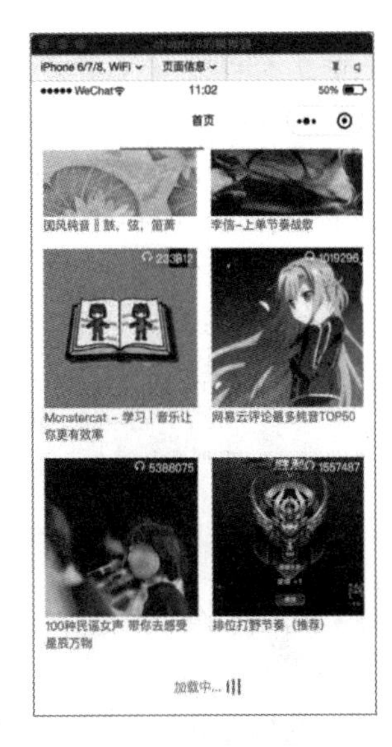

图 8-15　加载动画效果展示

我们可以通过 animation-delay 属性，为后面的两个方块的动画给定一个延时，以使动画看起来更有流动感。具体代码如下：

```
.loading-panel {
  display: flex;
  align-items: center;
  justify-content: center;
  height: 120rpx;
  font-size: 28rpx;
  color: #999;

  .loading-label{
    padding: 0 8rpx;
  }

  .block {
    display: inline-block;
    width: 4rpx;
    background-color: red;
    animation: 0.8s ease-in-out jump infinite;
    margin: 0 4rpx;
  }

  .block-one{
    animation-delay: 0s;
  }
  .block-two{
    animation-delay: 0.1s;
  }
  .block-three{
    animation-delay: 0.2s;
  }
}
```

完成上述改动后，再次进入小程序 IDE，将“歌单”tab 向下滑到底部，可以看到 loading-panel 的动画已达到预期效果。

8.4.2　切换歌单分类

现在我们完成了“全部歌单”分类下的歌单列表展示，接下来实现切换分类的功能。还记得我们之前将当前选中的歌单分类保存为 playlist-tab 组件中 data 的一个属性吗？切换分类实际上就是将 data 中的分类属性 selectedCategory 更新，然后重新调用 fetchPlaylist() 拉取新的歌单数据，最终的效果如图 8-16 所示。

歌单分类的数据并不是在代码中写死的，而是从后台接口拉取的。下面介绍如何拉取歌单分类的接口。

在 dao.js 中增加拉取歌单分类信息的函数 getPlaylist-Category()，该函数无须传入参数，直接访问后端的 playlist/catlist 接口即可获得分类数据。具体代码如下：

```
// 获取歌单分类信息
async function getPlaylistCategory() {
  return new Promise((resolve => {
    wx.request({
      url: BASE_URL + 'playlist/catlist',
      data: {},
      success(res) { // 网络请求成功执行的回调函数
        resolve(res.data)
      }
    })
  }))
}
```

图 8-16　分类面板效果展示

在“歌单”tab 中，调用 dao.js 中的 getPlaylistCategory() 函数拉取歌单分类信息，并进入小程序 IDE 的 Network 面板中查看其返回结构体的数据结构，如图 8-17 所示。

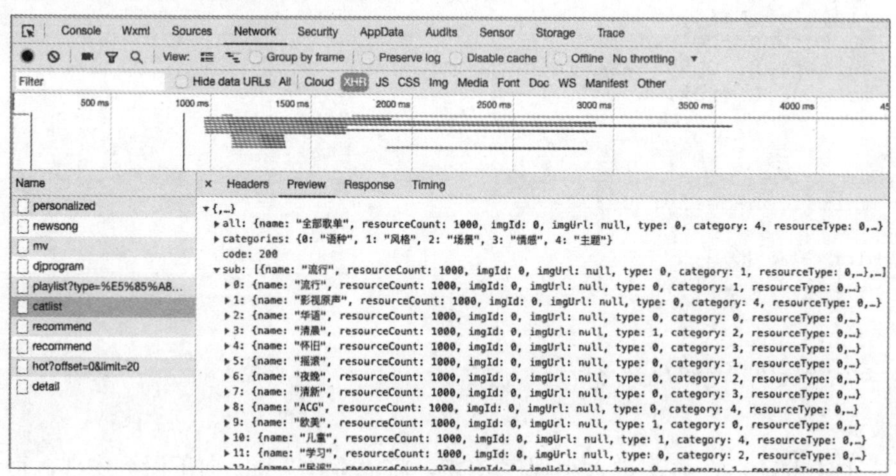

图 8-17　分类数据展示

可以看到，返回的结构体中有两个关键的数据字段：categories 和 sub。其中，categories 是大的分类，sub 是大分类下的细分分类，如图 8-16 所示。我们需要对获取的数据进行处理，处理的最终结果是得到 categoryList 字段，用于保存大分类的 ID 列表，subCategoryMap 用于保存大分类下所有子分类的数据，即 subCategoryMap 的 key 为大分类的 ID，value 为其下所有子分类数组。

具体的处理逻辑实现代码如下：

```
async fetchCategory() {                              // 获取歌单分类数据
  try {
```

```
        const response = await dao.getPlaylistCategory()
        const categories = response['categories']
        const categoryList = []
        // 构造大分类 ID 列表
        for (let categoryId of Object.keys(categories)) {
          categoryList.push(categories[categoryId])
        }
        const subCategories = response['sub']
        const subCategoryMap = {}
        // 遍历子分类列表，将同一大分类下的子分类划分到一个数组中
        for (let category of subCategories) {
          const categoryId = category.category
          if (!subCategoryMap[categoryId]) {
            subCategoryMap[categoryId] = []
          }
          subCategoryMap[categoryId].push(category) // 通过大分类 ID 进行分组
        }
        this.setData({
          categoryList,
          subCategoryMap
        })
      } catch (e) {                                  // 数据获取失败的提示
        console.error(e)
        wx.showToast({
          icon: 'none',
          duration: 1500,
          title: '获取歌单分类失败'
        });
      }
    },
```

得到了 categoryList 和 subCategoryMap 后，便可以开始进行分类页面的渲染。首先加入触发打开分类选择面板的按钮，并为其绑定点击事件。在 scroll-view 组件的最上方加入当前分类的标题和“全部分类”按钮，具体代码如下：

```
<scroll-view bindscrolltolower="onReachBottom"
             scroll-y="true">
  <view class="category-panel">
    <text class="current-category">{{selectedCategory}}</text>
    <view class="category-btn"
          bindtap="onClickAllCategory">
      全部分类
    </view>
  </view>

  <view class="playlist-container">
    <playlist-card wx:for="{{playlists}}"
                   wx:for-item="playlist"
                   wx:key="index"
                   playlist="{{playlist}}"
                   data-playlist-id="{{playlist.id}}"
                   class="card"
    bindtap="onClickPlaylist">
    </playlist-card>
```

```
  </view>

  <loading-panel hidden="{{showLoading !== true}}"></loading-panel>
</scroll-view>
```

在“全部分类”按钮的点击回调事件 onClickAllCategory 中，通过控制 showCategory 变量来控制分类选择面板的显示和隐藏。

```
onClickAllCategory() {
  this.setData({                    // 控制 showCategory，隐藏分类面板
    showCategory: true
  })
},
```

接下来添加基本的分类选择面板 UI 元素。第一步先展示“全部分类”这一默认分类，并设置一个关闭分类面板的按钮。到 playlist-tab 的 WXML 文件中增加基本的 UI 元素，并使用 hidden="{{!showCategory}}"来控制面板的显示和隐藏，具体代码如下：

```
<!-- 分类选择面板-->
<view hidden="{{!showCategory}}" class="category-selector">

  <view class="close-category-panel">
    <image src="../images/close.png"
           mode="widthFix"
           bindtap="onClickClose"></image>
  </view>

  <view class="all-music {{selectedCategory === '全部歌单' ? 'checked-card' : ''}}">
    全部歌曲
  </view>

</view>
```

对于关闭按钮，为其绑定一个 onClickClose 回调函数，在回调函数中通过设置 showCategory 为 false 隐藏分类面板。需要注意的是，分类面板的显示是覆盖在整个页面最上层的，所以要通过 absolute 定位来控制分类面板的位置。通过 position:absolute、left 和 top 控制其位置，通过 z-index:100 保证其展示在页面最上方，并将 width 和 height 设置为占满屏幕。下面是具体的 CSS 样式代码：

```
.category-selector{
  position: absolute;
  left: 0;
  top: 0;
  width: 100vw;
  height: 100%;
  overflow-y: scroll;
  z-index: 100;
  background-color: white;


  .close-category-panel{
    display: flex;
    align-items: center;
```

```
    justify-content: center;

      > image{
        width: 72rpx;
        height: 72rpx;
      }
    }
  }
```

图 8-18 “全部歌曲”按钮效果展示

完成上述修改后进入小程序 IDE，在“歌单”tab 点击“全部分类”按钮，即可看到如图 8-18 所示的效果。

首先渲染 categoryList，构造出大分类的列表，再嵌套渲染 subCategoryMap 中对应的子列表，完成子分类列表的渲染。厘清渲染逻辑后，我们开始 WXML 代码的编写，如下：

```
<view wx:for="{{categoryList}}"
      wx:for-item="categoryId"
      wx:key="index"
      class="category-item">

  <!-- 显示分类的名称-->
  <view class="category-label">{{categoryId}}</view>

  <!-- 循环渲染子分类列表-->
  <view class="sub-category-list">
    <view wx:for="{{subCategoryMap[index]}}"
          wx:for-item="subCategory"
          wx:key="index"
          data-category="{{subCategory.name}}"
          bindtap="onClickCategory"
          class="sub-category-item  {{selectedCategory  ===  subCategory.
name ? 'checked-card' : ''}}">
      {{subCategory.name}}
    </view>
  </view>
</view>
```

完成该部分 UI 元素渲染逻辑的编写后，再次进入小程序 IDE 查看效果。可以看到，所有的分类都被显示了出来，不过因为尚未编写样式，所以页面上只是进行了简单的文本罗列。下面来调整分类面板的 UI 样式。

大的分类 label 单独占据一行，子分类使用 flex 布局并通过 flex-wrap 进行换行。完成对分类样式的调整后，进入小程序 IDE 查看效果。可以看到，UI 样式方面已经达到预期的效果，接下来实现点击切换歌单分类的功能。

在各类面板的 WXML 中为每一个子分类绑定 onClickCategory()函数，在该回调函数中实现切换分类的具体逻辑。

注意： 我们为子分类绑定了 data-category="{{subCategory.name}}"，这样才能在回调函数的参数 event 中获得用户点击的子分类。

```
// 从 event 中获取当前的选择分类
const categoryName = e.currentTarget.dataset['category']
```

切换分类后，歌单数据需要被清空，且 offset 也需要重置为 0，我们在 playlist-tab 的 JavaScript 逻辑中增加 switchCategory()函数，用于处理切换分类的逻辑。

```
async switchCategory(newCategory) {      // 切换分类
  this.data.playlists = []
  this.data.offset = 0
  this.setData({     // 更新 data 中的分类信息，并在回调函数中拉取新分类的歌单列表
    selectedCategory: newCategory,
    showCategory: false
  }, () => {
    this.fetchPlaylist()                 // 拉取新分类的歌单列表
  })
},
```

在进行 setData()操作时还需要将 showCategory 设置为 false，这样当用户点击新分类时会自动关闭分类面板。

完成 switchCategory()函数后回到 onClickCategory()函数中，对其进行调用。

```
onClickCategory(e) {                     // 点击分类回调函数
  // 获取新分类信息
  const categoryName = e.currentTarget.dataset['category']
  this.switchCategory(categoryName)      // 切换为新分类
},
```

进入小程序 IDE 进行测试，首先点开分类面板，接下来点击某一分类，可以看到分类面板被关闭，且“歌单”tab 加载了新分类的歌单列表。

8.5 “主播电台”tab

完成了“歌单”tab，现在来到主页的第三部分，即“主播电台”tab，页面的最终效果如图 8-19 所示。该页面的 UI 分为以下三部分：

- 精彩节目：电台节目列表中的一期节目。
- 精选电台：一些推荐的电台，选取前 6 个进行展示。
- 热门电台：下拉继续加载。

其中，下面两部分都是对电台卡片的展示，可以复用前面封装的 radio-card 组件。下面按照这三部分进行开发。

图 8-19 “主播电台”tab 效果展示

8.5.1 组件创建

在 index 页面目录下新建 radio-tab 文件，并在 index 页面的 JSON 配置文件中将其引用。

```
src/pages/index/radio-tab
├── index.js
├── index.json
├── index.less
└── index.wxml

0 directories, 4 files
```

```
{
  "navigationBarTitleText": "首页",
  "usingComponents": {
    "navigation-tab": "./navigation-tab/index",
    "recommend-tab": "./recommend-tab/index",
    "playlist-tab": "./playlist-tab/index",
    "radio-tab": "./radio-tab/index"
  }
}
```

8.5.2　实现“精彩节目”页面

首先来看精彩节目页面的数据如何获取。在 dao.js 中新建函数 getRecommendProgram()，用于获取节目的推荐数据，其对应的后端接口 URL 为 program/recommend。下面是 dao.js 中具体的实现代码：

```
// 获取精彩节目推荐
async function getRecommendProgram() {
  return new Promise((resolve) => {
    wx.request({
      url: BASE_URL + 'program/recommend',
      data: {},
      success(res) {  // 网络请求成功执行的回调函数
        resolve(res.data)
      }
    })
  })
}
```

在 radio-tab 初始化回调函数中调用 getRecommendProgram()函数，并在小程序 IDE 的 Network 面板中查看获得的数据结构，如图 8-20 所示。

后端返回的数据中的 programs 字段便是需要展示的节目列表。programs 字段为数组结构，其中的每一个元素对应“精彩节目”列表中的一个节目。首先在 radio-tab 的 JavaScript 逻辑中将节目列表数据更新到 data 中，以便在 WXML 中将数据渲染出来，具体代码如下：

```
const regeneratorRuntime = require('../../../lib/runtime'); // eslint-disable-line
const dao = require('../../../dao/index')

Component({
  data: {
    programList: [],                        // 存储节目列表
```

```
  },
  lifetimes: {
    attached() {
      this.fetchRecommendPrograms()          // 获取节目列表
    }
  },
  methods: {
    async fetchRecommendPrograms() {         // 获取节目列表
      try {
        const response = await dao.getRecommendProgram()
        const programList = response.programs
        this.setData({                       // 更新节目列表数据
          programList
        })
      } catch (e) {                          // 数据获取失败的提示
        console.error(e)
        wx.showToast({
          icon: 'none',
          duration: 2000,
          title: '获取推荐节目失败'
        })
      }
    },
  },
})
```

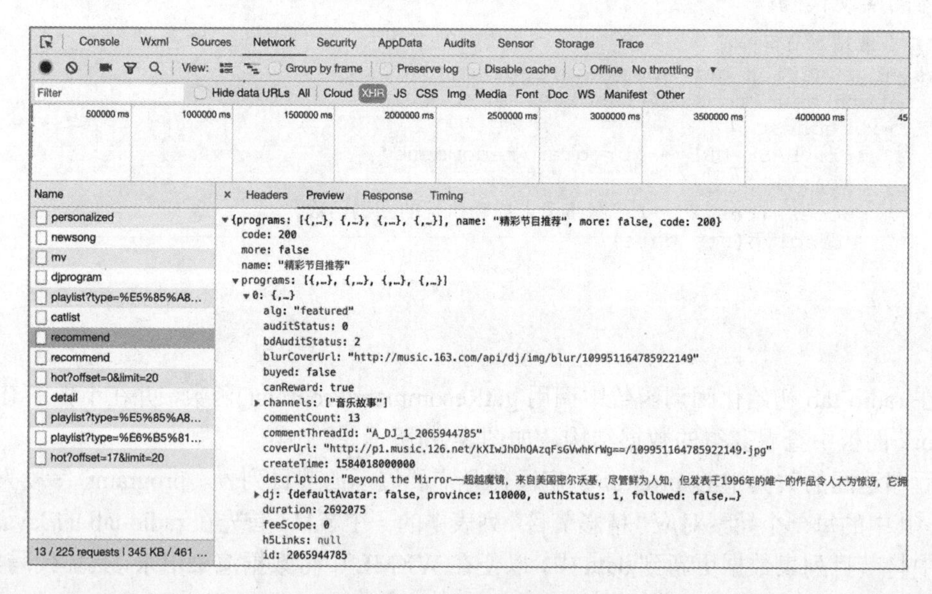

图 8-20　节目数据展示

然后在 WXML 中将“精彩节目”部分 UI 的渲染出来。渲染流程非常简单，遍历 data 中的 programList 字段，将封面图（program.coverUrl）、标题（program.name）、推荐原因（program.reason）渲染出来即可，具体代码如下：

```
<view class="radio-tab">

  <text class="label">精彩节目</text>
  <view wx:for="{{programList}}"
        wx:for-item="program"
        wx:key="index"
        class="program-item"
        bindtap="onClickProgram" data-program="{{program}}">
    <image src="{{program.coverUrl}}"
          mode="widthFix"></image>
    <view >
      <!-- 节目名称-->
      <text class="name">{{program.name}}</text>
      <!-- 推荐理由-->
      <text class="reason">{{program.reason}}</text>
    </view>
  </view>

</view>
```

进入小程序 IDE 中，点击“主播电台” tab，可以看到节目列表已经成功被渲染出来，如图 8-21 所示。

注意，我们在 WXML 中为 program 列表绑定了 data-program 数据和 onClickProgram 点击事件。在点击事件的回调函数中，会调用 wx.navigateTo 跳转到电台播放页面。目前电台播放页面还未实现，所以现在点击节目会提示找不到页面。待第 9 章中完成电台播放页面后即可正常跳转。

图 8-21 “精彩节目”页面效果展示

```
onClickProgram(e){
  const program = e.currentTarget.dataset
['program']     // 获取当前点击节目的信息
  getApp().globalData.selectedRadio = program.
radio// 更新 app.globalData 中当前播放节目的信息
  // 更新 app.globalData 中当前播放电台的信息
  getApp().globalData.selectedProgram = program
  wx.navigateTo({                                    // 跳转电台播放页面
    url: `/pages/radio/play/index?programId=${program.id}`
  })
}
```

8.5.3　实现“推荐电台”页面

继续来实现“推荐电台”页面。同样，来看看如何获取推荐电台的数据。来到 dao.js，增加 getRecommendRadio()函数，具体代码如下：

```
// 获取推荐电台
async function getRecommendRadio(){
  return new Promise((resolve) => {
```

```
    wx.request({
      url: BASE_URL + 'djradio/recommend',
      data: {},
      success(res) {                          // 网络请求成功执行的回调函数
        resolve(res.data)
      }
    })
  })
}
```

在“主播电台”tab 的 JavaScript 逻辑中，增加对 getRecommendRadio()函数的调用，以便在 Network 面板中查看返回的数据结构，如图 8-22 所示。

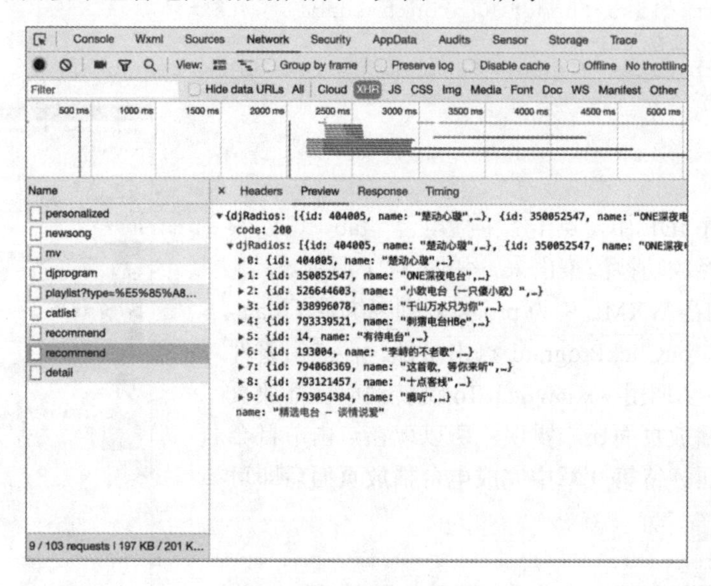

图 8-22　推荐电台数据

可以看到，返回数据中的 djRadios 字段便是我们需要的电台列表数据。其中每个元素的结构和“个性推荐”tab 中的电台结构相同，因此可以复用前面的 radio-tab 进行展示。

回到 radio-tab 的 JavaScript 逻辑中，将 getRecommendRadio()函数获取的电台列表更新到 data 中，用于渲染精选电台卡片，具体代码如下：

```
async fetchRecommendRadios() {
  try {
    const response = await dao.getRecommendRadio() // 获取推荐电台列表
    this.setData({
      radioList: response.djRadios.slice(0, 6)      // 仅展示前 6 个
    })
  } catch (e) {                                     // 数据获取失败的提示
    console.error(e)
    wx.showToast({
      icon: 'none',
      duration: 2000,
      title: '获取歌单信息失败'
```

```
    })
  }
},
```

在 radio-tab 的初始化回调函数中，加入对 fetchRecommendRadios()函数的调用，具体代码如下：

```
data: {
  radioList: [],
  programList: [],
},
lifetimes: {
  attached() {
    this.fetchRecommendPrograms()        // 获取推荐节目
    this.fetchRecommendRadios()          // 获取推荐电台
  }
},
```

现在 data 中已经有了 radioList，在 WXML 中使用 radio-card 组件将其渲染出来，具体代码如下：

```
<text class="label">精选电台</text>
<view class="recommend-radio-container">
  <navigator wx:for="{{radioList}}"
             wx:for-item="radio"
             wx:key="index"
             class="card"
             url="/pages/radio/detail/index?radioId={{radio.id}}">
    <radio-card radio="{{radio}}"></radio-card>
  </navigator>
</view>
```

和在“个性推荐”tab 中一样，我们为每个卡片绑定跳转到电台详情页的 navigator，待第 9 章实现电台页面后即可正常跳转。

因为这里希望每行展示三个卡片，所以将卡片大小设置为宽度的 33%，具体代码如下：

```
.recommend-radio-container{
  display: flex;
  flex-wrap: wrap;
  justify-content: flex-start;

  .card{
    width: 33%;
    box-sizing: border-box;
    padding: 8rpx;
  }
}
```

完成样式调整后，进入小程序 IDE 查看效果，可以看到效果已成功实现，如图 8-23 所示。

图 8-23 “精选电台”页面效果展示

8.5.4　实现热门电台部分

热门电台获取的也是电台列表的数据，不过因为热门电台支持下拉加载更多，所以其后端 API 的设计和歌单列表的接口较为类似。来到 dao.js 中，增加获取热门电台数据的函数 getHotRadio()，具体代码如下:

```
// 获取热门电台
async function getHotRadio(offset, limit){
  return new Promise((resolve => {
    wx.request({
      url: BASE_URL + 'djradio/hot',
      data: {
        offset,
        limit
      },
      success(res) {                              // 网络请求成功执行的回调函数
        resolve(res.data)
      }
    })
  }))
}
```

修改“主播电台”tab 的 JavaScript 代码，增加对 getHotRadio()函数的调用，并来到 IDE 的 Network 面板查看网络请求的返回数据结构，如图 8-24 所示。

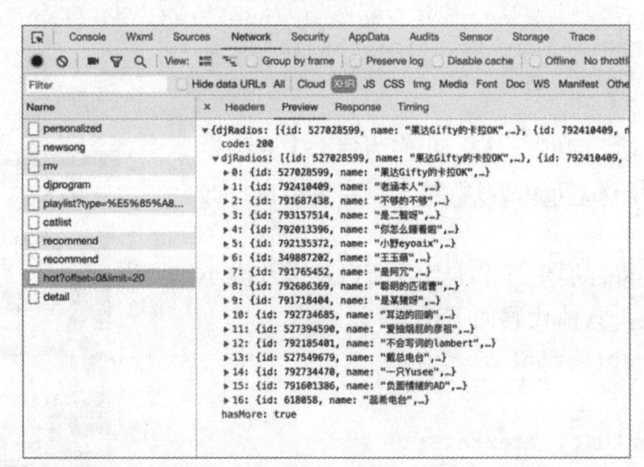

图 8-24　热门电台数据的获取

返回数据中的 hasMore 字段表示列表是否已全部加载，djRadios 字段是我们需要展示的电台列表数据。在“主播电台”tab 的 JavaScript 逻辑中，增加对热门电台的处理，具体代码如下：

```
    async fetchHotRadios() {                     // 获取热门电台
      this.setData({                             // 显示 loading 框
        showLoading: true
      })
```

```
    try {
      // 根据当前 offset 拉取下一页数据
      const response = await dao.getHotRadio(this.data.offset, LIMIT)
      const newRadios = response.djRadios
      const newData = {
        hasMore: response['hasMore'],
      }
      if (newRadios) {          // 当新数据列表不为空时，将其与历史数据合并
        newData.hotRadioList = this.data.hotRadioList.concat(newRadios)
        this.data.offset = newData.hotRadioList.length
      }
      this.setData(newData)
    } catch (e) {               // 数据获取失败的提示
      console.error(e)
      wx.showToast({
        icon: 'none',
        duration: 2000,
        title: '获取热门电台信息失败'
      })
    }
    this.setData({              // 隐藏 loading 框
      showLoading: false
    })
  },
```

注意，代码中拉取到电台列表后需要更新 offset，这样下次拉取才能正确地拉取后面的列表数据。为了有更好的用户体验，增加 loading-panel 组件用于表示当前的加载状态。通过在 data 中增加 showLoading 属性来控制 loading 面板的显示。

下面来编写 WXML 中的布局，其外层使用 scroll-view 承载卡片内容，以监听用户滑动到底部的事件。具体代码如下：

```
<text class="label">热门电台</text>
<scroll-view bindscrolltolower="onReachBottom"
          scroll-y="true">

  <view class="hot-radio-container">
    <navigator wx:for="{{hotRadioList}}"
            wx:for-item="radio"
            wx:key="index"
            class="card"
            url="/pages/radio/detail/index?
radioId={{radio.id}}">
      <radio-card radio="{{radio}}"></radio-card>
    </navigator>
  </view>

  <loading-panel hidden="{{showLoading !== true}}">
</loading-panel>
</scroll-view>
```

在 scroll-view 滑动到底部的 onReachBottom()回调函数中，调用 fetchHotRadios()拉取更多的电台数据。

完成上述修改后进入 IDE 查看效果，如图 8-25 所示。

图 8-25　热门电台部分效果展示

8.6 “排行榜”tab

下面来到首页的最后一个 tab：“排行榜”tab。该 tab 分为两部分，云音乐官方榜和全球榜。点击每一个榜单，进入后都是一个排行榜歌单的详情页面，效果如图 8-26 所示。下面来分步实现。

图 8-26　排行榜 tab 效果展示

8.6.1　组件创建

在首页的目录下新建 ranking-tab 组件，并在首页的 JSON 配置文件中进行引用。

```
src/pages/index/ranking-tab
├── index.js
├── index.json
├── index.less
└── index.wxml

0 directories, 4 files
{
  "navigationBarTitleText": "首页",
  "usingComponents": {
    "navigation-tab": "./navigation-tab/index",
    "recommend-tab": "./recommend-tab/index",
    "playlist-tab": "./playlist-tab/index",
    "radio-tab": "./radio-tab/index",
    "ranking-tab": "./ranking-tab/index"
  }
}
```

8.6.2　数据获取

首先在 dao.js 中增加获取排行榜数据的函数 getRankingList()，并在 ranking-tab 的 JavaScript 中调用该函数，以便在 Network 面板中查看返回的数据结构。具体代码如下：

```
// 获取排行榜数据
async function getRankingList() {
  return new Promise((resolve) => {
    wx.request({                              // 网络请求成功执行的回调函数
      url: BASE_URL + 'toplist/detail',
      success(res) {
        resolve(res.data)
      }
    })
```

```
  })
}
```

在小程序 IDE 的 Network 面板中查看数据，如图 8-27 所示。可以看到其中的 list 就是我们需要展示的数据。云音乐官方榜和全球榜数据都在 list 中，通过 ToplistType:"S"字段进行区分。

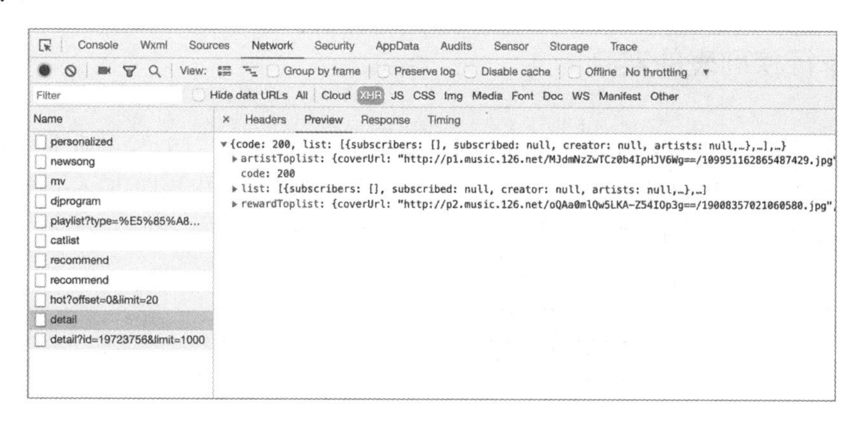

图 8-27　排行榜数据获取

在 ranking-tab 的 JavaScript 逻辑中增加对 fetchRankingList()的调用，以拉取两个分类排行榜的数据，并将获取的数据划分为 netmusicList 和 rankingList 两部分。具体代码如下：

```
async fetchRankingList() {                  // 获取排行榜数据
  try {
    const response = await dao.getRankingList()
    const list = response.list
    const rankingList = []
    const netmusicList = []
    for (let i = 0; i < list.length; i++) {
      if (list[i].ToplistType) {            // 根据ToplistType字段判断排行榜类型
        netmusicList.push(list[i])
      } else {
        rankingList.push(list[i])
      }
    }
    this.setData({
      rankingList,
      netmusicList,
    })
  } catch (e) {                             // 数据获取失败的提示
    console.error(e)
    wx.showToast({
      icon: 'none',
      duration: 2000,
```

```
      title: '获取排行榜数据失败'
    })
  }
}
```

现在有了两种排行榜列表的数据，我们可以在 WXML 中将两种排行榜渲染出来。

8.6.3 排行榜列表的实现

上方的云音乐官方排行榜需要展示每个榜单的前三首歌曲。排行榜的歌曲列表可以通过数据的 tracks 字段进行获取，取其中前三名的歌曲并将其展示出来即可。外层通过 wx:for 将 netmusicList 中的所有排行榜渲染出来，具体代码如下：

```
<text class="label">云音乐官方榜</text>
<navigator wx:for="{{netmusicList}}"
      wx:for-item="ranking"
      wx:key="index"
      class="netmusic-item"
      url="/pages/playlist/index?playlistId={{ranking.id}}">
  <image src="{{ranking.coverImgUrl}}"></image>
  <view class="track-list">
    <text wx:for="{{ranking.tracks}}"
        wx:for-item="track"
        wx:key="index"
        class="index">
      {{index+1}}.{{track.first}} - {{track.second}}
    </text>
  </view>
</navigator>
```

对于下方的全球榜，只需将排行榜名称和排行榜封面图渲染出来即可，具体代码如下：

```
<text class="label" style="margin-top: 32rpx;">全球榜</text>
<view class="ranking-card-container">
  <navigator wx:for="{{rankingList}}"
        url="/pages/playlist/index?playlistId={{ranking.id}}"
        wx:for-item="ranking"
        wx:key="index"
        class="ranking-card">
    <image src="{{ranking.coverImgUrl}}"
        mode="widthFix"></image>
    <text>{{ranking.name}}</text>
  </navigator>
</view>
```

这两种排行榜本质上都是普通的歌单，所以我们在排行榜的卡片外都包裹了 navigator 组件使其跳转到歌单详情页。因为排行榜列表的数据量不大，通过接口可一次性拉取完，故不进行分页加载处理。

8.7 本章小结

本章介绍了音乐小程序首页的 4 个 tab 开发过程。在这 4 个 tab 的开发中，我们封装了许多 component，有些 component 是为了方便不同模块的代码复用，有些则是为了将复杂的逻辑进行拆分。一般来说，拆分 component 都是对项目开发有好处的。但是需要注意，如果页面的 UI 节点非常多，有可能会出现性能问题，这时可能会需要将嵌套层次较多的组件进行“拍平”，具体的优化方案将在第 10 章中进行详细讲解。

现在，该音乐小程序看上去已经非常充实了，但许多跳转的详情页面还没有实现，如歌单详情页、音乐播放页和电台详情页等。第 9 章将完成这些页面 UI 和功能的开发，实现一个完整的音乐小程序。

第 9 章　音乐小程序（下）

第 8 章中我们完成了云音乐小程序主页面的开发。现在小程序的 4 个 tab 下都有了真实的数据，但是点击页面上的一些链接后跳转的页面还没有实现，本章便来实现这些跳转页面的具体功能。

具体包括的页面有音乐播放页、歌单详情页、评论页、MV 页、用户详情页、电台详情页和电台节目播放页。

为了方便对不同页面的开发，我们会在 project.config.json 中定义不同的页面启动路径，以方便针对单个页面进行开发调试。

9.1　音乐播放页

如图 9-1 所示为音乐播放页面的效果展示，我们先来分析该页面涉及的功能。

音乐播放页顶部为唱片机的指针，中间显示歌曲的封面图，下方为控制按钮及音乐播放进度条。当用户点击唱片转盘时，会切换到歌词显示模式，如图 9-2 所示。

图 9-1　音乐播放页效果

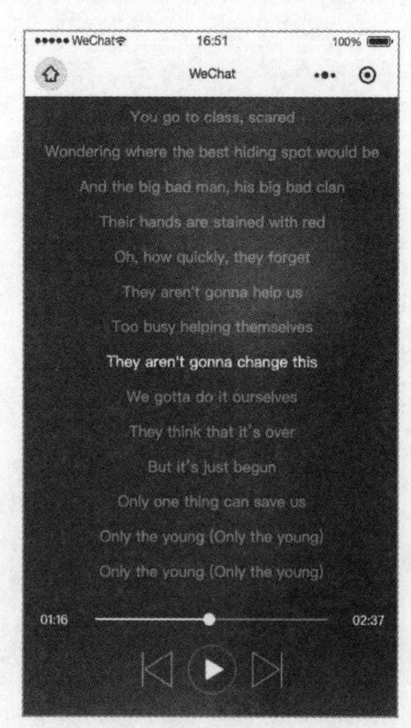

图 9-2　歌词面板

拆分 UI 模块后，我们可以将音乐播放页面大致分为几个模块，并将复杂的功能独立为组件，如将音乐进度条部分和歌词部分作为单独的组件。

9.1.1　页面创建

首先创建音乐播放页相关文件。在 src/pages/play 目录下创建如下文件目录：

```
src/pages/play
├── images                              // 存放图片文件夹
├── index.js
├── index.json
├── index.less
├── index.wxml
├── lyric                               // 歌词组件
└── music-progress                      // 音乐播放进度条组件

3 directories, 4 files
```

其中 lyric 和 music-progress 文件夹暂时留空，后续会进行填充。

为了方便单独针对音乐播放页进行开发调试，可以在 project.config.json 中增加一个音乐播放页的配置，具体代码如下：

```
"miniprogram": {
  "current": -1,
  "list": [
    {
      "id": -1,
      "name": "首页",
      "pathName": "pages/index/index",
      "scene": null
    },
    {
      "id": 0,
      "name": "音乐播放页",
      "pathName": "pages/play/index",
      "query": "songId=1419789491",
      "scene": null
    }
  ]
}
```

配置中的 pathName 为页面的文件路径，query 为页面 URI 的参数列表。这里我们选取之前获取的一首歌曲中的 ID 作为 songId 进行测试。

接下来进入小程序 IDE，在编译模式下选择“音乐播放页”，这样便可以针对播放页进行单独开发了，如图 9-3 所示。

图 9-3　切换到编译模式

9.1.2　静态页面展示

首先添加页面布局代码。音乐播放页面会用歌曲的封面图模糊化后作为页面背景图，但是封面图的加载是需要时间的，在加载完成前，页面背景是白色的。为了优化封面图加载完成前的效果，我们为播放页增加一个默认的背景图，具体代码如下：

```
<view class="container">

  <!-- 整体背景图-->
  <image src="./images/bg.jpg" class="bg-img"></image>

</view>
```

背景图是独立于其他 UI 元素布局外的，使用 absolute 布局进行展示。外部的 container 使用纵向的 flex 布局，以方便对其内部元素进行横向居中排布。具体代码如下：

```
.container {
  display: flex;
  flex-direction: column;
  align-items: center;
  width: 100%;
  height: 100%;
  overflow: hidden;

  .bg-img {
    position: absolute;
    left: 0;
    top: 0;
    width: 100%;
    height: 100%;
  }
}
```

图 9-4　背景图效果

进入小程序 IDE 中查看当前效果，可以看到背景图已成功加载，如图 9-4 所示。

下面增加转盘部分。我们将唱片机指针认为是转盘的一部

分，在 WXML 中增加唱片元素，具体代码如下：

```
<!-- 唱片转盘-->
<view class="cover-container">

  <!-- 唱片机指针-->
  <image class="music-pointer {{isPlaying ? 'playing' : ''}}"
        src="./images/pointer.png"></image>

  <!-- 中心唱片-->
  <view class="plate-container">
    <image class="plate-bg"
          src="./images/plate_bg.png"></image>
    <image class="song-cover"
          src=""></image>
  </view>
</view>
```

转盘最外层 class 为 cover-container，使用纵向 flex 布局。为了适配不同长宽比的手机型号，将其 flex-grow 设置为 1，以使其在屏幕高度较高时撑满屏幕。其内部的唱片机指针因为要固定在整个页面的最上方，因此使用 absolute 布局进行定位。下方的中心唱片部分里面有一个黑胶唱片的背景图，设置 class 为 plate-bg，将其设置为 absolute 布局，并让其显示在歌曲封面图下方。具体的样式代码如下：

```
// 转盘封面
.cover-container{
  display: flex;
  flex-direction: column;
  align-items: center;
  flex-grow: 1;

  // 转盘指针
  .music-pointer{
    width: 222rpx;
    height: 366rpx;
    position: absolute;
    top: 0;
    z-index: 99;
    transition: all linear .5s;
    transform: rotate(-20deg);
  }

  .plate-container{
    position: relative;
    display: flex;
    align-items: center;
    justify-content: center;
    width: 600rpx;
    height: 600rpx;
    margin-top: 14vh;
```

```
    .plate-bg {
      position: absolute;
      left: 0;
      top: 0;
      width: 100%;
      height: 100%;
    }

    .song-cover{
      z-index: 1;
      border-radius: 50%;
      overflow: hidden;
      width: 400rpx;
      height: 400rpx;
    }
  }
}
```

进入小程序 IDE 中查看效果，可以看到唱片机部分 UI 已经基本实现，只是上方的指针位置和预期的不一致，如图 9-5 所示。

这是因为指针目前的横向位置是根据整体的 flex 布局而居中的，但是我们希望的效果是将图片指针的圆心处放置于页面的中间。为了使指针居中，我们根据图片中的圆心所在位置，将图片 margin 进行偏移，以使圆心横向居中，并且纵向在页面最顶端，具体代码如下：

```
// 转盘指针
.music-pointer{
  width: 222rpx;
  height: 366rpx;
  position: absolute;
  top: 0;
  z-index: 99;
  margin: -60rpx 0 0 60rpx;
  transition: all linear .5s;
  transform: rotate(-20deg);
}
```

再次来到 IDE 中查看效果，可以看到指针已经居中显示了，如图 9-6 所示。

下面继续实现音乐控制面板。控制面板有 4 个按钮：上一首、下一首、播放和暂停，不过播放和暂停按钮不会同时出现。我们先在 JavaScript 逻辑中增加一个 data 字段 isPlaying，用于表示当前音乐的播放状态，具体代码如下：

```
Page({
  data: {
    songDetail: null,
    isPlaying: false,
  }
}
```

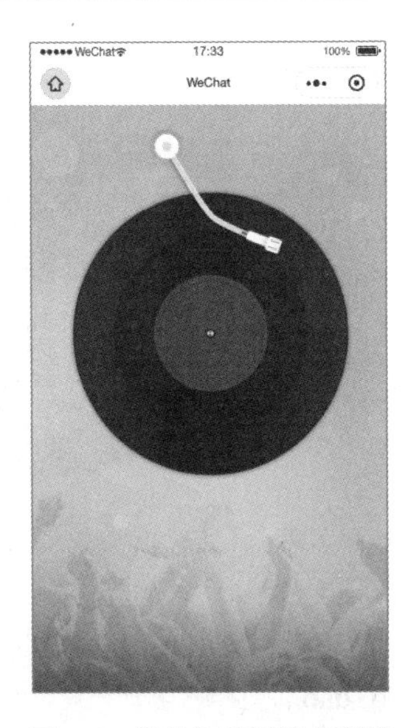

图 9-5　指针位置不符合预期

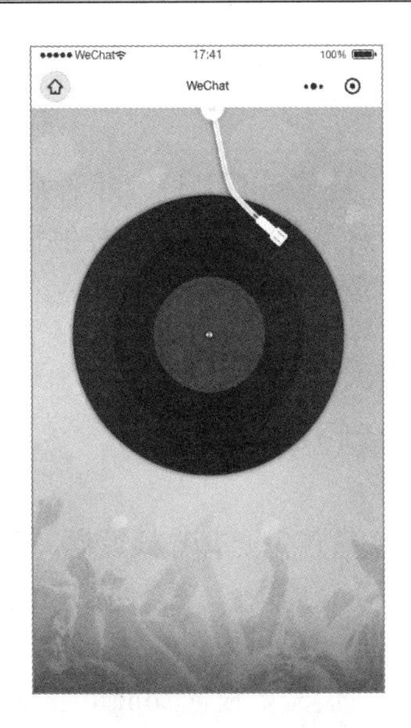

图 9-6　指针位置居中

来到 WXML 中，根据 isPlaying 的字段值决定播放、暂停按钮的显示，具体代码如下：

```
<!--  音乐控制面板-->
<view class="control-panel">
  <image src="./images/previous_icon.png"
         class="previous-btn"></image>
  <image src="./images/play_icon.png"
         hidden="{{isPlaying}}"></image>
  <image src="./images/pause_icon.png"
         hidden="{{!isPlaying}}"></image>
  <image src="./images/next_icon.png"
         class="next-btn"></image>
</view>
```

🔔**注意**：上面用到的图片均可在 src/pages/play/images 中找到。

控制面板的最外层节点使用 flex 的横向布局，并将元素纵向居中显示，具体代码如下：

```
// 控制按钮
.control-panel{
  display: flex;
  align-items: center;
  justify-content: space-between;
  padding-bottom: 32rpx;

  image{
    width: 120rpx;
    height: 120rpx;
  }

  .previous-btn,.next-btn{
    width: 100rpx;
```

```
    height: 100rpx;
  }
}
```

图 9-7　播放按钮效果

完成上述修改后，进入小程序 IDE 中查看效果，可以看到页面上已经成功渲染出了控制面板，如图 9-7 所示。因为 JavaScript 逻辑中 isPlaying 默认为 false，所以当前显示的是播放按钮。

9.1.3　音频数据获取

播放音乐首先要有音频数据，音频数据一般存储在服务器上并通过 URL 提供，小程序本身也提供了播放 URL 音频文件的功能。

首先，我们需要根据 songId 获取音乐的具体信息。在 dao.js 中增加 getSongDetail()函数，用于拉取音乐详细信息，具体代码如下：

```
// 获取歌曲详情（用于播放页面）
async function getSongDetail(songId) {
  return new Promise((resolve, reject) => {
    wx.request({
      url: BASE_URL + 'music/detail',
      data: {id: songId},
      success: function (res) {                    // 网络请求成功执行的回调函数
        resolve(res.data.songs[0])
      }
    })
  })
}
```

在页面的 JavaScript 逻辑中，增加对该函数的调用，具体代码如下：

```
async onLoad(options) {
  const songId = options['songId']          // 在 options 中获取歌曲 ID
  if (!songId) {                            // 如歌曲 ID 为空，返回上一页面
    wx.navigateBack()
    return
  }
  await this.fetchSongDetail(songId)        // 获取歌曲详情
},
async fetchSongDetail(songId) {
  try {
    const songDetail = await dao.getSongDetail(songId)
  } catch (e) {                             // 数据获取失败的提示
    wx.showToast({
      icon: 'none',
      duration: 1500,
      title: '获取数据失败，请稍后重试'
```

```
      });
      wx.navigateBack()
    }
  },
```

进入小程序 IDE 的 Network 面板中查看请求返回的数据结构，如图 9-8 所示。

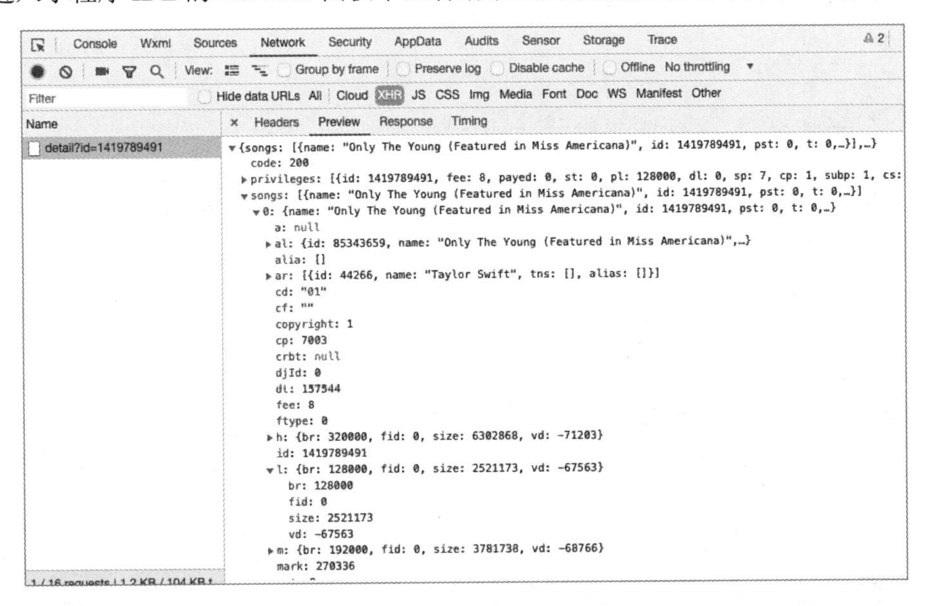

图 9-8　歌曲详情数据展示

由图 9-8 中可以看到，返回的数据中 songs 列表为我们需要的数据。因为目前我们只查询单首歌曲的数据，所以返回结构中 songs 数组的第一个元素取出即可。

在图 9-8 中还可以看到 l、m 和 h 三个字段，它们表示的是不同音频质量：low、medium 和 high，一般选取 low 即可。l.br 表示的是音频码率，通过 singId 和码率便可唯一定位到音频 URL。再次来到 dao.js 中，增加 getMusicUrl()函数。在该函数中向 music/url 发出请求获取音乐 URL，具体代码如下：

```
// 获取歌曲播放 url
async function getMusicUrl(songId, br) {
  return new Promise((resolve, reject) => {
    wx.request({
      url: BASE_URL + 'music/url',
      data: {
        id: songId,
        br,
      },
      success: function (res) {          // 网络请求成功执行的回调函数
        resolve(res.data.data[0].url)
      }
    })
  })
}
```

回到页面的 JavaScript 逻辑，在拉取音乐详情后调用 dao.js 中的 getMusicUrl()进一步获取音频 URL，并将其保存到 data 的 musicUrl 字段中，具体代码如下：

```
async fetchSongDetail(songId) {
  try {
    const songDetail = await dao.getSongDetail(songId) // 获取歌曲详情
    this.setData({                                   // 更新歌曲详情到 data
      songDetail
    })
    console.log(songDetail.al.picUrl)
    // 获取歌曲播放链接
    const musicUrl = await dao.getMusicUrl(songId, songDetail.l.br)
    this.setData({                                   // 更新播放链接到 data
      musicUrl
    })
  } catch (e) {                                      // 数据获取失败的提示
    wx.showToast({
      icon: 'none',
      duration: 1500,
      title: '获取数据失败，请稍后重试'
    });
    wx.navigateBack()
  }
},
```

9.1.4　音乐播放控制

获得了音频 URL 后，便可开始着手音频播放的逻辑开发。因为音乐播放逻辑和页面逻辑应该是解耦的，所以我们单独创建一个 src/utils/player-manager.js 文件，用于管理音乐播放的逻辑。

对这个管理文件的预期是拥有基本的音乐播放和暂停功能，并能控制播放进度。还有当音乐播放状态变化时，能够通知到外部，即支持事件监听。player-manager 是事件发布者，外部应用可向 player-manager 注册事件监听，当 player-manager 发布事件时，对应的订阅者就会被通知到。

厘清思路后，我们开始一步步实现。首先是基本的播放和暂停功能。小程序的音频播放是通过 audioManager 来管理的，获取 audioManager 的方法是调用 wx.getBackground-AudioManager()。获得实例后，便可以调用实例的方法控制音频播放。

来到 player-manager.js 中，声明 playMusic()函数用于播放在线音频，具体代码如下：

```
function playMusic(musicUrl) {                  // 根据音乐链接，播放音乐
  // 获取音乐播放控制类对象
  const audioManager = wx.getBackgroundAudioManager()
  audioManager.src = musicUrl
  audioManager.title = ''
  audioManager.play()
}
```

audioManager 对象的使用方法非常简单，将 audioManager 的 src 属性设置为音频 URL，调用 play()函数即可。

接下来实现暂停方法，增加 pause 函数，调用 audioManager 的 pause 函数，具体代码如下：

```
function pause() {                              // 暂停播放
  // 获取音乐播放控制类对象
  const audioManager = wx.getBackgroundAudioManager()
  audioManager.pause()
}
```

在 player-manager.js 文件的最后，将这两个函数导出供外部调用，具体代码如下：

```
module.exports = {
  playMusic,
  pause,
}
```

有了暂停和播放函数，下面我们回到播放页面的 JavaScript 逻辑中，使用这两个方法实现基本的音乐播放和暂停功能。

在 JavaScript 中，我们给播放和暂停按钮绑定回调函数，具体代码如下：

```
<!-- 音乐控制面板-->
<view class="control-panel">
  <image src="./images/previous_icon.png"
         class="previous-btn"></image>
  <image src="./images/play_icon.png"
         bindtap="onClickPlay"
         hidden="{{isPlaying}}"></image>
  <image src="./images/pause_icon.png"
         bindtap="onClickPause"
         hidden="{{!isPlaying}}"></image>
  <image src="./images/next_icon.png"
         class="next-btn"></image>
</view>
```

在 JavaScript 逻辑中，引用 player-manager 方法，并调用其来控制音乐播放，具体代码如下：

```
// 引入 player-manager.js
const playerManager = require('../../utils/player-manager')

onClickPlay() {                                     // 点击播放按钮的回调函数
   console.log('music url', this.data.musicUrl)
   playerManager.playMusic(this.data.musicUrl) // 播放音乐
  },
  onClickPause() {                                  // 点击暂停按钮的回调函数
   playerManager.pause()
  },
```

注意这里的 this.data.musicUrl 是 9.1.2 节中设置到 data 上的 musicUrl 数据。

进入小程序 IDE 中，点击播放按钮，可以发现音乐已经能够播放了，但是页面显示的依然是播放按钮而不是暂停按钮。

再次来到 player-manager.js 来设计监听部分的逻辑。这样当音乐状态变为播放时，便能通知外部将播放按钮隐藏，将暂停按钮显示。同样地，当音乐状态变为暂停时，需要将暂停按钮隐藏，将播放按钮显示。

除了播放和暂停外，我们还需要知道音乐播放进度，用来显示音乐播放的进度条。所以，我们需要监听的事件有 3 类，具体代码如下：

```
const EVENT_TYPE = {
  ON_PAUSE: 'onPause',                          // 暂停事件
  ON_PLAY: 'onPlay',                            // 播放事件
  ON_TIME_UPDATE: 'onTimeUpdate'                // 播放进度更新事件
}
```

定义 listenerMap 用来存储当指定事件发生时，需要执行的回调函数列表，具体代码如下：

```
const listenerMap = {                           // 不同事件触发的回调函数列表
  onPause: [],
  onPlay: [],
  onTimeUpdate: [],
}
```

定义 init()函数，用于初始化监听事件的监听，具体代码如下：

```
function init() {                               // 初始化事件监听
  const audioManager = wx.getBackgroundAudioManager()
  // 注册监听事件
  audioManager.onTimeUpdate((error) => {        // 触发音乐播放进度更新事件
    if (error) return
    listenerMap[EVENT_TYPE.ON_TIME_UPDATE].forEach(callback => {
      callback && callback()
    })
  })
  audioManager.onPlay(() => {                   // 触发音乐开始播放事件
    listenerMap[EVENT_TYPE.ON_PLAY].forEach(callback => {
      callback && callback()
    })
  })
  audioManager.onPause(() => {                  // 触发音乐暂停播放事件
    listenerMap[EVENT_TYPE.ON_PAUSE].forEach(callback => {
      callback && callback()
    })
  })
}
```

其中，onPlay()和 onPause()非常好理解，分别是音乐状态变为播放和变为暂停的事件。onTimeUpdate()为音乐播放进度变化的事件，在该事件中，我们可以通过 audioManager 的属性获取具体进度，并更新 UI 以实现音乐进度实时更新的效果。

有了基本的事件回调逻辑，下面需要暴露注册监听事件和解除监听事件的接口供外部调用，具体代码如下：

```
function registerEvent(eventName, callback) {       // 注册监听事件
  // 检查事件名合法性
  if (Object.values(EVENT_TYPE).indexOf(eventName) === -1) return
  if (!callback) return
  listenerMap[eventName].push(callback)
}

function unregisterEvent(eventName, callback) {     // 解除监听事件
// 检查事件名合法性
  if (Object.values(EVENT_TYPE).indexOf(eventName) === -1) return
  if (!callback) return
  if (listenerMap[eventName].indexOf(callback) === -1) return

listenerMap[eventName].splice(listenerMap[eventName].indexOf(callback),
1)
}
```

在模块导出部分加上这两个函数及EVENT_TYPE，具体代码如下：

```
module.exports = {
  EVENT_TYPE,
  registerEvent,
  unregisterEvent,
  playMusic,
  pause,
}
```

再次回到页面的 JavaScript 逻辑中，现在我们可以在页面初始化的逻辑中，向player-manager注册音乐播放和暂停的监听事件，并在回调函数中修改音乐播放的状态。

增加三个函数：initPlayerListener()（用于初始化监听事件）、onPlay()（用于处理音乐开始播放逻辑）和onPause()（用于处理音乐暂停逻辑），具体代码如下：

```
// 引入 EVENT_TYPE
const PLAYER_EVENT_TYPE = playerManager.EVENT_TYPE

  initPlayerListener() {              // 初始化监听事件
    playerManager.registerEvent(PLAYER_EVENT_TYPE.ON_PLAY, this.onPlay)
    playerManager.registerEvent(PLAYER_EVENT_TYPE.ON_PAUSE,
this.onPause)
  },
  onPlay(){                           // 更新音乐播放状态为正在播放
    this.setData({
      isPlaying: true,
    })
  },
  onPause(){                          // 更新音乐播放状态为暂停播放
    this.setData({
      isPlaying: false
    })
  },
```

在页面初始化的onLoad()函数中调用initPlayerListener()函数，具体代码如下：

```
async onLoad(options) {
  const songId = options['songId']
```

```
    if (!songId) {                              // 判断歌曲 ID 是否为空
      wx.navigateBack()
      return
    }
    this.initPlayerListener()                   // 初始化音乐播放状态监听
    await this.fetchSongDetail(songId)
  },
```

完成上述逻辑改动后，进入小程序 IDE 中测试效果，可以看到，点击播放按钮后音乐开始播放并且播放按钮变为了暂停按钮，继续点击暂停按钮，音乐被暂停并且暂停按钮切换为了播放按钮。

9.1.5　唱片机效果实现

实现基本的音乐播放功能后，下面来实现页面上方的唱片机效果。首先将前面获取的音乐详情数据中的封面图展示出来。

封面图展示的地方有两处，一个是背景的高斯模糊效果，另一个是唱片转盘部分。首先在原来的默认背景图后，增加歌曲封面的背景图，具体代码如下：

```
<!-- 整体背景图-->
<image src="./images/bg.jpg"
       class="bg-img"></image>

<!-- 歌曲封面模糊化背景图-->
<image src="{{songDetail.al.picUrl}}?param=600y600"
       mode="aspectFill"
       class="blur-bg-img"></image>
```

封面高斯模糊的背景图可以通过 CSS 的 filter 来实现。其布局和默认背景图保持一致，可复用 bg-img 的 CSS，为了让其显示在默认背景图之前，还需要通过 z-index 来控制其层级，具体代码如下：

```
.bg-img, .blur-bg-img {
  position: absolute;
  left: 0;
  top: 0;
  width: 100%;
  height: 100%;
}

.bg-img {
  z-index: -2;
}

.blur-bg-img {
  filter: blur(20px) brightness(.8);
  background-size: 100% 100%;
  background-position: center center;
  background-repeat: no-repeat;
  transform: scale(1.3);
```

```
  z-index: -1;
}
```

另一处用到封面图的位置，因为之前已经完成了 UI 布局，只需将封面图 URL 通过 setData()函数更新到 UI 即可，具体代码如下：

```
<!-- 唱片转盘-->
<view class="cover-container">

  <!-- 唱片机指针-->
  <image class="music-pointer {{isPlaying ? 'playing' : ''}}"
         src="./images/pointer.png"></image>

  <!-- 中心唱片-->
  <view class="plate-container">
    <image class="plate-bg"
           src="./images/plate_bg.png"></image>
    <image class="song-cover"
           src="{{songDetail.al.picUrl}}?param=600y600"></image>
  </view>
</view>
```

完成上述修改后，进入小程序 IDE 查看效果，可以看到 UI 效果得到了很大的提升，如图 9-9 所示。

图 9-9　背景高斯模糊效果

下面来实现唱片机顶部的指针效果，预期效果是当音乐开始播放时将指针搭在转盘上，当音乐暂停时将指针移开转盘。要实现这样一个旋转的效果，很容易想到可以通过 CSS 的 transform 来实现。通过对指针在播放时和暂停时设置不同的 rotate 角度，并通过设置 transition 来增加状态变化时的动画效果，这样便可实现当音乐状态从暂停变为播放时，指针转动到转盘上的效果，具体的 CSS 代码如下：

```
// 转盘指针
.music-pointer{
  width: 222rpx;
  height: 366rpx;
  position: absolute;
  top: 0;
  z-index: 99;
  margin: -60rpx 0 0 60rpx;
  transform-origin: 60rpx 60rpx;
  transition: all linear .5s;
  transform: rotate(-20deg);

  &.playing{
    transform: rotate(0deg);
  }
}
```

注意：代码中的&.playing 为 less 中的语法，其等同于.music-pointer.playing。

旋转时，我们希望以图片中指针圆形的位置进行旋转，所以还需要将圆形从默认的左上角移动到圆心处，即“transform-origin: 60rpx 60rpx;”。

同时，在 WXML 中，我们需要在音乐开始播放时给指针赋予 playing 的 class，在暂停时移除 playing 的 class，具体代码如下：

```
<!-- 唱片机指针-->
<image class="music-pointer {{isPlaying ? 'playing' : ''}}"
       src="./images/pointer.png"></image>
```

完成上述改动后，进入小程序 IDE 中测试点击播放按钮和暂停按钮，可以看到指针动态旋转的效果已成功实现。

9.1.6　音乐进度组件

下面来实现音乐进度组件，首先新建该组件的文件结构，如下：

```
src/pages/play/music-progress
├── index.js
├── index.json
├── index.less
└── index.wxml

0 directories, 4 files
```

同时，在音乐播放页面的 JSON 配置文件中，声明对该组件的引用，具体代码如下：

```
{
  "usingComponents": {
    "music-progress": "./music-progress/index"
  }
}
```

接下来开始组件开发。首先分析该组件需要用到哪些 UI 元素。音乐进度组件不仅能展示当前播放的进度，还能让用户拖动进度条快速定位播放位置。这类似于前端表单组件中常用的 slider，小程序中也默认提供了该组件。

除了用进度条表示进度外，还需要显示播放时长和剩余时长，这样分析下来，组件的 UI 元素基本就清晰了，下面是 WXML 布局代码。

```
<view class="music-progress">
  <text class="current-time-label label">00:00</text>
  <slider class="music-slide"
        max="{{100}}"
        min="0"
        step="1"
        color="white"
        activeColor="white"
        backgroundColor="grey"
        block-size="12"
        value="{{100}}"></slider>
  <text class="duration-label label">04:00</text>
</view>
```

样式方面，使用横向居中布局即可，纵向居中，具体代码如下：

```
.music-progress {
  display: flex;
  align-items: center;
  justify-content: center;
  color: white;
  padding: 0 16rpx;

  .progress-bar{
    width: 520rpx;
    border-radius: 4rpx;
    position: relative;
  }

  .music-slide{
    height: 100%;
    width: 520rpx;
  }

  .label{
    display: inline-block;
    text-align: center;
    width: 100rpx;
    font-size: 24rpx;
  }
}
```

完成了基本的UI元素布局后，来到音乐播放页面的WXML文件中，将音乐进度组件放置在控制面板上方，具体代码如下：

```
<!-- 播放进度条-->
<music-progress
        style="width: 100%;"
        currentTime="{{currentTime}}"
        duration="{{duration}}"
        downloadPercent="{{downloadPercent}}"
        bind:seek-music="onSeekMusic"></music-
progress>
```

进入小程序IDE中查看效果，如图9-10所示。

图9-10　进度条组件效果

从图9-10中可以看到，基本的时间展示、进度展示和拖动功能都有了，不过目前展示的还只是假数据。下面我们回到组件中，继续开发真实功能。

我们来划分组件和页面之间的关系。组件需要从外部传入音乐时长和当前音乐进度，并需要在用户拖动进度条时，通知页面用户拖动到的新进度。

划分好组件和页面间的逻辑关系后，来到组件的JavaScript逻辑中增加properties的声明，具体代码如下：

```
properties: {
  currentTime: {                                    // 当前播放时间
```

```
      type: Number,
      value: 0
    },
    duration: {                                    // 歌曲时长
      type: Number,
      value: 0
    },
  },
```

传入的播放进度和总时长均是以秒为单位的数字，为了将其转换为音乐播放中的字符串格式，在 data 中再定义两个属性，具体代码如下：

```
data: {
  playTimeLabel: '00:00',                         // 播放时间显示文字
  durationTimeLabel: '00:00',                     // 歌曲时长显示文字
},
```

当外部传入的 properties 发生变化时，将其转换为音乐播放用的字符串格式，并更新到 data 上，WXML 中使用 data 里的数据进行展示便能实时刷新。

下面实现秒数转换为音乐字符串的函数，该函数较为通用，我们将其抽取到 util.js 中进行实现，具体代码如下：

```
const formatMusicTime = (second) =>{          // 格式化歌曲时间显示
  return  `${(Math.floor(second/60)+'').padStart(2,  '0')}:${(Math.floor
(second%60)+'').padStart(2, '0')}`
}

module.exports = {
  formatMusicTime
}
```

回到组件中，调用 formatMusicTime()进行字符串的格式化。监听 properties 的字段变化，可以通过小程序提供的 observers 来实现，具体代码如下：

```
observers: {
  'currentTime': function () {             // currentTime 字段变化时的回调函数
    const newData = {
      playTimeLabel: util.formatMusicTime(this.data.currentTime),
    }
    this.setData(newData)
  },
  'duration': function () {                // duration 字段变化时的回调函数
    this.setData({
      durationTimeLabel: util.formatMusicTime(this.data.duration)
    })
  }
},
```

不要忘记在 WXML 中要改为使用 playTimeLabel 和 durationTimeLabel 来显示时间，具体代码如下：

```
<view class="music-progress">
  <text class="current-time-label label">{{playTimeLabel}}</text>
  <!-- slider 部分代码 -->
```

```
  <text class="duration-label label">{{durationTimeLabel}}</text>
</view>
```

现在我们实现了时间进度展示的逻辑，接下来来到页面中，给组件传递真实的数据以查看效果。因为音乐播放进度是随着 audioPlayer 的播放进度变化而变化的，所以我们需要监听 audioPlayer 更新的事件。回到 initPlayerListener()函数中，增加监听 ON_TIME_UPDATE 的事件，具体代码如下：

```
initPlayerListener() {                // 注册音乐播放状态变化的回调函数
  playerManager.registerEvent(PLAYER_EVENT_TYPE.ON_PLAY, this.onPlay)
  playerManager.registerEvent(PLAYER_EVENT_TYPE.ON_PAUSE, this.onPause)
  playerManager.registerEvent(PLAYER_EVENT_TYPE.ON_TIME_UPDATE,
this.onPlayerTimeUpdate)
},
```

创建监听事件的回调函数：onPlayerTimeUpdate()。在回调函数中设置 data 属性的 duration 和 currentTime 字段，然后在 WXML 中使用这两个字段进行音乐进度条的渲染，具体代码如下：

```
onPlayerTimeUpdate() {                         // 音乐播放进度变化的回调函数
  const audioManager = wx.getBackgroundAudioManager()
  this.setData({
    duration: audioManager.duration,         // 更新总时长
    currentTime: audioManager.currentTime,  // 更新当前播放时间
  })
},
<!-- 播放进度条-->
<music-progress
        style="width: 100%;"
        currentTime="{{currentTime}}"
        duration="{{duration}}"></music-progress>
```

完成上述改动后，进入小程序 IDE 中查看效果，单击播放按钮后，可以看到音乐进度条的左右两个时间字符串已经能正确显示。但是进度的圆点没有更新，这是因为我们没有根据音乐播放进度百分比来设置 slider 的数值。下面是 slider 部分的 WXML 代码。

```
<slider class="music-slide"
        max="{{100}}"
        min="0"
        step="1"
        color="white"
        activeColor="white"
        backgroundColor="grey"
        block-size="12"
        value="{{100}}"></slider>
```

我们给定 slider 的 max 为 100，min 为 0，value 为 100，slider 的进度当然就一直是 100%了。要显示当前音乐的播放进度，只需要将 slider 的 max 设置为音乐总长度，将 value 设置为当前播放的长度，slider 就会自动显示出播放的进度了。

修改后的 WXML 代码如下：

```
<view class="music-progress">
```

```
    <!-- 播放进度 -->
    <text class="current-time-label label">{{playTimeLabel}}</text>
    <slider
        class="music-slide"
        max="{{duration}}"
        min="0"
        step="1"
        color="white"
        activeColor="white"
        backgroundColor="grey"
        block-size="12"
        value="{{sliderValue}}"></slider>
    <!-- 音乐总时长 -->
    <text class="duration-label label">{{durationTimeLabel}}</text>
  </view>
```

再次进入小程序 IDE 中，单击音乐播放按钮，可以看到滑块也正常移动了。

现在，组件已完成了基本的数据展示能力，下面要实现其业务逻辑：拖动滑块控制音乐播放进度。滑块的拖动事件可以通过 bindchange 和 bindchanging 来进行监听，其中 bindchange 事件是在用户拖动完成松手时触发，而 bingchanging 事件是在拖动的过程中就不断触发。

其实现在可以尝试进入小程序 IDE 中，在音乐播放的过程中拖动滑块，会发现刚刚拖动就会自动复位了。这是因为随着音乐的播放，外部传给音乐进度组件的 currentTime 不断在变化，会造成滑块位置的更新。

为了解决这个问题，可以通过监听 bindchanging 方法，并在其中设置一个标志位 seeking，当该标志位为 true 时，表示用户正在拖动，那么当 observers 中的 currentTime 发生变化时，则不去更新 sliderValue，这样就不会在用户拖动时更新滑块位置了。

下面是 JavaScript 逻辑的具体实现。代码如下：

```
  // 用于标识当前用户是否在拖动滑块
  seeking: false,
  observers: {
    'currentTime': function () {        // currentTime 字段变化时的回调函数
      const newData = {
        playTimeLabel: util.formatMusicTime(this.data.currentTime),
      }
      // 如果用户没有在拖动滑块，才更新 sliderValue
      if (!this.seeking) {
        newData.sliderValue = this.data.currentTime
      }
      this.setData(newData)
    },
    'duration': function () {            // duration 变化时，回调函数
      this.setData({
        durationTimeLabel: util.formatMusicTime(this.data.duration)
      })
    }
  },
```

在 WXML 中绑定 bindchanging 方法，并设置 seeking 的值。另外，需要在用户完成拖动动作后，将 seeking 置为 false，具体代码如下：

```
<slider bindchange="onSeek"
        bindchanging="onSeeking"
        class="music-slide"
        max="{{duration}}"
        min="0"
        step="1"
        color="white"
        activeColor="white"
        backgroundColor="grey"
        block-size="12"
        value="{{sliderValue}}"></slider>
```

下面是两个回调函数的实现，具体代码如下：

```
methods: {
  onSeek(e) {                        // 用户拖动结束的回调函数
    this.seeking = false
  },
  onSeeking() {                      // 用户开始拖动的回调函数
    this.seeking = true
  }
}
```

接下来实现拖动逻辑。拖动完成后，组件向外抛出一个拖动进度的 event，具体的音乐进度处理由接收这个事件的页面回调函数来实现。

这里我们在 event 中直接抛出当前播放的时间点，这样音乐播放器直接定位到这个时间点即可，具体代码如下：

```
methods: {
  onSeek(e) {
    this.seeking = false
    const seekTime = e.detail.value     // 由 e.detail 中获取拖动位置的时间
    // 抛出拖动进度的 event，带上拖动位置的时间数据
    this.triggerEvent('seek-music', {
      seekTime
    })
  },
}
```

因为 slider 的数字范围是[0, duration]，所以 event.detail.value 就是当前拖动到的位置对应的时间点。

下面来到页面中，对音乐播放组件抛出的该事件进行处理，具体代码如下：

```
<!-- 播放进度条-->
<music-progress
        style="width: 100%;"
        currentTime="{{currentTime}}"
        duration="{{duration}}"
        bind:seek-music="onSeekMusic"></music-progress>
```

抛出的事件名为 seek-music，绑定时的语法为 bind:seek-music。在 JavaScript 中实现 onSeekMusic()函数，并调用 music-player 调整音乐播放进度，具体代码如下：

```
onSeekMusic(e) {                              // 用户拖动进度条的回调函数
  const seekTime = e.detail.seekTime
  playerManager.seekMusic(seekTime)
}
```

当然，现在 playerManager 中还没有实现 seekMusic()函数，所以会报错。我们来到 player-manager 中增加 seekMusic()函数，并将其导出，具体代码如下：

```
function seekMusic(seekTime) {                // 控制音乐播放进度
  if (seekTime < 0) return                    // 校验播放时间需大于 0
  const audioManager = wx.getBackgroundAudioManager()
  audioManager.seek(seekTime)                 // 调整播放进度到指定时间点
}

module.exports = {
  EVENT_TYPE,
  registerEvent,
  unregisterEvent,
  playMusic,
  pause,
  seekMusic
}
```

如此便实现了音乐进度控制的功能。再次进入小程序 IDE 中尝试播放并拖动进度条，可以看到音乐进度组件的功能已经实现。

9.1.7　歌词组件

下面来实现歌词组件。首先创建一个最基本的歌词组件，并让它显示，其结构如下：

```
pages/play/lyric
├── index.js
├── index.json
├── index.less
└── index.wxml

0 directories, 4 files
```

来到播放页面的 JSON 中，增加对该组件的引用，具体代码如下：

```
{
  "usingComponents": {
    "lyric": "./lyric/index",
    "music-progress": "./music-progress/index"
  }
}
```

因为音乐转盘和歌词组件是切换显示的，所以需要有一个状态变量用于控制当前显示哪一部分的 UI。我们在 JavaScript 逻辑中的 data 中增加 displayMode 变量，该变量值为 lyric 或 cover。我们将 displayMode 设置为 cover，即默认显示转盘。

然后在 WXML 中增加 lyric 组件的使用。通过 displayMode 变量控制转盘和歌词的显示，具体代码如下：

```
<!-- 唱片转盘-->
<view hidden="{{displayMode !== 'cover'}}"
      bindtap="onCloseCover"
      class="cover-container">

  <!-- 唱片机指针-->
  <image class="music-pointer {{isPlaying ? 'playing' : ''}}"
         src="./images/pointer.png"></image>

  <!-- 中心唱片-->
  <view class="plate-container">
    <image class="plate-bg"
           src="./images/plate_bg.png"></image>
    <image class="song-cover"
           src="{{songDetail.al.picUrl}}?param=600y600"></image>
  </view>
</view>


<!-- 歌词部分 -->
<view class="lyric-container"
      hidden="{{displayMode !== 'lyric'}}">
  <lyric></lyric>
</view>
```

通过给转盘绑定点击事件，当用户点击转盘时，设置 displayMode 为 lyric，以切换歌词模式显示。给转盘绑定点击事件 bindtap:onClickCover，具体代码如下：

```
const DISPLAY_MODE = {                // 定义显示模式常量
  COVER: 'cover',
  LYRIC: 'lyric'
}

onCloseCover() {
    this.setData({                    // 切换为歌词模式
      displayMode: DISPLAY_MODE.LYRIC
    })
},
```

进入小程序 IDE 中测试点击转盘，可以看到页面成功切换为了歌词显示页面。因为目前 lyric 组件还是空的，所以切换后页面中间部分为空。

接下来开始分析并实现歌词组件的具体逻辑。首先分析组件的输入/输出，歌词的信息是由页面来控制的，所以应该有一个 property 用于接收歌词数据，当音乐播放时，需要控制歌词的滚动速度，而音乐播放进度也是页面控制的，所以需要一个属性 currentIndex 接收当前进度。另外，当点击歌词时，需要通知所在页面已被点击，所以需要在代码逻辑中抛出

click-lyric 事件。

完成上面的功能分析后，歌词组件的大致框架就出来了，下面开始具体实现。

首先介绍如何获取歌词信息。和之前一样，我们在 dao.js 文件中增加获取歌词数据的接口，具体代码如下：

```
// 获取歌词
async function getLyric(songId) {
  return new Promise((resolve, reject) => {
    wx.request({
      url: BASE_URL + 'lyric',
      data: {
        id: songId
      },
      success: function (res) {                    // 网络请求成功执行的回调函数
        resolve(res.data)
      }
    })
  })
}
```

在音乐播放页面的初始化回调函数中，调用 getLyric()函数并将得到的 lyric 保存到 data 的 lyric 字段中，具体代码如下：

```
async onLoad(options) {
  const songId = options['songId']
  if (!songId) {
    wx.navigateBack()
    return
  }
  this.initPlayerListener()
  this.fetchLyric(songId)                          // 拉取歌词信息
  await this.fetchSongDetail(songId)
},
async fetchLyric(songId) {                         // 获取歌词数据
  const lyric = await dao.getLyric(songId)
},
```

增加调用后，在小程序的 Network 面板中查看输出。

如图 9-11 所示，可以看到后端返回数据的 lrc.lyric 字段便是具体的歌词信息。

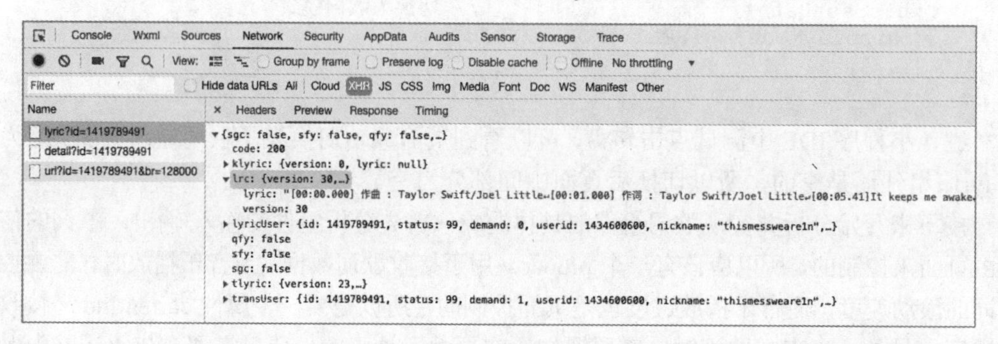

图 9-11　歌词数据展示

这里获取的歌词信息是字符串，但是我们希望展示的是一行一行的歌词，也就是歌词数组，这样能便于进行歌词的列表渲染和高亮显示。所以我们需要对歌词字符串进行解析，解析完成后，希望获得的是每一行的歌词和每一行播放时间的列表。解析的结果数据结构较为复杂，所以我们定义两个类 LyricItem 和 Lyric 方便理解。新建 src/model/lyric.js 文件，在其中声明这两个 class，具体代码如下：

```
class LyricItem {                          // 当前行歌词对象
  constructor(content, second) {
    this.content = content
    this.second = second
  }

}

class Lyric {                              // 一首歌曲的歌词数据
  constructor(lyricItems) {
    this.lyricItems = lyricItems
  }
}

module.exports = {
  LyricItem,
  Lyric
}
```

其中，LyricItem 记录一行歌词的内容和时间点，Lyric 记录一首歌曲的所有歌词。下面对歌词字符串进行解析，来构建 Lyric 类实例。

新建 src/utils/lyric.js 目录，用于解析歌词字符串。解析的思路为：先根据换行符将歌词按行分开；然后根据每行歌词中方括号内的该行歌词的起始时间这一特征，将字符串进行分割并从中取出；最后将每行歌词构造为 LyricItem，并拼接为 Lyric 对象。具体代码实现如下：

```
const lyric = require('../model/lyric')
const Lyric = lyric.Lyric
const LyricItem = lyric.LyricItem

function parseLyric(lrcContentStr) {    // 解析歌词字符串，返回 Lyric 对象
  let lrcList = [];
  let lrc_row = lrcContentStr.split("\n");
  for (let i in lrc_row) {              // 按行进行解析
    if ((lrc_row[i].indexOf(']') === -1) && lrc_row[i]) {
      lrcList.push({ lrc: lrc_row[i] });
    } else if (lrc_row[i] !== "") {
      const tmp = lrc_row[i].split("]");
      for (let j in tmp) {
        // 解析歌词时间
        let tmp2 = tmp[j].substr(1, 8);
        tmp2 = tmp2.split(":");
        let lrc_sec = parseInt(tmp2[0] * 60 + tmp2[1] * 1);
        if (lrc_sec && (lrc_sec > 0)) {
```

```
            // 取出歌词左右两边的空格
            let lrc = (tmp[tmp.length - 1]).replace(/(^\s*)|(\s*$)/g, "");
            lrc && lrcList.push(new LyricItem(lrc, lrc_sec));
          }
        }
      }
    }
    return new Lyric(lrcList)
  }

  module.exports = {
    parseLyric
  }
```

有了歌词解析的方法后，回到页面的 JavaScript 逻辑中来修改 fetchLyric()函数，将解析出来的 Lyric 对象赋值到 data.lyric 字段中，具体代码如下：

```
async fetchLyric(songId) {
  const lyric = await dao.getLyric(songId)
  console.log('lyric', lyric)
  this.setData({                    // 更新歌词对象到 data
    lyric: lyricUtil.parseLyric(lyric.lrc.lyric)
  })
},
```

获取歌词数据后，下面来介绍如何获取歌词播放进度。我们知道 LyricItem 中保存了每行歌词的起始时间，并且可以通过在 onPlayerTimeUpdate()回调函数中通过 audioManager 获得音乐播放的时间。那么我们只需遍历每行歌词，找到最后一行歌词起始时间早于当前音乐播放时间的歌词，那么这行歌词便是歌曲当前唱到的地方。

在页面的 JavaScript 中，增加计算当前播放歌词位置的函数 findCurrentLyricIndex()，具体代码如下：

```
/**
  * 计算当前播放歌词的 index
  * @param lyric: Lyric
  * @param currentTime: number current music play time
  */
findCurrentLyricIndex(lyric, currentTime) {
  let lyricIndex = 0
  for (let i = 0; i < lyric.lyricItems.length; i++) {
    const lyricItem = lyric.lyricItems[i]
    // 找到第一个起始时间早于当前播放时间的歌词 index
    if (lyricItem.second < currentTime) lyricIndex = I
  }
  return lyricIndex
},
```

来到 onPlayerTimeUpdate()回调函数中，在每次音乐播放进度更新时计算歌词 index 并更新到 data 的 lyricCurrentIndex 字段上，具体代码如下：

```
onPlayerTimeUpdate() {                          // 歌曲播放进度更新回调函数
  const lyricIndex = this.findCurrentLyricIndex(this.data.lyric,
```

```
      wx.getBackgroundAudioManager().currentTime)     // 获取当前播放歌词位置
    const audioManager = wx.getBackgroundAudioManager()
    this.setData({                                    // 更新歌曲播放信息
      lyricCurrentIndex: lyricIndex,
      duration: audioManager.duration,
      currentTime: audioManager.currentTime,
      bufferedTime: audioManager.buffered
    })
  },
```

现在我们获得了歌词组件需要的数据，来到 WXML 中，将这两个数据赋予 lyric 组件的 properties，具体代码如下：

```
<!-- 歌词部分 -->
<view class="lyric-container"
      hidden="{{displayMode !== 'lyric'}}">
  <lyric lyric="{{lyric}}"
        currentIndex="{{lyricCurrentIndex}}"
        bind:click-lyric="onCloseLyric"></lyric>
</view>
```

下面来到歌词组件当中，具体实现其功能。该组件的 JavaScript 逻辑非常简单，主要是定义从外部获取的 properties 属性，另外有一个点击时抛出的 click-lyric 事件，具体代码如下：

```
Component({
  properties: {
    lyric: {                                  // 歌词数据
      type: Object,
      value: {}
    },
    currentIndex: {                           // 当前播放歌词 index
      type: Number,
      value: 0
    }
  },
  methods:{
    clickLyric() {                            // 点击歌词 UI
      this.triggerEvent('click-lyric')
    }
  }
})
```

歌词组件实现的难点在于歌词的渲染，以及歌词进度变化时如何平滑地让页面上的歌词滑动。下面先将歌词简单地展示到页面上。在 WXML 中对 lyric.lyricItems 进行列表渲染，将 lyricItem.content 字段渲染出来，具体代码如下：

```
<view class="lyric-container"
      bindtap="clickLyric">
  <view
        hidden="{{!lyric}}">
```

```
    <view wx:for-items="{{lyric.lyricItems}}"
          wx:key="index"
          class="row">
      {{item.content}}
    </view>
  </view>

  <view hidden="{{lyric}}"
        class="loading-panel">
    歌词加载中...
  </view>
</view>
```

在 CSS 代码中，对页面 UI 进行简单的装饰，设置字体大小、颜色和透明度，具体代码如下：

```
.lyric-container{
  text-align: center;

  .row{
    opacity: 0.5;
    color: white;
    font-size: 31rpx;
    line-height: 68rpx;
  }
}
```

完成上面的调整后，进入小程序 IDE 中切换到歌词面板查看效果，可以看到歌词内容已经渲染出来了，如图 9-12 所示。

下面将当前播放的歌词进行高亮显示。判断当前歌词是否为播放歌词的依据是 index 是否等于 currentIndex。如果是当前正在播放的歌词，对其设置名为 current-row 的 class 属性，让其高亮显示，具体代码如下：

```
.current-row{
  opacity: 1;
  transition: all ease 1s;
}
```

进入小程序 IDE 中切换到歌词模式，可以看到第一行歌词已经高亮展示，如图 9-13 所示。点击音乐播放按钮，可以看到高亮歌词随着音乐播放开始切换。

当然，这不是我们希望的最终效果。我们希望的最终效果是，歌词整体不断向上滑动，当前正在播放的歌词始终居中展示。通过 CSS 的 transform 属性可以方便地实现这一效果。

我们可以对整体歌词部分的 UI 进行纵向偏移，偏移的 offset 通过当前播放的进度来计算，在初始时偏移 0px，随着歌词播放，按照百分比向上进行滑动。这样便能实现歌词整体向上滑动，当前高亮歌词保持居中的效果，具体代码如下：

```
<view style="transform: translateY(calc(-{{currentIndex*100/(lyric.lyricItems.
length)}}%)); transition: all ease 1s;"
```

```
      hidden="{{!lyric}}">

    <view wx:for-items="{{lyric.lyricItems}}"
          wx:key="index"
          class="row {{index===currentIndex ? 'current-row':''}}">
      {{item.content}}
    </view>
  </view>
```

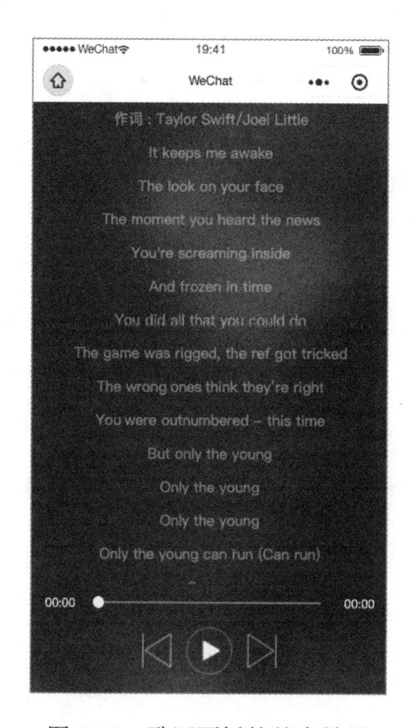

图 9-12　歌词面板的基本效果

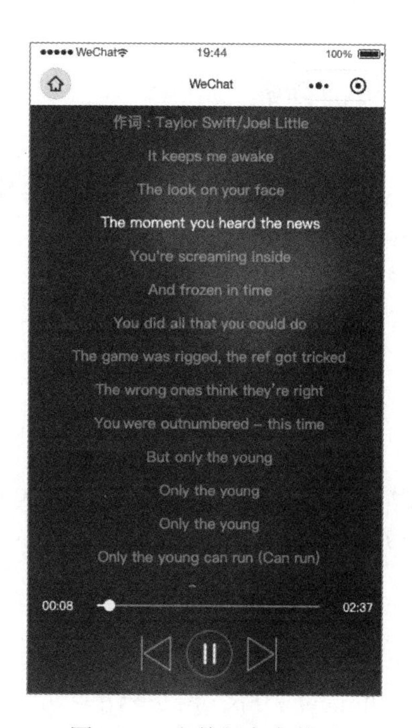

图 9-13　当前行高亮显示

完成上述调整后，进入小程序 IDE 中测试效果，可以看到已经基本实现了我们想要的效果，只是高亮的歌词始终在页面顶部。为了让其居中，我们为 transfrom 属性增加一个 40vh 的初始偏移量。

```
transform: translateY(calc(-{{currentIndex*100/(lyric.lyricItems.length)}}%
+ 40vh));
```

修改后再次来到 IDE 中查看效果，可以看到歌词滚动已经完全实现了我们想要的效果。

到这里音乐播放页面便完成了。在该页面的实现过程中我们充分利用了组件化的思想，将复杂的逻辑拆分到各个组件当中并逐个击破。组件间通过参数接口的定义和事件的定义明确其分工，保证了代码逻辑的清晰。本节最终实现的音乐播放页面有着良好的用户体验，这离不开对 CSS 中各种能力的充分利用。读者在阅读本节内容时，一定要亲自动手实现，尝试调整 CSS 的各种属性并查看效果，这样才能对其掌握得更好。

9.2　歌单详情页

下面来实现歌单详情页，该页面通过歌单 ID 获取歌单的完整信息并展示歌单列表。通过详情页能跳转到很多其他页面，如歌曲播放页（9.1 节已实现）、MV 页面、评论页面。

9.2.1　页面创建

首先来创建基本的目录结构，新建歌单详情页的一些文件，具体结构如下：

```
src/pages/playlist
├── images
│   ├── mv.png
│   └── play-icon.png
├── index.js
├── index.json
├── index.less
├── index.wxml
```

和 9.1 节一样，在 project.config.json 中定义编译模式以方便针对当前页面进行开发，具体代码如下：

```
{
    "id": 1,
    "name": "歌单页面",
    "pathName": "pages/playlist/index",
    "query": "playlistId=3203915472",
    "scene": null
},
```

歌单页面接收一个参数 playlistId，用于获取歌单的详细信息。在小程序 IDE 中切换到刚刚增加的编译模式，便可开始对本页面的开发。

9.2.2　数据获取

要展示歌单详情，首先需要获得歌单的详细数据。在 dao.js 文件中增加获取歌单详情的函数 getPlaylistDetail()，具体代码如下：

```
// 获取歌单详情
async function getPlaylistDetail(playlistId) {
  return new Promise((resolve, reject) => {
    wx.request({
      url: BASE_URL + 'playlist/detail',
      data: {
        id: playlistId,
```

```
        limit: 1000,
      },
      success: function (res) {              // 网络请求成功执行的回调函数
        resolve(res.data)
      }
    })
  })
}
```

该函数需要传递两个参数，分别为 playlistId（唯一标识一个歌单详情的 ID）和 limit（希望拉取的歌曲的数目，这里传递 1000 表示全部拉取）。

来到 src/pages/playlist/index.js 中，在初始化的回调函数中调用 getPlaylistDetail()函数来拉取歌单详情，具体代码如下：

```
Page({
  data: {
    playlistDetail: null,                  // 歌单详情
    playlist: null,                        // 歌曲列表
    creator: null,                         // 歌单创建者
  },
  onLoad(options) {
    if (!options.playlistId) {             // 如果 URL 参数有误，则返回上一页面
      wx.navigateBack()
      return
    }
    this.init(options.playlistId)          // 初始化页面数据
  },
  async init(playlistId) {
    wx.showLoading({mask: true});          // 显示加载中
    try {
      const playlistDetail = await dao.getPlaylistDetail(playlistId)
      this.setData({
        playlistDetail,
        creator: playlistDetail.playlist.creator,
        playlist: playlistDetail.playlist
      })
    } catch (e) {                          // 数据获取失败的提示
      wx.showToast({
        icon: 'none',
        duration: 2000,
        title: '获取歌单详情错误'
      })
    }
    wx.hideLoading()
  },
})
```

注意，在上面的代码中，我们将 playlistDetail.playlist.creator 字段和 playlistDetail.playlist 字段抽取出来放在了外层，这样做是为了方便在 WXML 中调用它们来渲染 UI。

在小程序 IDE 的 Network 面板中可以看到具体数据的字段，如图 9-14 所示。

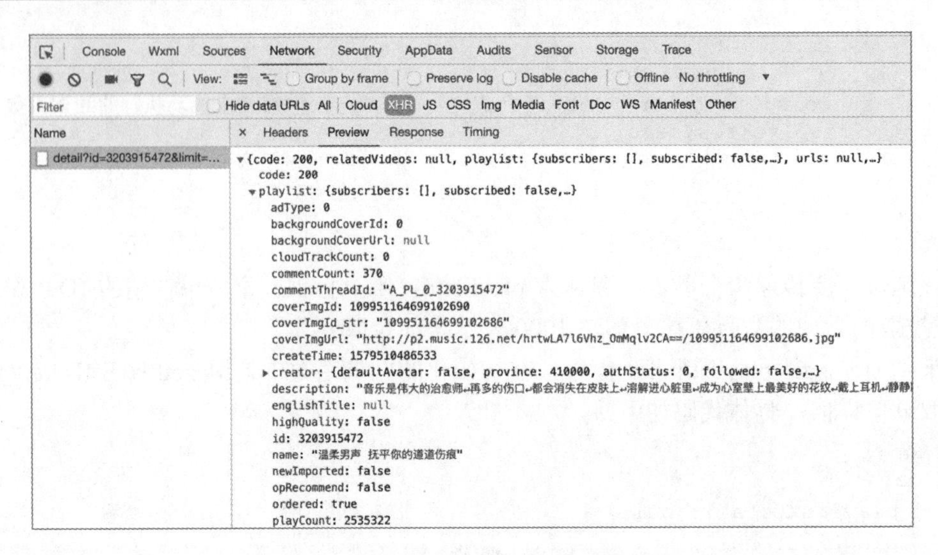

图 9-14　歌单详情数据

9.2.3　静态数据展示

获得数据后，便可以进行 UI 的展示。该页面主要分为上下两部分，上方为歌曲的一些基本信息，如创建者、歌单名、点赞分享等数字信息；下方则是歌单的具体歌曲列表。

页面中交互部分有很多，如创建者头像可点击、上方的评论按钮可点击跳转到评论页面、下方的歌单本身可点击、MV 按钮可点击。

先来实现上部的 UI。上面部分又分为上下两块，上部布局用到了一个用户头像+名字的部分，该模式的 UI 在其他页面也有出现，所以抽取为一个单独的组件方便复用。

创建组件 user-info，具体结构如下：

```
src/components/user-info
├── index.js
├── index.json
├── index.less
└── index.wxml

0 directories, 4 files
```

该组件接收三个属性：用户头像、用户名称和用户 ID。因为该组件的功能较为单一，所以用户点击的处理逻辑直接封装在组件内，当用户点击组件时，会直接调用 wx.navigateTo 跳转到用户详情页。具体代码如下：

```
Component({
  properties: {
    nickName: {                          // 昵称
      type: String,
      value: ''
```

```
    },
    avatarUrl: {                    // 头像链接
      type: String,
      value: ''
    },
    userId: {
      type: String,
      value: ''
    }
  },
  data: {},
  methods: {
    onClick() {                     // 抛出点击事件，带上用户 ID 数据
      this.triggerEvent('click', this.data.userId)
    },
  }
});
```

下面来实现 user-info 组件的 UI 展示，整体布局使用横向的 flex 布局，对头像进行圆角处理，具体代码如下：

```
<view class="user-info" bindtap="onClick">
  <image class="user-avatar"
       mode="widthFix"
       src="{{avatarUrl}}"/>

  <text class="nick-name">{{nickName}}</text>
</view>
```

CSS 的样式较为简单，具体代码如下：

```
.user-info{
  display: flex;
  align-items: center;
  justify-content: center;

  .user-avatar{
    width: 64rpx;
    height: 64rpx;
    border-radius: 50%;
  }

  .nick-name{
    font-size: 32rpx;
    color: white;
    margin-left: 8rpx;
  }
}
```

组件实现完成后，在页面中引用该组件来实现上半部分的布局。需要注意的一点是，布局中用到了类似于音乐播放页面的高斯模糊背景图，要为其设置 absolute 布局，具体代码如下：

```
<view class="container">
```

```
  <!--  上面的详情面板-->
  <view class="playlist-detail"
        style="position: relative; overflow: hidden;">

    <image src="{{playlistDetail.playlist.coverImgUrl}}"
           class="blur-bg"
           mode="widthFix"/>

    <view class="row-container">
      <!-- 歌单封面-->
      <playlist-card playlist="{{playlistDetail.playlist}}"
                     showBottomTitle="{{false}}"
                     class="playlist-cover"/>

      <view>
        <!-- 歌名-->
        <text>{{playlistDetail.playlist.name}}</text>
        <!-- 用户 icon-->
        <user-info nick-name="{{creator.nickname}}"
                   avatar-url="{{creator.avatarUrl}}"
                   user-id="{{creator.userId}}"
                   ></user-info>
      </view>
    </view>

  </view>
</view>
```

样式方面，进行一个横向的 flex 布局即可，具体代码如下：

```
.playlist-detail{
  padding: 32rpx 32rpx;

  .blur-bg {
    position: absolute;
    left: 0;
    top: 0;
    filter: blur(30px) brightness(0.8);
    background-position: center;
    background-repeat: no-repeat;
    width: 100%;
    height: 100%;
    z-index: -1;
  }

  .row-container {
    display: flex;
    align-items: center;
    justify-content: space-between;
    color: white;
    font-size: 32rpx;

    > view{
      display: flex;
      flex-direction: column;
```

```
    align-items: flex-start;
  }

  .playlist-cover {
    width: 32%;
  }
 }
}
```

图 9-15　歌单基本信息展示

完成该部分页面编写后，进入小程序 IDE 中查看效果，如图 9-15 所示。

接下来实现 UGC 数据展示部分，这一块因为逻辑较为独立，我们也将其抽取为一个组件来实现。创建组件对应文件结构，具体如下：

```
src/pages/playlist/ugc-panel
├── images
│   ├── collect.png
│   ├── comment.png
│   └── share.png
├── index.js
├── index.json
├── index.less
└── index.wxml

1 directory, 7 files
```

注意：组件用到的图片资源也在该目录下。

ugc-panel 组件接收 3 个 UGC 数据的参数：collectNum、commentNum 和 shareNum，并在评论按钮被点击时抛出 click-comment 事件，在分享按钮被点击时抛出 click-share 事件。其 JavaScript 逻辑较为简单，代码如下：

```
Component({
 properties: {
  collectNum: {                    // 收藏数目
   type: Number,
   value: 0
  },
  commentNum: {                    // 评论数目
   type: Number,
   value: 0
  },
  shareNum: {                      // 分享数目
   type: Number,
   value: 0
  },
  playlistId: {                    // 歌单 ID
   type: String,
   value: ''
  }
 },
```

```
  data: {},
  methods: {
    onClickComment() {                  // 抛出点击评论按钮事件
      this.triggerEvent('click-comment', this.data.playlistId)
    },
    onClickShare() {                    // 抛出点击分享按钮事件
      this.triggerEvent('click-share', this.data.playlistId)
    }
  }
});
```

在组件 UI 布局方面，横向排列 3 个等宽的图标元素，每个元素中使用纵向的 flex 布局来使元素水平居中。因为 icon 图片本身其上下部分有较多留白，这里将下方数字的 margin-top 设置为负数来减少留白。具体代码如下：

```
.ugc-panel{
  display: flex;
  align-items: center;
  justify-content: space-around;

  > view{
    display: flex;
    flex-direction: column;
    align-items: center;
    justify-content: center;
  }

  .icon{
    width: 110rpx;
  }

  .count-number{
    font-size: 28rpx;
    color: white;
    margin-top: -24rpx;
  }
}
```

这样便完成了 ugc-panel 组件的编写，在页面的 JSON 文件中注册该组件，并在页面 WXML 上部使用，具体代码如下：

```
<!-- 上面的详情面板-->
<view class="playlist-detail"
      style="position: relative; overflow: hidden;">

  <image src="{{playlistDetail.playlist.coverImgUrl}}"
         class="blur-bg"
         mode="widthFix"/>

  <view class="row-container">
    <!-- 歌单封面-->
    <playlist-card playlist="{{playlistDetail.playlist}}"
                   showBottomTitle="{{false}}"
                   class="playlist-cover"/>
```

```
    <view>
      <!-- 歌名-->
      <text>{{playlistDetail.playlist.name}}</text>
      <!--      用户 icon-->
      <user-info nick-name="{{creator.nickname}}"
              avatar-url="{{creator.avatarUrl}}"
              user-id="{{creator.userId}}"
      bind:click="onClickUserInfo"></user-info>
    </view>
  </view>

  <!-- 歌单 UGC 数据-->
  <ugc-panel collectNum="{{playlist.subscribedCount}}"
          commentNum="{{playlist.commentCount}}"
          shareNum="{{playlist.shareCount}}"
          bind:click-comment="onClickComment"></ugc-panel>
</view>
```

增加完成组件引用后，查看效果，可以看到UI已经正常展现了，如图9-16所示。

图9-16　UGC部分信息展示

接下来是播放全部歌曲的按钮，在WXML中增加UI元素，歌曲的总数为playlist.trackCount字段，具体代码如下：

```
<!-- 播放歌单按钮-->
<view class="play-all-row">
  <image src="./images/play-icon.png"
        mode="widthFix"
        class="play-icon"></image>
  <text>播放全部(共{{playlist.trackCount}}首)</text>
</view>
```

最后是歌曲列表的渲染，有了前面的列表渲染经验，想必读者现在对歌单的列表渲染已经驾轻就熟了。歌曲列表数据playlistDetail.playlist.tracks字段，我们在wx:for中将item命名为track。需要渲染的元素有歌曲顺序（index字段）、歌曲名（track.name字段）和歌手-专辑（track.ar[0].name字段和track.al.name字段）。

来到页面布局文件中，在最后增加歌单的列表渲染部分，具体代码如下：

```
<!-- 歌曲列表-->
<view class="song-list">
  <view
    wx:for="{{playlistDetail.playlist.tracks}}"
    wx:for-item="track"
    wx:key="index"
    class="song-row"
    data-song="{{track}}"
    bindtap="onClickSong"
  >
    <text class="index-label">{{index + 1}}</text>
    <view class="song-info">
      <text class="song-name">{{track.name}}</text>
      <text class="song-source">{{track.ar[0].name + '-' + track.al.name}}
```

```
</text>
      </view>
    </view>
  </view>
```

对每一行歌曲设置 class 为 song-row，其布局为横向 flex 布局，对字体等细节进行 CSS 修饰，具体代码如下：

```
.song-row {
  display: flex;
  align-items: center;
  justify-content: center;
  border-bottom: 1rpx solid #e1e2e3;
  padding: 12rpx 0;

  .index-label{
    font-size: 28rpx;
    color: #666666;
    width: 72rpx;
    text-align: center;
  }

  .song-info {
    display: flex;
    flex-direction: column;
    align-items: flex-start;
    justify-content: center;

    .song-name{
      font-size: 32rpx;
      color: black;
    }

    .song-source{
      font-size: 24rpx;
      color: #666666;
    }
  }

  .placeholder {
    flex: 1;
  }
}
```

完成上述调整后，进入小程序 IDE 中查看效果，可以看到歌曲列表已经成功渲染出来了，如图 9-17 所示。

现在还差一个 UI 元素没有显示出来，当歌曲存在 MV 时，需要将 MV 按钮显示出来，用户通过点击 MV 按钮可跳转至 MV 详情页。

歌曲是否存在 MV，可通过 track.mv 字段是否为空进行判断。当该字段不为空时，显示 MV 按钮。下面对歌曲列表渲染的 WXML 代码进行修改。

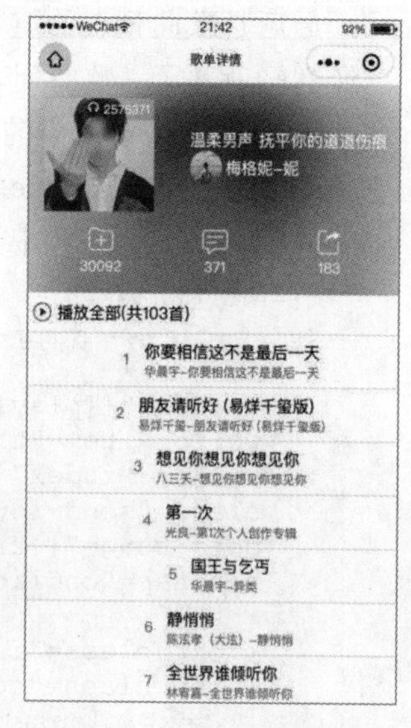

图 9-17　歌单列表展示

```
<!-- 歌曲列表-->
<view class="song-list">
  <view
    wx:for="{{playlistDetail.playlist.tracks}}"
    wx:for-item="track"
    wx:key="index"
    class="song-row"
    data-song="{{track}}"
    bindtap="onClickSong"
  >
    <text class="index-label">{{index + 1}}</text>
    <view class="song-info">
      <text class="song-name">{{track.name}}</text>
      <text class="song-source">{{track.ar[0].name
 + '-' + track.al.name}}</text>
    </view>

    <view class="placeholder"></view>

    <!-- MV 按钮-->
    <image wx:if="{{track.mv !== 0}}"
           src="./images/mv.png"
           mode="widthFix"
           style="width: 54rpx;"
           data-mv-id="{{track.mv}}"
           catchtap="onClickMV"></image>
  </view>
</view>
```

图 9-18　歌单列表样式优化

注意我们增加了一个空的 view，将其 class 设置为 placeholder 用于撑满宽度。完成调整后来到 IDE 中查看效果，如图 9-18 所示。

如此一来，该页面的 UI 部分就全部完成了。

9.2.4　跳转逻辑实现

下面给用户交互的部分增加尚未实现的遗漏跳转逻辑。目前遗漏的逻辑有点击歌曲跳转至歌曲播放页和点击 MV 按钮跳转至 MV 详情页。

在 WXML 中，我们已经分别为其绑定好了点击事件。这里需要注意的一点是，MV 按钮被包含在歌曲<view>之中，为了防止点击 MV 按钮时同时触发对整行 view 的点击事件，对 MV 按钮的点击事件绑定使用 catchtap 而不是 bindtap，其语义为禁止点击事件继续传播。

至于点击事件的具体实现，和普通点击实现相同，无须特殊处理，具体代码如下：

```
onClickSong(e) {                                    // 点击歌曲的回调函数
  const track = e.currentTarget.dataset.song       // 获取点击的歌曲信息
  wx.navigateTo({                                   // 跳转到歌曲播放页面
    url: `/pages/play/index?songId=${track.id}`
  })
},
```

```
onClickMV(e) {            // 点击 MV 图标的回调函数
  // 获取 MV id
  const mvId = e.currentTarget.dataset.mvId
  wx.navigateTo({         // 跳转到 MV 播放页面
    url: `/pages/mv/index?mvId=${mvId}`
  })
},
```

完成上面的跳转逻辑后，该页面的功能就全部完成了。歌曲播放页因为 9.1 节中已经实现所以可以正常跳转，MV 页面和评论页面将在后续继续实现。

9.2.5　排行榜详情页

前面提到过，排行榜详情页其实就是歌单详情页。现在我们已经实现了歌单详情页，回到主页的 ranking-tab 组件中点击排行榜卡片，可以看到已经能正常跳转到排行榜详情页面，效果如图 9-19 所示。

图 9-19　排行榜页面效果展示

9.3　评　论　页

下面实现评论页面，该页面的最终效果如图 9-20 所示。

评论页主要由歌单详情页跳转而来，但是除了歌单页面，MV 详情页同样有评论展示，所以我们需要将评论部分设计为组件以在不同页面间复用。

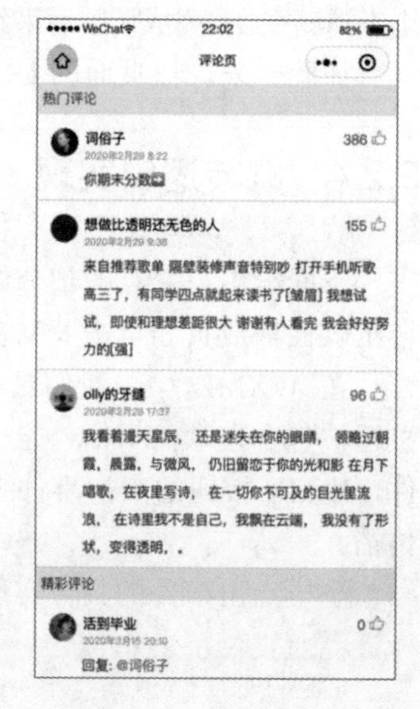

图 9-20　评论页面效果展示

9.3.1　页面创建

首先创建评论页面的文件结构：

```
src/pages/comment
├── index.js
├── index.json
├── index.less
└── index.wxml

3 directories, 13 files
```

和前面的页面开发一样，我们在 project.config.json 中增加对评论页面的配置，方便进行独立开发，具体代码如下：

```
{
    "id": 2,
```

```
    "name": "评论页",
    "pathName": "pages/comment/index",
    "query": "id=A_PL_0_3186978831",
    "scene": null
},
```

这里的 URL 参数中的 ID 为歌单详情页中的 commentThread 字段，读者如果想以其他歌单的评论进行测试，可替换 ID 的值。

9.3.2 数据拉取

首先来看看评论数据的获取，在 dao.js 文件中增加 getCommentList()函数，用于向/comments 接口发出请求拉取评论数据。注意，因为评论数据一般数目较大，所以需要分页进行拉取，具体代码如下：

```
// 获取评论列表
async function getCommentList(commentThreadId, offset = 0, limit = 20) {
  return new Promise((resolve) => {
    wx.request({
      url: BASE_URL + 'comments',
      data: {
        id: commentThreadId,
        offset,
        limit
      },
      success: function (res) {          // 网络请求成功执行的回调函数
        resolve(res.data)
      }
    })
  })
}
```

下面来到评论页面的 JavaScript 逻辑中，增加对 getCommentList()的调用，并在 Network 面板中查看返回的数据结构，如图 9-21 所示。

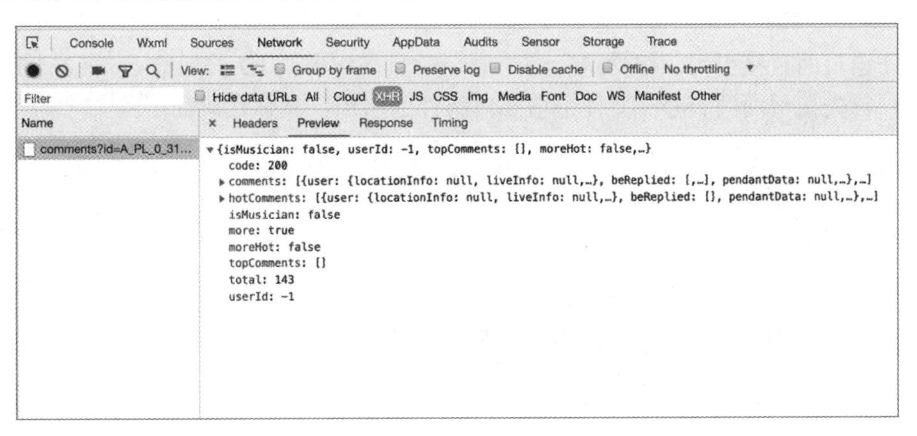

图 9-21　评论数据展示

可以看到评论列表分为 hotComments（热门评论）和 comments（普通评论列表）两部分。

另外，点开评论列表查看一个具体的评论数据，会发现有些 comments 存在 beReplied 字段，该字段表示被回复的评论，如图 9-22 所示。后续 UI 展示时需要将其以评论回复的形式进行渲染。

```
▼{isMusician: false, userId: -1, topComments: [], moreHot: false,…}
  code: 200
  ▼comments: [{user: {locationInfo: null, liveInfo: null,…}, beReplied: [,…], pendantData: null,…},…]
    ▼0: {user: {locationInfo: null, liveInfo: null,…}, beReplied: [,…], pendantData: null,…}
      ▼beReplied: [,…]
        ▶0: {user: {locationInfo: null, liveInfo: null,…}, beRepliedCommentId: 3178531476, content: "你期末分数-",…}
      commentId: 3206406094
      commentLocationType: 0
      content: "反弹"
      decoration: {}
      expressionUrl: null
      liked: false
      likedCount: 0
      parentCommentId: 3178531476
      pendantData: null
      repliedMark: null
      showFloorComment: null
      status: 0
      time: 1584274221985
      ▶user: {locationInfo: null, liveInfo: null,…}
```

图 9-22　回复评论数据展示

9.3.3　数据展示

下面开始数据展示部分的实现。为了复用评论组件，我们将整个评论部分封装为 comment-thread 组件，具体结构如下：

```
src/components/comment-thread
├── index.js
├── index.json
├── index.less
└── index.wxml

0 directories, 4 files
```

在评论页面直接引用该组件进行评论展示，只需将评论 ID 传递给 comment-thread 组件即可。首先在页面的 JSON 文件中增加对组件的引用，具体代码如下：

```
{
  "navigationBarTitleText": "评论页",
  "usingComponents": {
    "comment-thread": "/components/comment-thread/index"
  }
}
```

然后在 WXML 中使用组件即可，具体代码如下：

```
<view class="container">
  <comment-thread comment-thread-id="{{commentThreadId}}"></comment-thread>
</view>
```

注意 WXML 中的 commentThreadId 需要在页面初始化时进行赋值，具体代码如下：

```
Page({
  data: {
    commentThreadId: ''                    // 评论列表 ID
  },
  onLoad(options) {
    const commentThreadId = options['id']
    if (commentThreadId === undefined) {   // 如 URL 参数有误，返回上一页面
      wx.navigateBack()
      return
    }
    this.setData({
      commentThreadId                      // 更新传递给 comment 组件的参数
    })
  },
})
```

下面我们将注意力集中到 comment-thread 组件的实现中来，组件实现完成后，评论页便完成了。

来到 comment-thread 组件的布局代码中，首先将评论页面分为“热门评论”和“精彩评论”两部分。在 JavaScript 逻辑中使用 hotComments 和 comments 来记录这两部分的评论数据，具体代码如下：

```
Component({
  properties: {
    commentThreadId: {                     // 评论列表 ID
      type: String,
      value: ''
    }
  },
  data: {
    hotComments: [],
    comments: [],
    showLoading: false,
    offset: 0,
  },
}
```

在组件中，调用前面 dao.js 中创建的 getCommentList()函数来获取评论数据。考虑到评论的 ID 如果切换时需要更新评论数据，我们在 JavaScript 逻辑中增加对 commentThreadId property 的监听，监听到 ID 变化时重新拉取评论数据并更新 UI，具体代码如下：

```
observers: {
  'commentThreadId': function () {         // 评论 ID 变化的回调事件
    this.fetchComments()                   // 拉取评论数据
  }
},
```

具体拉取评论数据的方法实现如下：

```
async fetchComments() {                    // 拉取评论数据
  if (!this.data.commentThreadId) return
```

```
    try {
      const response = await dao.getCommentList(this.data.commentThreadId,
this.data.offset, PAGE_SIZE)
      // hotComments 字段仅在第一次拉取时存在，需要判空
      const hotComments = response.hotComments && response.hotComments.map
(comment => {
        return this.formatCommentTime(comment)     // 格式化评论时间
      })
      const newComments = response.comments.map(comment => {
        return this.formatCommentTime(comment)     // 格式化评论时间
      })
      const newData = {}
      if (hotComments) newData.hotComments = hotComments
      const comments = this.data.comments.concat(newComments)
      newData.comments = comments
      // 更新偏移量
      this.data.offset = comments.length
      this.hasMore = response.more
      this.setData(newData)
    } catch (e) {
      console.error(e)
      wx.showToast({
        icon: 'none',
        duration: 2000,
        title: '获取评论信息失败'
      })
    }
  },
  formatCommentTime(comment) {                          // 格式化评论时间展示
    comment.time = timeUtil.formatCommentTime(comment.time)
    return comment
  }
```

需要注意的是，因为评论是分页拉取的，所以我们在组件的 data 属性中增加 offset 变量用来记录当前的偏移量，并在拉取到新的评论列表时更新 offset。

为了方便渲染时的时间展示，我们在获取评论数据时，对评论时间字段进行处理，具体的处理逻辑我们抽取出来放到 src/utils/time-util.js 中进行实现。展示规则如下：

- 如果是距离目前时间小于一个小时的，显示 xx 分钟前。
- 大于一小时，但仍属于同一天的，以 xx:xx 格式进行显示。
- 如果是前一天的评论，以昨天 xx:xx 格式进行显示。
- 其他情况，以 xxxx 年 xx 月 xx 日 xx:xx 格式进行显示。

虽然判断分支较多，但是实现起来并不复杂，具体的代码逻辑如下：

```
const ONE_MINUTE = 60 * 1000
const ONE_HOUR = 60 * ONE_MINUTE
const ONE_DAY = 24 * ONE_HOUR

function isYesterday(targetTime) {              // 是否为昨天
  const currentTime = Date.now()
  const today = new Date(currentTime - currentTime % ONE_DAY)
```

```
  return today - (targetTime - targetTime % ONE_DAY) === ONE_DAY
}

function isToday(targetTime) {              // 是否为今天
  const now = Date.now()
  return targetTime - targetTime % ONE_DAY === now - now % ONE_DAY
}

function formatCommentTime(timestamp) {    // 格式化评论时间
  const date = new Date(timestamp)
  // 今天
  if (isToday(timestamp)) {
    if (Date.now() - date.getTime() < ONE_HOUR) {
      return `${Math.floor((Date.now() - date.getTime()) / ONE_MINUTE)}分
钟前`
    }
    return `${date.getHours()}:${date.getMinutes()}`
  }
  // 昨天
  if (isYesterday(timestamp)) {
    return `昨天${date.getHours()}:${date.getMinutes()}`
  }
  return `${date.getFullYear()}年${date.getMonth() + 1}月${date.getDate()}
${date.getHours()}:${date.getMinutes()}`;
}

module.exports = {
  formatCommentTime
}
```

完成上面的逻辑后，我们获取了符合格式要求的评论列表数据。下面进行列表渲染并展示，先将评论中最基本的字段——评论内容展示出来。基本思路是对 hotComments 和 comments 进行列表渲染，渲染出来的元素暂时用 text 组件显示，展示最基本的 commentItem.content 字段，具体代码如下：

```
<scroll-view style="height: 100%;" scroll-y="true">
  <!--热门评论列表-->
  <view class="comment-title">热门评论</view>
  <view class="hot-comment-list">
    <text wx:for="{{hotComments}}" wx:for-item="commentItem" wx:key="index">
      {{commentItem.content}}
    </text>
  </view>

  <!-- 普通评论列表-->
  <view class="comment-title">精彩评论</view>
  <view class="comment-list">
    <text wx:for="{{comments}}" wx:for-item="commentItem" wx:key="index">
      {{commentItem.content}}
    </text>
  </view>
</scroll-view>
```

CSS 部分比较简单，只需对页面上的“热门评论”“精彩评论”两个标题进行简单的修饰即可。

```
page{
  width: 100%;
  height: 100%;
}


.comment-title {
  font-size: 28rpx;
  background-color: #eeeeee;
  padding: 12rpx;
  color: #595959;
}
```

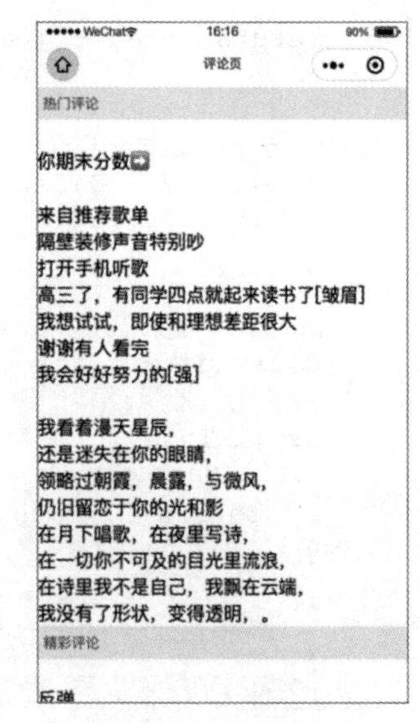

图 9-23　基本内容渲染

进入小程序 IDE 中查看效果，可以看到基本的评论内容列表已经渲染出来了，如图 9-23 所示。

下面增加评论列表滑动到底部加载更多的功能。和之前一样，依然是基于 scrollview 组件的 bindscrolltolower 回调进行实现。对于 scroll-view，增加如下属性以保证能够触发到 bindscrolltolower 事件。

```
<scroll-view  bindscrolltolower="onReachBottom"  style="height:  100%;"
scroll-y="true"></scroll-view>
```

在 JavaScript 逻辑中，实现 onReachBottom()的回调函数，具体代码如下：

```
async onReachBottom() {                // 滑动到对底部的回调函数
  if (!this.hasMore) return            // 如果列表已加载完则返回
  this.setData({                       // 显示 loading 组件
    showLoading: true
  })
  await this.fetchComments()           // 拉取评论
  this.setData({                       // 隐藏 loading 组件
    showLoading: false
  })
},
```

为了在数据拉取时能有良好的用户体验，增加一个 showLoading 变量用于控制 loading-panel 的显示，并在 scroll-view 的末尾加上 loading-panel 的使用，具体代码如下：

```
<scroll-view  bindscrolltolower="onReachBottom"  style="height:  100%;"
scroll-y="true">
  <!--热门评论列表-->
  <view class="comment-title">热门评论</view>
  <view class="hot-comment-list">
    <text wx:for="{{hotComments}}" wx:for-item="commentItem" wx:key="index">
      {{commentItem.content}}
    </text>
  </view>

  <!--  普通评论列表-->
  <view class="comment-title">精彩评论</view>
```

```
  <view class="comment-list">
    <text wx:for="{{comments}}" wx:for-item="commentItem" wx:key="index">
      {{commentItem.content}}
    </text>
  </view>

  <!-- loading 框 -->
  <loading-panel wx:if="{{showLoading}}"></loading-panel>
</scroll-view>
```

完成上述逻辑后，再次来到 IDE 中体验一下，将页面滑动到最底部，可以看到 loading 框出现并在数据加载完成后消失。

现在基本功能都实现了，我们来优化评论的展示效果。评论的展示比较复杂，这里将其抽取为一个单独的 comment-item 组件。该组件接收一个 comment 数据对象，并将其展示出来。新建组件的文件结构：

```
src/components/comment-item
├── images
│   └── star.png
├── index.js
├── index.json
├── index.less
└── index.wxml

1 directory, 5 files
```

在 comment-thread 组件中引用该组件，具体代码如下：

```
{
  "component": true,
  "usingComponents": {
    "comment-item": "../comment-item/index",
    "loading-panel": "../loading-panel/index"
  }
}
```

将前面的 text 组件替换为 comment-item 组件，并为其传递给 comment 对象的 property，具体代码如下：

```
<scroll-view  bindscrolltolower="onReachBottom"  style="height:  100%;"
scroll-y="true">
  <!--热门评论列表-->
  <view class="comment-title">热门评论</view>
  <view class="hot-comment-list">
    <comment-item wx:for="{{hotComments}}"
                  wx:for-item="commentItem"
                  comment="{{commentItem}}"
                  wx:key="index">
    </comment-item>
  </view>

  <!-- 普通评论列表-->
  <view class="comment-title">精彩评论</view>
  <view class="comment-list">
```

```
    <comment-item wx:for="{{comments}}"
                  wx:for-item="commentItem"
                  comment="{{commentItem}}"
                  wx:key="index">
    </comment-item>
  </view>

  <!-- loading 框 -->
  <loading-panel wx:if="{{showLoading}}"></loading-panel>
</scroll-view>
```

下面我们将重心放到 comment-item 组件的实现上。JavaScript 部分没有太多逻辑，就是简单的接收 comment 参数即可，具体代码如下：

```
Component({
  properties: {
    comment: {                          // 单条评论数据
      type: Object,
      value: {}
    }
  },
  data: {},
});
```

评论的内容分为上下两部分。上面是评论人和该条评论的发布时间、点赞数目，下面是具体的评论内容。

先来实现上半部分，对用户的昵称（comment.user.nickname）和头像进行展示。布局方面，整体是一个横向的 flex 布局，昵称和评论时间两个元素进行纵向排布，具体代码如下：

```
<view class="comment-item">
  <view class="comment-info-row">
    <!-- 用户头像 -->
    <image class="user-avatar" mode="widthFix" src="{{comment.user.avatarUrl}}" />

    <view class="column-layout">
      <!-- 昵称 -->
      <text class="nick-name">{{comment.user.nickname}}</text>
      <!-- 评论时间 -->
      <text class="comment-time">{{comment.time}}</text>
    </view>

    <view class="placeholder"></view>

    <!-- 点赞数目 -->
    <text class="star-number">{{comment.likedCount}}</text>
    <image src="./images/star.png" mode="widthFix" class="star-icon" />
  </view>
</view>
```

CSS 部分的实现，代码如下：

```
.comment-item{
  border-bottom: 1rpx solid #e1e2e3;
  padding: 28rpx 16rpx 12rpx 16rpx;
```

```
  .comment-info-row{
    display: flex;

    .user-avatar{
      width: 56rpx;
      height: 56rpx;
      border-radius: 50%;
      margin: 0 14rpx;
    }

    .column-layout {
      display: flex;
      flex-direction: column;
      align-items: flex-start;

      .nick-name{
        font-size: 28rpx;
      }
      .comment-time{
        font-size: 20rpx;
        color: #aaaaaa;
      }
    }

    .placeholder{
      flex: 1;
    }


    .star-number{
      font-size: 28rpx;
      color: #666666;
    }
    .star-icon{
      width: 32rpx;
      margin: 0 8rpx;
    }
  }
}
```

完成上述修改后，进入小程序 IDE 中查看效果，可以看到用户信息和基本的评论信息都已经展示出来了，如图 9-24 所示。

下面来完成下半部分的展示。

下半部分主要是评论内容的展示，即 comment.content 字段。我们先完成基本的评论内容展示，再实现对回复评论的展示。

基本的评论内容展示较为简单，在 comment-item 组件的 WXML 布局中增加以下代码：

```
<view class="comment-content">
  <view>
    {{comment.content}}
  </view>
</view>
```

来到 IDE 中查看效果，便能看到评论内容已经展示出来，如图 9-25 所示。

图 9-24　评论用户信息展示

图 9-25　评论展示内容

下面对回复的评论进行展示。回复评论的原评论在当前评论内容的下方展示，在原评论的上部加上“回复：@回复评论的 nickname”。其最终效果如图 9-26 所示。

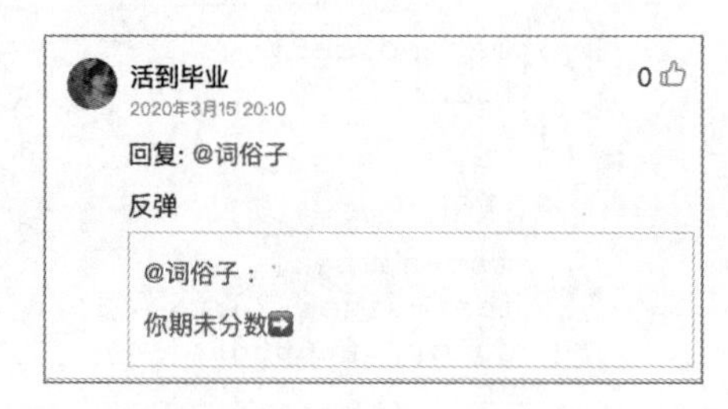

图 9-26　评论回复效果展示

分析清楚具体的 UI 元素后，下面开始实现。在 WXML 中增加上述两部分内容，具体代码如下：

```
<view class="comment-content">
  <!-- 展示回复：@xxx 字样 -->
  <view wx:if="{{comment.beReplied.length !== 0}}">
    回复：
    <text class="user-link">{{'@' + comment.beReplied[0].user.nickname}}
</text>
  </view>
  <view>
    {{comment.content}}
  </view>
  <!-- 回复评论 -->
  <view class="replied-comment" wx:if="{{comment.beReplied.length !== 0}}">
    <text class="user-link">{{'@' + comment.beReplied[0].user.nickname}}
</text>
    :
    <view>
      {{comment.beReplied[0].content}}
    </view>
  </view>
</view>
```

样式部分，我们希望回复评论的视觉效果弱于当前评论，所以为被回复评论增加名为 replied-comment 的 class，对其字体颜色进行弱化展示，并对其增加 border 以便区分。具体代码如下：

```
.comment-content{
  font-size: 28rpx;
  margin-left: 82rpx;
  padding-top: 8rpx;
  color: #3d3d3d;

  .user-link{
    color: #1e88e5;
  }

  >view{
    line-height: 56rpx;
  }
}

.replied-comment{
  border: 1rpx solid #e1e2e3;
  padding: 16rpx;
  color: #797979;
}
```

最后到 IDE 中查看效果，可以发现已经达到了本节开始时预期的效果。

9.4　MV 页

MV 页面一般由在歌单详情页面点击歌曲的 MV 图标跳转而来，其最终效果如图 9-27 所示，页面上方为 MV 播放窗口，下方为三个 tab，即详情、评论和相关 MV。

图 9-27　MV 页面效果展示

9.4.1　页面创建

首先创建 MV 页面的文件结构：

```
src/pages/mv
├── index.js
├── index.json
├── index.less
└── index.wxml

0 directories, 4 files
```

MV 页面的 URL 格式如下：

```
pages/mv/index?id=10917739
```

为方便单独开发该页面，我们在 project.config.json 中增加 MV 页面的编译配置，具体代码如下：

```
{
    "id": 4,
    "name": "MV 详情页",
    "pathName": "pages/mv/index",
    "query": "id=10917739",
    "scene": null
},
```

进入小程序 IDE，将编译模式切换为“MV 详情页”，下面开始该页面的开发。

9.4.2　数据获取

首先是 MV 数据的获取。除了基本的 MV 详情页面展示，还有推荐的 MV 列表数据。来到 dao.js，增加获取这两部分数据的函数，具体代码如下：

```
// 获取 MV 详情
async function getMvDetail(id) {
  return new Promise((resolve => {
    wx.request({
      url: BASE_URL + 'mv',
      data: {
        id
      },
      success(res) {                    // 网络请求成功执行的回调函数
        resolve(res.data.data)
      }
    })
  }))
}

// 获取相关的 MV
async function getSimilarMV(mvId) {
  return new Promise((resolve => {
    wx.request({
      url: BASE_URL + 'mv/simi',
      data: {
        id: mvId
      },
      success(res) {                    // 网络请求成功执行的回调函数
        resolve(res.data.mvs)
      }
    })
  }))
}
```

可以看到，对于 MV 详情，直接对 baseUrl/mv 接口发出请求，请求参数带上 MV 的 ID 属性即可。相关 MV 也类似，向 mv/simi 接口发出请求即可。需要注意的是，MV 接口获得的数据中，后端返回的 response 中的 data 字段才是我们想要的数据，所以 getMvDetail()

函数最终返回的是 resolve(res.data.data)。而对于 MV，我们需要的是数据中的 mvs 字段，所以 getSimilarMV()函数最终返回的是 resolve(res.data.mvs)。

在 MV 页面的 JavaScript 文件中调用上面两个函数，以获取我们需要的数据，具体代码如下：

```
async fetchMvDetail() {                          // 获取 MV 详情
  try {
    const mvDetail = await dao.getMvDetail(this.id)
    this.setData({
      mvDetail
    })
  } catch (e) {                                  // 数据获取失败的提示
    console.error(e)
    wx.showToast({
      icon: 'none',
      duration: 2000,
      title: '获取 MV 信息失败'
    })
  }
},
async fetchRecommendMvs() {                      // 获取推荐 MV 列表
  try {
    const mvs = await dao.getSimilarMV(this.id)
    this.setData({
      recommendMvList: mvs
    })
  } catch (e) {                                  // 数据获取失败的提示
    console.error(e)
    wx.showToast({
      icon: 'none',
      duration: 2000,
      title: '获取相关 MV 失败'
    })
  }
},
```

增加页面初始化函数 init()，在 init()函数中调用 fetchMvDetail()和 fetchRecommendMvs()进行初始数据的拉取，具体代码如下：

```
async init() {
  this.fetchMvDetail()
  this.fetchRecommendMvs()
},
```

最后，在页面初始化的回调函数 onLoad()中调用 init()，进行初始数据的拉取，具体代码如下：

```
onLoad(options) {
  const id = options['id']
  if (id === undefined) {                     // 如果 URL 参数不合规，则返回上一页面
    wx.navigateBack()
    return
  }
```

```
    this.id = id
    this.init()
  },
```

完成数据拉取逻辑的编写后，在小程序 IDE 中查看 Network 面板，可以看到已经成功拉取了 MV 详情和推荐 MV 列表数据，如图 9-28 所示。

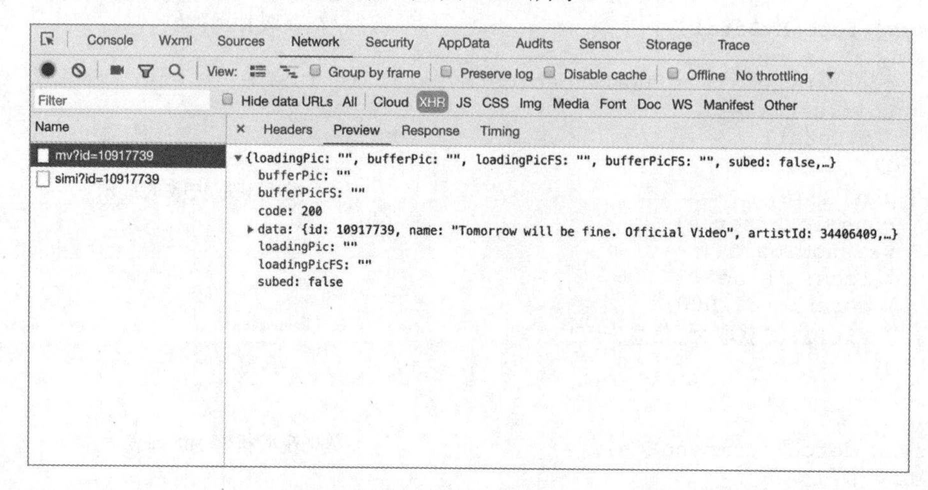

图 9-28　MV 页面数据

9.4.3　基本布局及 MV 播放

MV 页面分为三个 tab，类似于小程序首页的 tab 布局，我们首先完成 tab 布局的实现，再分别对每个 tab 的具体内容进行编写。

首先对整体页面的 WXML 进行布局。页面上方放置一个<video>标签，用于 MV 视频的播放，MV 的视频链接为 mvDetail.brs['240']字段，video 组件只需为其绑定 src 属性即可，播放控制的组件小程序本身已经提供，下方为三个 tab 按钮。具体代码如下：

```
<view class="container">

  <video src="{{mvDetail.brs['240']}}"
      class="video"></video>

  <view class="tab-bar">
    <view data-tab-name="{{TAB_NAME.DETAIL}}"
        bindtap="onClickTab"
        class="tab {{currentTab === TAB_NAME.DETAIL ? 'active' :''}}">
详情
    </view>
    <view data-tab-name="{{TAB_NAME.COMMENT}}"
        bindtap="onClickTab"
        class="tab {{currentTab === TAB_NAME.COMMENT ? 'active' :''}}">
评论 ({{mvDetail.commentCount}})
```

```
      </view>
      <view data-tab-name="{{TAB_NAME.RELATED_MV}}"
            bindtap="onClickTab"
            class="tab {{currentTab === TAB_NAME.RELATED_MV ? 'active' :''}}">
相关 MV
      </view>
    </view>
  </view>
```

我们为每个 tab 绑定 data-tab-name 数据，并绑定同一个点击事件回调函数 onClickTab。这样，在回调函数中可以通过 tab-name 字段判断当前点击的是哪一个 tab 按钮。通过比对 currentTab 和 tab 名称，为当前选中的 tab 增加 active class 以高亮显示。

样式布局方面，使用纵向的 flex 布局，下面是 CSS 部分的实现代码：

```
.container{
  width: 100%;
  height: 100%;
  display: flex;
  flex-direction: column;

  .video{
    width: 750rpx;
    height: 421rpx;
    flex-shrink: 0;
  }

  .tab-bar{
    display: flex;
    align-items: center;
    justify-content: space-between;
    padding: 14rpx 48rpx;
    flex-shrink: 0;
    background-color: #e8e8e8;

    .tab{
      font-size: 28rpx;

      &.active {
        color: red;
        border-bottom: 4rpx solid red;
      }
    }
  }

}
```

进入 IDE 中查看效果，可以看到基本 UI 结构已经展现出来，如图 9-29 所示。

图 9-29　MV 页面基本框架

下面来实现具体 tab 切换的功能，该功能在首页 tab 的实现中已经讲解过，这里不再详细讲解，其核心逻辑在于 tab 按钮点击的回调函数的实现。具体代码如下：

```
onClickTab(e) {                              // 点击 tab 的回调函数
  const tabName = e.currentTarget.dataset['tabName']  // 获取点击 tab 的信息
```

```
    this.setData({                                // 切换当前选中的tab
      currentTab: tabName
    })
  }
```

将按钮上的tabName属性提取出来，并设置data.currentTab，从而控制页面UI上被选中tab的更新。

9.4.4 “详情”tab展示

完成基本UI布局结构后，下面来实现三个tab的具体内容。首先是“详情”tab，该tab主要展示的内容有歌手名、MV播放量和发行时间，下方为MV的具体描述。这些信息都可以从data.mvDetail中获取，我们需要做的只是以合适的布局将其展示出来。

在MV页面的布局文件中，增加如下布局代码：

```
<view class="mv-info-panel" wx:if="{{currentTab === TAB_NAME.DETAIL}}">
  <text class="mv-name">{{mvDetail.name}}</text>
  <text class="info-text">歌手：{{mvDetail.artists[0].name}}</text>
  <text class="info-text">播放量：{{mvDetail.playCount}}</text>
  <text class="info-text">发行时间：{{mvDetail.publishTime}}</text>

  <view class="divider"></view>
  <view class="info-text">
    {{mvDetail.desc}}
  </view>
</view>
```

对于最外层的view，为其设置wx:if="{{currentTab === TAB_NAME.DETAIL}}"，以使其只在“详情”tab被选中时显示。

MV信息从上至下进行基本的展示，具体描述和上方基本信息之间使用一个class为divider的view进行分割。下面是CSS文件的编写。

```
.mv-info-panel {
  display: flex;
  flex-direction: column;
  align-items: flex-start;

  .mv-name,
  .info-text {
    padding: 0 32rpx;
  }

  .mv-name {
    font-size: 36rpx;
    color: black;
  }

  .info-text {
    font-size: 28rpx;
    color: #3d3d3d;
```

```
    margin-top: 24rpx;
    line-height: 42rpx;
  }

  .divider {
    width: 100%;
    height: 1rpx;
    background-color: #e1e2e3;
    margin: 16rpx 0;
  }
}
```

完成上述修改后，在小程序 IDE 中查看效果，可以看到基本信息已完成，如图 9-30 所示。

图 9-30　详情 tab 效果展示

9.4.5 “评论”tab 展示

还记得 9.3 节中我们实现的评论页面吗？当时我们为了评论组件的复用，将其抽取为 comment-thread 组件，现在派上用场了。

首先在 MV 页面的 JSON 文件中引用 comment-thread 组件，具体代码如下：

```
{
  "navigationBarTitleText": "MV 页",
  "usingComponents": {
    "comment-thread": "/components/comment-thread/index"
  }
}
```

然后在 WXML 中增加对 comment-thread 组件的使用。同样需要注意，外层的 view 通过 wx:if="{{currentTab === TAB_NAME.COMMENT}}"控制其只在“评论”tab 被选中时显示，具体代码如下：

```
<view class="mv-comment-panel"
      wx:if="{{currentTab === TAB_NAME.COMMENT}}">
  <comment-thread comment-thread-id="{{mvDetail.commentThreadId}}"></comment-thread>
</view>
```

在 CSS 中，因为要限制 comment-thread 的高度才能触发滑动到底部加载更多的事件，因此还需要限制其高度，具体代码如下：

```
.mv-comment-panel {
  height: 100%;
  flex-grow: 1;
  overflow-y: scroll;
}
```

进入小程序 IDE 查看效果，可以看到评论组件已经成功地显示在了“评论”tab 的下方。

9.4.6 “相关 MV” tab 展示

最后来到“相关 MV” tab，这一部分其实和首页的众多卡片列表渲染类似，外层通过 flex wrap 布局进行渲染，内部嵌套 navigator 进行页面跳转的配置。

来看看 WXML 代码的实现，和前面两个 tab 一样，最外层 view 通过 wx:if="{{currentTab === TAB_NAME.RELATED_MV}}"控制其显示，具体代码如下：

```
<view class="related-mv-panel"
     wx:if="{{currentTab === TAB_NAME.RELATED_MV}}">
  <navigator wx:for="{{recommendMvList}}"
             wx:for-item="mv"
             wx:key="index"
             class="mv-item"
             url="/pages/mv/index?id={{mv.id}}">
    <image src="{{mv.cover}}"
           class="mv-cover"
           mode="widthFix"></image>
    <view class="mv-name">{{mv.name}}</view>
    <view class="singer">{{mv.artistName}}</view>
  </navigator>
</view>
```

MV 卡片的布局也较为简单，直接由上至下进行内容展示即可，具体代码如下：

```
.related-mv-panel {
  display: flex;
  flex-wrap: wrap;
  align-items: center;
  justify-content: flex-start;

  .mv-item {
    width: 50%;
    padding: 0 32rpx;
    box-sizing: border-box;
    font-size: 32rpx;
    margin-top: 32rpx;

    .mv-cover {
      width: 320rpx;
    }

    view {
      text-overflow: ellipsis;
      overflow: hidden;
      white-space: nowrap;
      word-break: keep-all;
```

```
      }

      .singer {
        color: #505050;
      }
    }
  }
```

完成布局后，进入 IDE 查看效果，可以看到如图 9-31 所示的效果。

到这里，我们便完成了整个 MV 页面的开发。其中视频播放部分得益于小程序对 video 组件的良好封装，我们可以只通过简单的组件调用便实现视频播放效果。

其他部分的界面布局和首页 tab 布局类似，前面已实现过，这里应该非常好理解；其他内容展示部分比较简单，“评论” tab 直接复用了前面评论页面的 comment-thread 组件，非常快捷地实现了评论列表展示的效果。

图 9-31　MV 卡片渲染效果

9.5　用户详情页

用户详情页面可通过歌单页面的创建者 icon 跳转过来，其效果如图 9-32 所示。其页面上方为个人基本信息的展示，下方为歌单列表的展示。歌单列表支持滑动到最底部自动加载更多歌单，点击任意一个歌单便会跳转至歌单详情页面。

9.5.1　页面创建

创建用户详情页面的基本文件结构：

```
src/pages/profile
├── images
│   ├── boy-icon.png
│   └── girl-icon.png
├── index.js
├── index.json
├── index.less
└── index.wxml

1 directory, 6 files
```

图 9-32　详情页效果展示

在 project.config.json 文件中增加用户详情页面的编译配置。该页面路径为 pages/profile/index，接收一个 uid 参数，该参数即为用户的唯一 ID，具体代码如下：

```
{
    "id": 3,
    "name": "个人页",
    "pathName": "pages/profile/index",
    "query": "uid=34885501",
    "scene": null
},
```

该页面需要有滑动到最底部自动加载的功能，所以会用到 loading-panel 组件，我们在 JSON 配置文件中声明对组件的引用，具体代码如下：

```
{
  "navigationBarTitleText": "个人页",
  "usingComponents": {
    "loading-panel": "/components/loading-panel/index"
  }
}
```

9.5.2　数据获取

基本的文件结构搭建好后，下面来看看本页面的数据是如何获取的。该页面的数据分为两部分，一部分是用户的基本信息，后端 URL 为 baseUrl/user/detail；另一部分是用户的歌单列表，通过后端接口 user/playlist 进行获取。

在 dao.js 中新增两个函数，即 getUserProfile()和 getUserPlaylist()，具体代码如下：

```
// 获取用户 profile
async function getUserProfile(uid) {
  return new Promise((resolve) => {
    wx.request({
      url: BASE_URL + 'user/detail',
      data: {
        uid
      },
      success: function (res) {                // 网络请求成功执行的回调函数
        resolve(res.data)
      }
    })
  })
}

// 获取用户歌单
async function getUserPlaylist(uid, offset, limit) {
  return new Promise((resolve => {
    wx.request({
      url: BASE_URL + 'user/playlist',
      data: {
        uid,
        offset,
        limit
```

```
      },
      success(res) {                              // 网络请求成功执行的回调函数
        resolve(res.data)
      }
    })
  }))
}
```

需要注意的是获取用户歌单列表的函数是分页调用的，所以除了用户 ID 外还需要传入 offset 和 limit 两个参数。

修改用户页面的 JavaScript 文件，增加对于上面两个函数的调用，并将获取的 profile 和 playlist 数据更新到页面的 data 属性上，具体代码如下：

```
async fetchUserProfile() {                    // 获取用户信息
  try {
    const response = await dao.getUserProfile(this.uid)
    this.setData({
      profile: response.profile
    })
  } catch (e) {                               // 数据获取失败的提示
    console.error(e)
    wx.showToast({
      icon: 'none',
      duration: 2000,
      title: '获取用户信息失败'
    })
  }
},
async fetchPlaylist() {                       // 获取用户歌单列表
  try {
    const  response  =  await  dao.getUserPlaylist(this.uid,  this.offset,
PAGE_SIZE)
    const newPlaylists = response.playlist
    const playlists = this.data.playlists.concat(newPlaylists)
    this.setData({
      playlists
    })
    this.offset = playlists.length;
    this.hasMore = response.more
  } catch (e) {                               // 数据获取失败的提示
    console.error(e)
    wx.showToast({
      icon: 'none',
      duration: 2000,
      title: '获取歌单信息失败'
    })
  }
},
```

注意代码中 fetchPlaylist()函数对后台返回的 response.playlist 的处理，因为歌单列表是每次拉取到新的歌单后拼接到现有歌单上去的，所以通过调用 this.data.playlists.concat 将现有歌单数据和新歌单数组进行拼接，并更新到 data 上去。

这里读者不用担心我们整个更新 data.playlist 会造成页面渲染的性能问题，因为在 WXML 的列表渲染时指定了使用 index 作为每行数据的 key，所以只是新增数据会被创建，不会导致列表前面的 UI 重建。

在 JavaScript 逻辑中增加一个 init 函数，用来调用 fetchUserProfile()和 fetchPlaylist()两个获取数据的函数，并在页面初始化回调函数中进行调用，具体代码如下：

```
onLoad(options) {
  const uid = options['uid']
  if (uid === undefined) {                    // 如果 URL 参数不合规，则返回上一页面
    wx.navigateBack()
    return
  }
  this.uid = uid
  this.init()
},
async init() {
  this.fetchUserProfile()
  this.fetchPlaylist()
},
```

完成上述逻辑后，在小程序 IDE 的 Network 面板中查看效果，如图 9-33 所示。读者不妨亲自到 IDE 中去查看后台返回的具体数据结构。

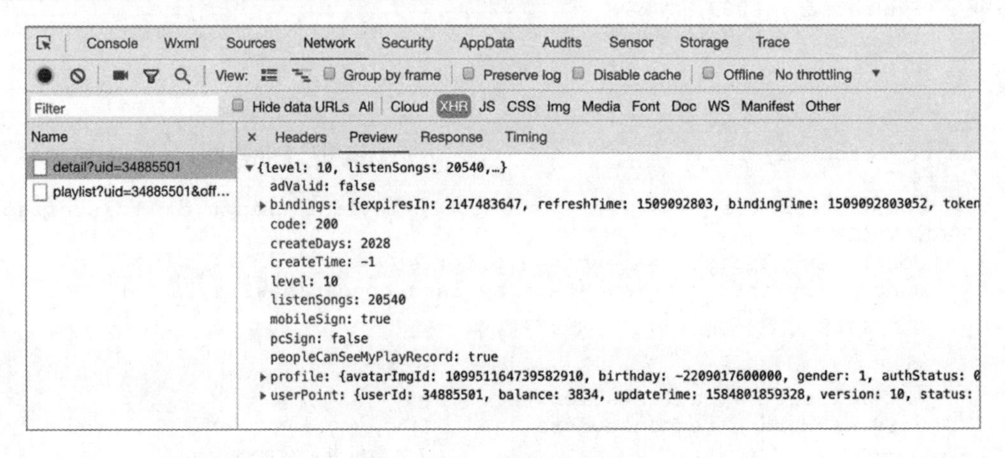

图 9-33　用户详情页数据展示

9.5.3　个人信息展示部分

获得数据后，现在开始编写页面展示部分的逻辑。首先完成上方个人基本信息的展示。

分析个人信息展示部分的 UI，其内容整体上是从上往下排布的，并且元素是靠近容器底部进行对齐的，所以外层使用纵向排布的 flex 布局，并设置 justify-content: flex-end。

WXML 部分布局的代码如下：

```
<view class="container">
  <view  class="top-panel"  style="background-image:  url({{profile.back
groundUrl}})">
    <!-- 用户个人基本信息，如头像、昵称、性别 -->
    <view class="basic-info">
      <image class="avatar" src="{{profile.avatarUrl}}"></image>
      <text>{{profile.nickname}}</text>
      <!-- 根据 gender 字段判断使用的性别图标 -->
      <image
        class="gender-icon"
        src="{{profile.gender === 1 ? './images/boy-icon.png' : './images/
girl-icon.png'}}"
      ></image>
    </view>

  </view>
</view>
```

用户个人基本信息部分是横向排列的，所以使用 flex 的横向布局实现。具体的 CSS 样式代码如下：

```
.top-panel{
  background-size: 100%;
  background-position: center center;
  height: 40vh;
  color: white;
  display: flex;
  flex-direction: column;
  justify-content: flex-end;
  padding: 0 32rpx;

  .basic-info{
    display: flex;
    align-items: center;
    justify-content: flex-start;

    .avatar{
      width: 96rpx;
      height: 96rpx;
      border-radius: 50%;
    }

    >text{
      padding: 0 16rpx;
    }

    .gender-icon{
      width: 24rpx;
      height: 24rpx;
    }
  }

}
```

在小程序 IDE 中查看当前效果。可以看到，用户个人基本信息部分已经完成，如

图 9-34 所示。

下面来增加用户的个人签名，该部分比较简单，在用户个人信息下增加 text 组件，将 profile.signature 展示出来即可，具体代码如下：

```
<view class="container">
  <view class="top-panel" style="background-image:
url({{profile.backgroundUrl}})">
    <!-- 用户个人的基本信息,如:头像,昵称,性别 -->
    <view class="basic-info">
      <image class="avatar" src="{{profile.avatar
Url}}"></image>
      <text>{{profile.nickname}}</text>
      <!-- 根据 gender 字段判断使用的性别图标 -->
      <image
        class="gender-icon"
        src="{{profile.gender === 1 ? './images/boy-icon.png' : './images/
girl-icon.png'}}"
      ></image>
    </view>

    <text class="signature">
      {{profile.signature}}
    </text>
  </view>
</view>
```

图 9-34　用户基本信息展示

样式部分只需要对签名字体进行设置，具体代码如下：

```
signature{
  font-size: 28rpx;
}
```

接下来编写用户 UGC 数据部分，在用户签名部分的后面增加动态、关注、粉丝数据的展示，具体代码如下：

```
<text class="signature">
  {{profile.signature}}
</text>

<view class="ugc-info">
  <view>
    <text>{{profile.eventCount}}</text>
    <text>动态</text>
  </view>
  <view>
    <text>{{profile.follows}}</text>
    <text>关注</text>
  </view>
  <view>
    <text>{{profile.followeds}}</text>
    <text>粉丝</text>
  </view>
</view>
```

对于每一小块的 view，使用纵向布局方式，调整其背景色和字体颜色，具体代码如下：

```
.ugc-info{
  display: flex;
  align-items: center;
  justify-content: stretch;
  background-color: #3d3d3d55;
  font-size: 28rpx;

  > view{
    flex: 1;
    display: flex;
    flex-direction: column;
    align-items: center;
    justify-content: center;
  }
}
```

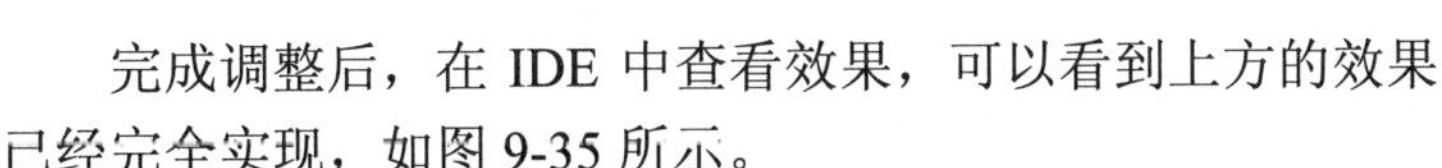

完成调整后，在 IDE 中查看效果，可以看到上方的效果已经完全实现，如图 9-35 所示。

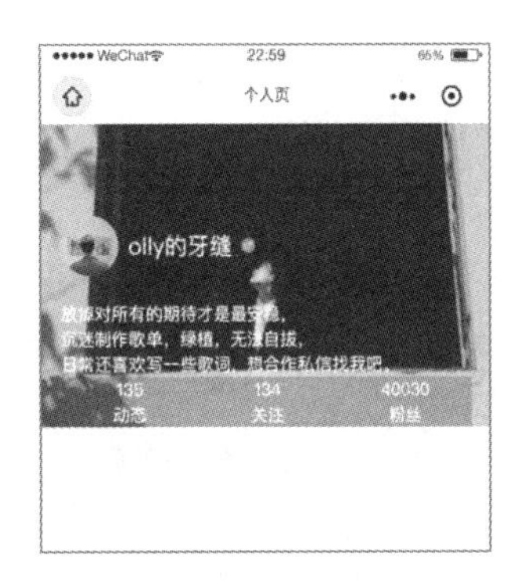

图 9-35　用户 UGC 数据展示

9.5.4　歌单列表部分

接下来实现歌单列表部分。该部分的逻辑类似于前面实现的评论页面，页面内容分段拉取，当用户滑动到最底部时加载更多内容。不同的是，评论页面的真实逻辑在 comment-thread 组件中实现，使用的是 scroll-view 并监听在 scroll-view 中滑动到底部的事件，而这里的逻辑是直接在 Page 中实现的，所以可以直接通过实现 Page 的 onReach- Bottom()函数来监听用户滑动到页面底部的事件。

先来看看初始获取的歌单列表展示。

在页面布局代码的底部使用 wx:for 渲染 playlists 数据，并增加一个 loading-panel，用于显示加载状态，具体代码如下：

```
<view class="playlist-title">
  <text>{{profile.nickname}}的歌单(共{{profile.playlistCount}}个歌单)</text>
</view>


<view
  wx:for="{{playlists}}"
  wx:key="index"
  wx:for-item="playlist"
  class="playlist-item"
  data-playlist-id="{{playlist.id}}"
  bindtap="onClickPlaylist"
>
  <image class="cover-img" src="{{playlist.coverImgUrl}}"></image>
  <view class="playlist-info">
    <text class="name">{{playlist.name}}</text>
    <text class="info">共{{playlist.trackCount}}首, 播放{{playlist.playCount}}
```

```
次</text>
  </view>
</view>

<loading-panel wx:if="{{showLoading}}"></loading-panel>
```

每行歌单的数据展示较为简单，将歌单的封面图、歌单名称、歌曲数和播放次数全部展示出来即可。

样式方面实现起来也不困难，前面的页面基本都涉及类似的布局方式，具体代码如下：

```
.playlist-title{
 display: flex;
 background-color: #eeeeee;
 font-size: 28rpx;
 padding: 12rpx 16rpx;
 color: #666666;
}

.playlist-item{
 display: flex;
 align-items: center;
 justify-content: flex-start;
 padding: 16rpx;
 border-bottom: 1rpx solid #e1e2e3;

  .cover-img{
   width: 96rpx;
   height: 96rpx;
  }

  .playlist-info{
   display: flex;
   flex-direction: column;
   align-items: flex-start;
   margin-left: 16rpx;

    .name{
     font-size: 32rpx;
    }

    .info{
     font-size: 24rpx;
     color: #999;
    }
  }

}
```

在小程序 IDE 中查看效果。可以看到，歌单列表已经成功渲染了出来，如图 9-36 所示。

图 9-36　用户歌单列表效果

最后，我们为页面增加下拉到底部加载更多的功能。在 JavaScript 逻辑中增加 onReachBottom()函数，并在该函数中调用 fetchPlaylist()加载下一页的歌单，并在加载前后更新 show-

Loading 字段以显示加载框，具体代码如下：

```
async onReachBottom() {                       // 页面滑动到最底部的回调函数
  if(!this.hasMore) return                    // 如果列表已加载完成，则直接返回
  this.setData({                              // 显示 loading 组件
    showLoading: true
  })
  await this.fetchPlaylist()                  // 拉取歌单列表
  this.setData({                              // 隐藏 loading 组件
    showLoading: false
  })
},
```

到此，个人详情页的功能便全部完成。

9.6 电台详情页

下面开发电台详情页面。先来看看最终的效果，如图 9-37 所示。可以看到，电台详情页和个人详情页非常相似，上方也是电台的基本信息展示，下方为列表数据展示。

点击电台节目列表中的某一项即可跳转至电台播放页，该页面我们会在 9.7 节中实现。

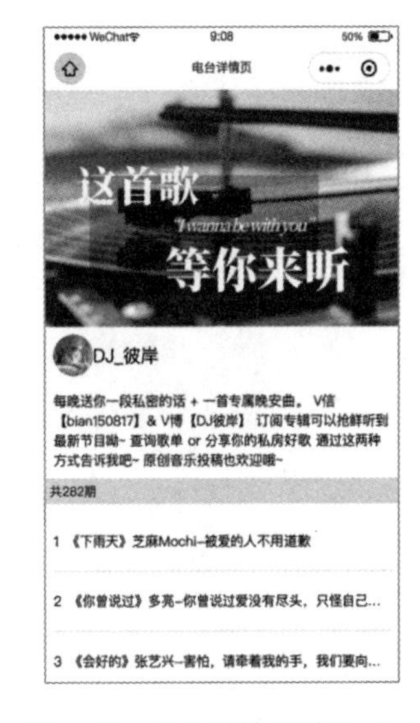

图 9-37　电台详情页效果展示

9.6.1 页面创建

首先创建电台详情页的基本文件结构：

```
src/pages/radio/detail
├── index.js
├── index.json
├── index.less
└── index.wxml

0 directories, 4 files
```

在 project.config.json 中增加“Radio 详情页”的编译模式，以方便对该页面进行独立开发。该页面的路径为 pages/radio/detail/index，页面接收一个参数 radioId，该参数为电台的唯一 ID。

```
{
    "id": 5,
    "name": "Radio 详情页",
    "pathName": "pages/radio/detail/index",
    "query": "radioId=794068369",
    "scene": null
}
```

进入小程序 IDE，切换编译模式至“Radio 详情页”，下面开始具体功能的开发。

9.6.2 数据获取

首先，我们需要获取电台详情页面的基本信息和节目列表。节目列表支持滑动到最底部加载更多的功能，所以获取电台详情和获取节目列表应分为两个接口。

在 dao.js 中增加如下两个函数：

```
// 获取电台详情
async function getRadioDetail(radioId){
  return new Promise((resolve => {
    wx.request({                          // 网络请求成功执行的回调函数
      url: BASE_URL + 'dj/detail',
      data: {
        id: radioId
      },
      success(res) {
        resolve(res.data)
      }
    })
  }))
}

// 获取电台节目列表
async function getRadioPrograms(radioId, offset, limit){
  return new Promise((resolve => {
    wx.request({                          // 网络请求成功执行的回调函数
      url: BASE_URL + 'dj/program',
      data: {
        id: radioId,
        offset,
        limit
      },
      success(res) {
        resolve(res.data)
      }
    })
  }))
}
```

获取电台详情和电台节目列表的后端接口分别为 baseUrl/detail 和 baseUrl/program。注意，因为电台节目的获取需要分页拉取，所以需要传入参数 offset 和 limit。

在页面的 JavaScript 逻辑中增加 init()函数，用于调用上面两个获取数据的接口，具体代码如下：

```
async init() {
  this.fetchRadioDetail()
  this.fetchRadioPrograms()
},
async fetchRadioDetail() {                // 获取电台详情
  try {
    const response = await dao.getRadioDetail(this.radioId)
```

```
      this.setData({
        radioDetail: response.djRadio
      })
    } catch (e) {                              // 数据获取失败的提示
      console.error(e)
      wx.showToast({
        icon: 'none',
        duration: 2000,
        title: '获取电台信息失败'
      })
    }
  },
  async fetchRadioPrograms() {                 // 获取电台节目列表
    this.setData({                             // 显示 loading 组件
      showLoading: true
    })
    try {
      const response = await dao.getRadioPrograms(this.radioId, this.offset,
PAGE_SIZE)
      const newPrograms = response.programs
      let programList = []
      if (newPrograms) {
        programList = this.data.programList.concat(newPrograms)
      }
      this.hasMore = response.more
      this.offset = programList.length
      this.setData({
        programList
      })
    } catch (e) {                              // 数据获取失败的提示
      console.error(e)
      wx.showToast({
        icon: 'none',
        duration: 2000,
        title: '获取节目单信息失败'
      })
    }
    this.setData({                             // 隐藏 loading 组件
      showLoading: false
    })
  },
```

注意上面的 fetchRadioPrograms()函数，通过设置 showLoading 变量，用于控制当前节目列表的加载状态。

这种处理方式之前已经多次用到，需要在页面的 JSON 配置中，首先声明对 loading-panel 的引用，具体代码如下：

```
{
  "navigationBarTitleText": "电台详情页",
  "usingComponents": {
    "loading-panel": "/components/loading-panel/index"
  }
}
```

然后在页面的初始化回调函数中调用 init()函数，具体代码如下：

```
// URL 参数: radioId
onLoad(options) {
  const radioId = options['radioId']
  if (radioId === undefined) {          // 如果 URL 参数不合规，则返回上一页面
    wx.navigateBack()
    return
  }
  this.radioId = radioId
  this.init()
},
```

接下来进入小程序 IDE 的 Network 面板，便能查看到电台详情和电台节目列表数据的具体字段。

9.6.3　电台信息展示部分

获得电台详情页面所需的数据后开始展示数据。和之前分析的一样，页面主要分为上下两部分，我们先开始下面部分的展示。

最上方为电台名称和背景图，电台名称需要覆盖在背景图上方。该部分通过 absolute 定位来实现，具体代码如下：

```
<view class="container">
  <view class="info-panel">
    <image src="{{radioDetail.picUrl}}"
           class="bgImage"
           mode="widthFix"></image>

    <text>{{radioDetail.name}}</text>
  </view>

</view>
```

将背景图设置为 absolute 定位，但不指定其 left 和 top 的位置，而是将外层的布局设置为内容居中的 flex 布局，这样就可以在背景图中居中显示。

电台名称部分通过 absolute 定位，并设置 bottom 和 right 属性，将其定位在右下角。

下面是 CSS 代码的具体实现。

```
.container {
  .info-panel {
   height: 480rpx;
   overflow: hidden;
   display: flex;
   align-items: center;
   justify-content: center;
   position: relative;

   .bgImage {
    position: absolute;
```

```
      width: 100%;
      z-index: 0;
    }

    text {
      position: absolute;
      bottom: 24rpx;
      right: 24rpx;
      z-index: 1;
      color: white;
      font-size: 36rpx;
    }
  }
}
```

图 9-38　背景图效果

进入小程序 IDE 中查看效果，如图 9-38 所示。

下面继续实现 DJ 信息、歌单描述等元素的渲染。该部分布局较为简单，其布局代码如下：

```
<view class="dj-info">
  <image src="{{radioDetail.dj.avatarUrl}}"></image>
  <text>{{radioDetail.dj.nickname}}</text>
</view>

<view class="radio-description">
  {{radioDetail.desc}}
</view>

<text class="count-label">共{{radioDetail.programCount}}期</text>
```

样式部分，调整每部分的字体样式和宽高，使其排布合理，具体代码如下：

```
.dj-info {
  margin: 16rpx;
  display: flex;
  align-items: center;
  justify-content: flex-start;

  image {
    width: 84rpx;
    height: 84rpx;
    border-radius: 50%;
  }
}

.radio-description {
  padding: 16rpx;
  font-size: 28rpx;
}

.count-label {
  background-color: #e1e2e3;
  display: block;
  font-size: 26rpx;
  padding: 8rpx;
}
```

再次进入小程序 IDE 中查看效果，如图 9-39 所示。

图 9-39　基本信息展示

注意：这里将用户点击的节目和电台详情都设置到了 app.globalData 上，这样做是为了跳转到电台节目播放页时无须在电台节目播放页再次拉取节目详情，能够节约网络请求的事件并提升节目播放速度。

9.6.4　节目列表部分

现在顶部已完成，下面来实现下方的节目列表。和前面的用户详情页面的歌单列表加载逻辑非常类似，布局使用 wx:for 进行列表渲染，并在页面底部放置 loading-panel 组件，用于显示加载中的状态。

前面提到，在 fetchRadioPrograms()函数的前后设置 showLoading，是为了控制 loading-panel 的显示，具体代码如下：

```
<view class="program-container">
  <view wx:for="{{programList}}"
       wx:for-item="program"
       wx:key="index"
       class="program-item"
       data-program="{{program}}"
       bindtap="onClickProgram">
    <text>{{index + 1}}</text>
    <text class="program-title">{{program.name}}</text>
  </view>
</view>

<loading-panel wx:if="{{showLoading}}"></loading-panel>
```

样式部分就是简单的列表渲染和列表元素的布局修饰，该部分代码如下：

```
.program-container {
  display: flex;
  flex-direction: column;
  align-items: flex-start;
  justify-content: center;
  padding: 16rpx;

  .program-item {
    display: flex;
    align-items: center;
    justify-content: flex-start;
    font-size: 28rpx;
    border-bottom: 1rpx solid #e1e2e3;
    height: 120rpx;
    width: 100%;

    .program-title {
```

```
      margin-left: 16rpx;
      white-space: nowrap;
      overflow: hidden;
      text-overflow: ellipsis;
    }
  }
}
```

在节目的点击事件 onClickProgram 中调用 wx.navigate 跳转至节目播放页，具体代码如下：

```
onClickProgram(e) {      // 点击节目的回调函数
  // 获取点击的节目信息
  const program = e.currentTarget.dataset
['program']
  // 将选中的节目保存到 app.globalData 中
  getApp().globalData.selectedRadio = this.
data.radioDetail
  // 将选中的电台保存到 app.globalData 中
  getApp().globalData.selectedProgram = program
  wx.navigateTo({    // 跳转到电台节目播放页面
    url:
`/pages/radio/play/index?programId=
${program.id}`
  })
}
```

在小程序 IDE 中查看效果，可以看到页面展示已经全部完成，如图 9-40 所示。

图 9-40　电台节目列表

9.7　电台节目播放页

电台节目播放页面和音乐播放页面非常类似，其最终效果如图 9-41 所示。其页面元素和音乐播放页相比要简单一些，没有唱片播放机指针转动的效果，也没有切换歌词面板的逻辑。

其下部的音乐进度条组件和音频控制按钮也是前面实现过的，相信读者已经能够独立完成该部分的开发。

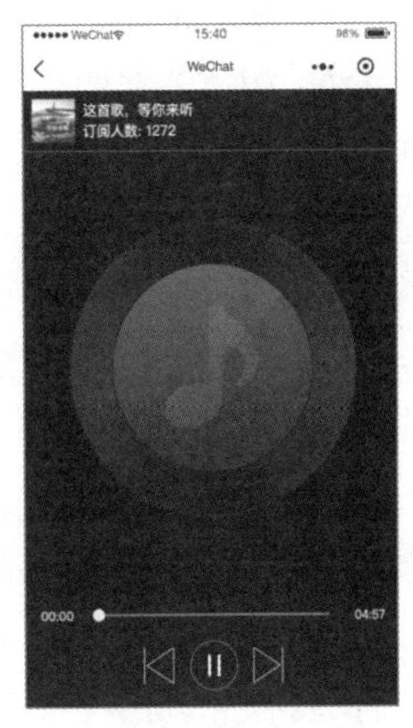

图 9-41　电台节目播放页面效果展示

9.7.1　页面创建

和前面一样，首先创建页面的文件结构：

```
src/pages/radio/play
├── images
│   ├── bg.jpg
│   ├── next_icon.png
│   ├── pause_icon.png
```

```
│    ├── plate_bg.png
│    ├── play_icon.png
│    ├── pointer.png
│    └── previous_icon.png
├── index.js
├── index.json
├── index.less
└── index.wxml
```

images 目录中放置的是页面所需的图片资源，读者可自行前往相关代码的目录中进行获取。

在 9.6 节中我们提到，在电台详情页面点击节目，首先会将电台数据和节目数据存放到 app.globalData 中再跳转到电台节目播放页面。如果我们单独创建电台播放页面的编译模式，会导致进入电台播放页面时无法获取节目信息而报错，所以本页面的开发过程中，我们沿用 9.6 节的电台详情页面编译模式，通过点击跳转的方式进行开发。

9.7.2　数据获取

和前面的页面不同，本页面的数据来自两部分。页面顶部的电台描述数据来源于 app.globalData，只需在页面初始化时从 app.globalData 中将数据复制到页面的 data 属性中即可；页面中心的转盘图片为当前播放节目的封面图，也是通过 app.globalData.program 进行获取的。

节目的音频链接和之前音乐播放页面一样，需要通过后台的 baseUrl/music/url 进行获取，获取后使用之前封装好的 audio-manager.js 中的工具方法进行播放。

编写获取音频 URL 的函数 fetchMusicUrl()。首先将全局数据中当前正在播放的歌曲信息设置到页面 data 中的 globalData.selectedProgram.mainSong，下一步调用 dao.getMusicUrl() 函数，以获取 mainSong.id 的音频链接，具体代码如下：

```
async fetchMusicUrl() {                    // 获取音乐 URL
  try {
    const globalData = getApp().globalData
    this.setData({
      mainSong: globalData.selectedProgram.mainSong
    })
    this.data.musicUrl = await dao.getMusicUrl(globalData.selectedProgram.
mainSong.id, 128000)
  } catch (e) {                            // 数据获取失败的提示
    console.error(e)
    wx.showToast({
      icon: 'none',
      duration: 2000,
      title: '获取音乐失败'
    })
  }
},
```

下面增加 init()函数，用于整个页面数据的初始化工作，具体代码如下：

```
async init() {                        // 初始化数据拉取
  this.setData({
    radioDetail: getApp().globalData.selectedRadio
  })
  await this.fetchMusicUrl()
  playerManager.playMusic(this.data.musicUrl)
  this.initPlayerListener()
},
```

最后在页面初始化的回调函数中调用 init()函数进行数据初始化，具体代码如下：

```
onLoad(options) {
  this.init()
},
```

9.7.3　电台信息展示部分

数据拉取部分完成后，下面进行 UI 展示。页面顶部的电台介绍部分使用 data.radioDetail 中的数据进行展示。在当前页面的 WXML 代码中，进行顶部电台介绍部分的 UI 布局。左侧的电台封面图使用 radioDetail.picUrl 作为图片 src，右侧的电台名称（radio- Detail.name）和订阅人数（radioDetail.subCount）进行纵向排布。具体代码如下：

```
<view class="container">
  <view class="radio-info">
    <image src="{{radioDetail.picUrl}}"></image>
    <view>
      <text>{{radioDetail.name}}</text>
      <text>订阅人数：{{radioDetail.subCount}}</text>
    </view>
  </view>
</view>
```

样式部分的代码如下：

```
page {
  width: 100%;
  height: 100%;
  background-color: black;
}

.container {
  width: 100%;
  height: 100%;
  display: flex;
  flex-direction: column;
  align-items: center;
  justify-content: flex-start;

  .radio-info {
    width: 100%;
    height: 84rpx;
```

```
    display: flex;
    align-items: center;
    justify-content: flex-start;
    padding: 16rpx;
    color: white;
    border-bottom: 1rpx solid #595a5a;
    font-size: 28rpx;

    > image {
     width: 84rpx;
     height: 84rpx;
     margin: 0 16rpx;
    }

    > view {
     display: flex;
     flex-direction: column;
     align-items: flex-start;
    }
   }
  }
```

图 9-42　电台详情展示

在小程序 IDE 中查看当前效果，可以看到顶部的电台详情部分已经成功地展示了出来，如图 9-42 所示。

下面实现音乐转盘部分，该部分相较于音乐播放页面简单很多。在 WXML 文件中的电台详情部分下方增加音乐转盘部分布局，具体代码如下：

```
<!-- 中心唱片-->
<view class="plate-container">
  <image class="plate-bg"
         src="./images/plate_bg.png"></image>
  <image class="song-cover"
         src="{{mainSong.album.picUrl}}"></image>
</view>
```

其背景图为唱片机的转盘背景，前面的图片为当前播放音乐的封面链接 mainSong.album.picUrl。样式和之前音乐播放页面保持一致，背景图使用 absolute 布局铺满背景，封面图固定大小并居中显示，具体代码如下：

```
.plate-container{
 position: relative;
 display: flex;
 align-items: center;
 justify-content: center;
 width: 600rpx;
 height: 600rpx;
 margin-top: 10vh;

 .plate-bg {
  position: absolute;
```

```
    left: 0;
    top: 0;
    width: 100%;
    height: 100%;
  }

  .song-cover{
    z-index: 1;
    border-radius: 50%;
    overflow: hidden;
    width: 400rpx;
    height: 400rpx;
  }
}
```

进入小程序 IDE 中查看效果，可以看到转盘部分效果已经和音乐播放页面一致，如图 9-43 所示。

图 9-43　转盘效果实现

接下来实现音乐进度条部分。先将 music-progress 组件加入页面的 JSON 配置文件中，具体代码如下：

```
{
  "navigationBarTitleText": "电台节目播放页",
  "usingComponents": {
    "music-progress": "/pages/play/music-progress/index"
  }
}
```

然后在页面的 WXML 代码中增加如下 UI 元素：

```
<view class="placeholder"></view>

<music-progress
  style="width: 100%;"
  currentTime="{{currentTime}}"
  duration="{{duration}}"
  bind:seek-music="onSeekMusic"
></music-progress>
```

增加 class 为 placeholder 的 view 元素是为了将其下部的 UI 元素置底。接下来需要为 music-progress 组件填充 currentTime 和 duration 数据，并实现拖动音乐进度条时的 onSeekMusic()回调函数，具体代码如下：

```
onSeekMusic(e) {
  const seekTime = e.detail.seekTime
  playerManager.seekMusic(seekTime)
},
```

为了在节目播放时实时更新播放状态，在页面初始化时增加注册音乐播放进度的监听事件方法，具体代码如下：

```
onLoad(options) {
  this.init()
},
async init() {                                  // 初始化数据拉取
```

```
    this.setData({
      radioDetail: getApp().globalData.selectedRadio
    })
    await this.fetchMusicUrl()
    playerManager.playMusic(this.data.musicUrl)
    this.initPlayerListener()
  },
  initPlayerListener() {                    // 注册音乐播放监听事件
    playerManager.registerEvent(PLAYER_EVENT_TYPE.ON_PLAY, this.onPlay)
    playerManager.registerEvent(PLAYER_EVENT_TYPE.ON_PAUSE, this.onPause)
    playerManager.registerEvent(PLAYER_EVENT_TYPE.ON_TIME_UPDATE,
  this.onPlayerTimeUpdate)
  },
```

其中，音乐播放开始（ON_PLAY）、暂停（ON_PAUSE）部分较为简单，只需要更新 data 属性中的 isPlaying 属性即可。在 onPlay()函数中，因为希望在音乐刚开始播放时就能正确地显示音乐进度条中的总时长，所以还需要更新 duration 和 currentTime 两个属性，具体代码如下：

```
  onPlay(){                                 // 音乐开始播放回调函数
    const audioManager = wx.getBackgroundAudioManager()
    this.setData({
      isPlaying: true,
      duration: audioManager.duration,
      currentTime: audioManager.currentTime
    })
  },
  onPause(){                                // 音乐暂停播放回调函数
    this.setData({
      isPlaying: false
    })
  },
```

音乐进度更新的 ON_TIME_UPDATE 回调函数和 onPlay()逻辑相似，也是需要更新 duration 和 currentTime 字段，具体代码如下：

```
  onPlayerTimeUpdate() {                    // 音乐播放进度更新回调函数
    const audioManager = wx.getBackgroundAudioManager()
    this.setData({
      duration: audioManager.duration,
      currentTime: audioManager.currentTime,
    })
  },
```

完成上述逻辑后，进入小程序 IDE 进行测试。可以看到，节目的播放进度已经能够更新到 music-progress 组件上，拖动进度条也能够控制播放进度。

最后，我们在 WXML 的最下方增加播放控制的按钮，具体代码如下：

```
  <view class="control-panel">
    <image src="./images/previous_icon.png"
           class="previous-btn"></image>
    <image src="./images/play_icon.png"
           bindtap="onClickPlay"
```

```
        hidden="{{isPlaying}}"></image>
  <image src="./images/pause_icon.png"
        bindtap="onClickPause"
        hidden="{{!isPlaying}}"></image>
  <image src="./images/next_icon.png"
        class="next-btn"></image>
</view>
```

在 JavaScript 逻辑中实现播放和暂停按钮点击的回调函数，具体代码如下：

```
onClickPause() {                          // 点击暂停按钮回调函数
  playerManager.pause()
},
onClickPlay() {                           // 点击播放按钮回调函数
  playerManager.playMusic(this.data.musicUrl)
},
```

至此，我们便完成了电台节目页面的开发。

9.8 本章小结

本章我们完成了云音乐小程序除首页外诸多页面的开发，如音乐播放页、歌单详情页、用户详情页、MV 详情页及电台页。其中对音乐播放页面和歌单页面的开发流程进行了详细讲解，这两个页面中的许多开发模式在后续页面开发中都会用到，请读者务必跟随本章的讲解亲自实践，并实现这两个页面的全部功能。

通过学习第 8 章和第 9 两章，相信读者可以开发出功能复杂、页面众多的小程序。

第3篇 难点解析与上线运营

第 10 章　小程序开发难点解析

开发者在小程序开发过程中会遇到各种各样的问题。有些问题是小程序框架本身的缺陷所导致，我们可以选择向小程序开发团队反馈或想办法绕过；有些是因为业务过于复杂导致的性能问题，这需要自行优化解决。

本书篇幅有限，无法将开发中的问题一一列举。笔者会结合自己的开发经验，选取一些较为常见且复杂的问题进行讲解。本章主要讲解如下难点：

- 多图列表页面性能问题；
- 微信代码包大小限制；
- 图片懒加载问题；
- 小程序页面数量限制问题。

在解决问题的过程中，笔者会将问题的分析过程、遇到问题时的解决思路以及如何将思路转换为实际编码作为重点进行讲解。这样，读者在遇到本书未覆盖的问题时也能自行分析并解决。

10.1　多图列表页面性能问题

本节介绍在多图列表页面会遇到的性能问题，其表现为小程序在部分性能较差的安卓手机上会出现黑屏甚至闪退现象。如果做过类似于 Feed 流页面的读者可能曾遇到过这种问题，当用户不断下拉页面刷取更多 Feed 时，页面 DOM 节点不断增多，很快就会遇到页面卡顿的问题。

10.1.1　问题分析

该问题常在页面为无限加载的列表页面，且列表的元素中包含<Image/>组件，或元素内容较为复杂、节点较多时出现。当列表元素数量不断增加时，页面会占用过多的内存，进而导致页面卡顿，甚至黑屏闪退。

如何确认页面是否有该问题呢？读者可以使用微信小程序提供的真机调试功能进行测试。在 Android 手机上运行自己的小程序，点击右上角的按钮，打开选项面板，再点击“开发调试”按钮，如图 10-1 所示。

在选项面板中点击“打开性能监控面板”按钮，如图 10-2 所示。重启小程序后，会在小程序页面的右上方看到性能面板，如图 10-3 所示。

图 10-1　点击“开发调试”按钮

图 10-2　点击“打开性能监控面板”按钮

当页面不断滑动加载更多内容时，如果看到性能面板中的内存数目快速增加，且页面有明显卡顿，则表明页面存在列表加载的性能问题。

🔔**注意：** iOS 系统因为权限限制，微信无法获取小程序的性能数据。

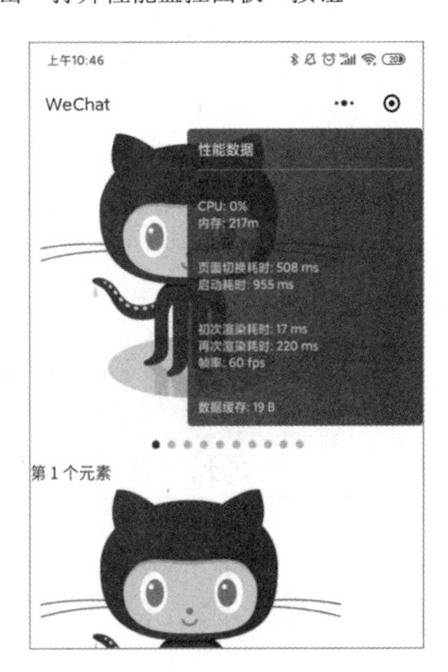

图 10-3　性能面板效果展示

使用微信小程序开发 IDE 创建一个测试用的小程序项目。在小程序的 index 页面中使用 wx:for 渲染一个列表页面。列表中的每一个元素展示一个包含 10 张图片的 swiper 组件，并标注一段简单的文字帮助标识元素在列表中的位置，以此来模拟一个常见的 Feed 流页面。代码如下：

```
<view class="container">
  <view wx:for="{{itemList}}"
        class="list-item">
    <swiper style="height: 320px;"
            indicator-dots="{{true}}">
      <swiper-item wx:for="{{imgList}}"
                   class="swiper-item">
```

```
        <image src="{{item.url}}" class="swiper-item" mode="widthFix"/>
      </swiper-item>
    </swiper>
    <text>{{'第 ' + (index + 1) + ' 个列表元素'}}</text>
  </view>
</view>
```

在 JavaScript 代码中为 imgList 添加 10 个图片元素，在 itemList 中为页面列表数据添加 10 个元素。接下来为 Page 添加页面下拉到底部的回调函数 onReachBottom()，在页面下拉到最底部时，会给列表中添加 100 条数据，以此来比较列表中 Image 数目对小程序性能的影响，具体代码如下：

```
Page({                                          // 页面初始化
  data: {                                       // 页面数据
    itemList: [],                               // 用于保存列表中的元素数据
    imgList: []                                 // 用于保存 swiper 组件中的图片数据
  },
  onLoad: function () {                         // 页面初始化时的回调函数
    this.initSwiperData();
    this.initItemList();
    this.setData({                              // 更新页面数据，刷新页面 UI
      itemList: this.data.itemList,
      imgList: this.data.imgList
    })
  },
  initSwiperData() {                            // 初始化图片数据
    for (let i = 0; i < 10; i++) {              // 添加 10 条测试数据
      this.data.imgList.push({
        url: '/imgs/octocat.png'                // 使用本地图片进行测试
      });
    }
  },
  initItemList() { 初始化列表中的元素数据
    for (let i = 0; i < 10; i++) {              // 添加 10 张测试图片数据
      this.data.itemList.push(1);
    }
  },
  onReachBottom() {                             // 列表页面滑动到底部时的回调函数
    this.appendItem(100);
  },
  appendItem(count) {                           // 在列表尾部添加测试数据
    for (let i = 0; i < count; i++) {
      this.data.itemList.push({});
    }
    this.setData({                              // 更新页面数据
      itemList: this.data.itemList
    })
  }
});
```

打开性能面板，运行代码，会看到页面初始内存占用为 164MB。下拉页面到底部触发添加列表数据的回调函数，页面的内存占用迅速增加，最终稳定在 241MB。

注意：不同安卓机型运行上面的测试代码，内存占用数值可能会有差异。

可以看到，在列表中添加了 100 个元素后，页面内存占用增加了约 80MB，并且滑动页面能明显感觉到卡顿。如果页面逻辑是下拉无限加载，那么当用户不断下拉页面后，小程序将会面临非常严重的性能问题。

10.1.2　如何解决

让我们整理一下思路，目前定位到的问题原因是 image 组件过多。那么有没有办法减少 image 组件呢？

以这个思路为切入点，我们能够想到用户在界面上一次见到的 image 组件其实并不多，有很多 image 组件其实用户需要滑动很久才会看到（如页面列表有 100 个元素，最下方的 image 组件其实距离用户可视范围很远）。

那么有办法将用户看不到的地方的 image 组件回收掉吗？在 WXML 中渲染的列表数据来自于 itemList，我们可以将用户当前看到页面的上下两屏的节点正常展示，将用户当前可视区域两屏以外的节点用一个空 View 进行占位。这样用户可视范围内还是正常的 UI 节点，可视范围外变成了空节点，空节点相对于正常的 UI 节点节省了大量的内存开销。

为了区分当前节点是真实展示的节点还是用来占位的空节点，需要重新定义一下 ItemList 中元素的数据结构。我们为每个节点增加一个属性 type，用于判断它是空节点还是正常 UI 节点。除此之外还需要一个保存所有真实数据的 List，这样当用户滑动页面时才能实时获取需要显示的卡片的真实数据。

我们将当前渲染的列表数据称为 showCards，将备份的真实数据称为 totalCards，具体代码如下：

```
Page({
  showCards: [],                              // 用于真实渲染的数据
  totalCards: []                              // 用于保存所有的列表数据
})
```

同时界面列表渲染的代码也要做相应的修改。在列表渲染时，对 type 进行判断，在卡片 type 为 empt-card 时使用空 View 节点进行占位，否则就渲染真实的节点数据，具体代码如下：

```
<!--将 showCards 遍历渲染出来-->
<view wx:for="{{showCards}}"
      wx:key="{{index}}">
    <!-- empty-card 类型卡片通过空 View 承载-->
    <view wx:if="{{item.type === 'empty-card'}}"
         class="card empty-card"
         style="height: {{item.height}}px">
    </view>
    <!-- 非 empty-card 类型卡片根据业务情况自定义展示效果-->
    <self-define-component  wx:if="{{item.type !== 'empty-card'}}"
```

```
        data-card-data="{{item}}"
        class="card read-card">
    </self-define-component>
  </view>
```

接下来，我们还需要在用户滑动页面时，动态地将当前屏幕和上下两屏的列表节点替换为正式节点，将其他节点设置成 type 为 empty-card 的空节点。

注意：用户滑动页面时会造成大量的 onPageScroll()回调，这里需要做节流处理。

将处理以上逻辑的方法称为 recycleCard，具体代码如下：

```
async onScrollCallback() {                              // 页面滚动时的回调函数
  try {
    const rectList = await this.calcCardsHeight();      // 计算列表中卡片位置的数据
    this.recycleCard(rectList);                          // 调用卡片回收逻辑
  } catch (e) {
    console.error(e);
  }
}
```

在 recycleCard 中，要做的事情有以下两个：

（1）获得当前页面所有列表节点的高度和在当前页面的位置。

（2）遍历上一步获得的节点数据，判断每个节点是否在用户上下两屏可见范围内，并重建 showCards 列表。

先完成第一步，即获取列表所有节点的高度和位置，这一步会用到微信小程序提供的接口 wx.createSelectorQuery，使用该接口可以获得页面中的 DOM 节点。进一步通过获得的 DOM 节点，调用其 boundingClientRect()接口便可以获得该节点的宽度和高度以及位置信息。因为 boundingClientRect()接口是通过回调返回结果的，这里将获取列表节点信息的方法封装为返回 Promise 的一个函数，方便后面调用，具体代码如下：

```
calcFeedHeight() {              // 计算子元素位置、宽度和高度并返回一个 Promise
  return new Promise((resolve, reject) => {
    this.createSelectorQuery()      // 调用小程序接口选中列表中的子元素
      .selectAll(`.card`)           // 通过 class 选中子元素
      // 使用该接口获取选中元素的位置以及宽度和高度
      .boundingClientRect(rectList => {
        resolve(rectList);
      })
      .exec()
  })
}
```

有了节点的信息后，便可以开始 showCards 列表的重建。遍历上面函数返回的节点信息，通过判断每个节点的上边沿是否在用户视野的上下两屏范围内来决定是否将其隐藏。对于需要隐藏的节点，需要保存其高度信息来保证页面不会发生高度变化而抖动。具体代码如下：

```
recycleCard(rectList) {              // 回收卡片的逻辑
```

```
    const newShowCards = [];          // 用于存储将要展示的卡片数据
    for (let i = 0; i < this.data.showCards.length; i++) {
      const rect = rectList[i];
      // 通过判断当前子元素距离用户视野距离决定是否展示该卡片的真实数据
      // 如果在用户视野上下两屏内，渲染真实数据
      if (rect && Math.abs(rectList[i].top - 0) > pageHeight * 2) {
        newShowCards.push({
          type: 'empty-card',         // 使用 type 属性在 WXML 中
         height: rectList[i].bottom - rectList[i].top
        });
      } else {                        // 不在用户视野上下两屏内，渲染空 View
        const feed = totalCards[i];
        newShowCards.push(feed);
      }
    }
    this.setData({                    // 刷新页面 UI
      showCards: newShowCards
    });
  }
```

这里有一个小技巧：为了获得用户屏幕高度，可以调用微信提供的 getSystemInfo()接口来获取设备信息，可以获得许多有用的设备信息，如图 10-4 所示。

```
> wx.getSystemInfoSync()
< ▼{model: "iPhone 6", pixelRatio: 2, windowWidth: 375, windowHeight: 667, system: "iOS 10.0.1", …}
     SDKVersion: "2.4.3"
     batteryLevel: 100
     brand: "devtools"
     fontSizeSetting: 16
     language: "en"
     model: "iPhone 6"
     pixelRatio: 2
     platform: "devtools"
     screenHeight: 667
     screenWidth: 375
     statusBarHeight: 20
     system: "iOS 10.0.1"
     version: "6.6.3"
     windowHeight: 667
     windowWidth: 375
   ▶ __proto__: Object
>
```

图 10-4　设备信息

完成上述逻辑后，运行小程序，可以看到内存占用有了明显的下降，并且即使页面列表节点数超过 100 也不会有明显的卡顿。

但我们的优化并没有到此结束。现在的列表会加载 5 个左右的真实节点，每个节点中有 10 张图片，那么页面仍然有 50 个左右的 image 组件占据着内存。而对于每一个列表节点来说，其实只有 3 张图片是会被用户立即看到的，如图 10-5 所示。

我们完全可以采用和刚刚一样的优化思路，将用户暂时不会看见的 image 组件使用空节点占位，在用户滑动 swiper 组件时再动态加载真实节点，以保证 swiper 组件最多只有 3 张图片同时进行展示。

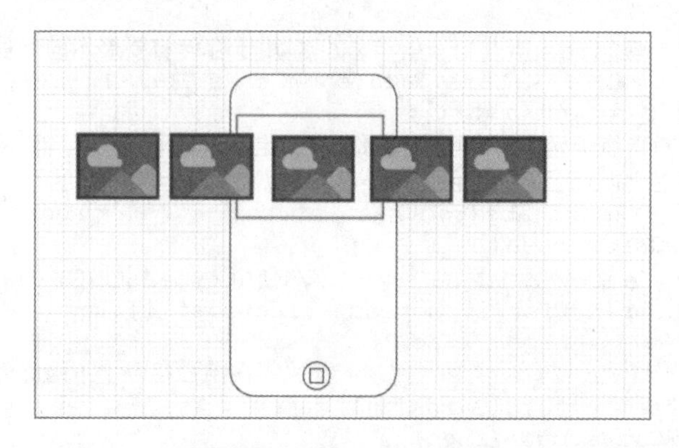

图 10-5　swiper 组件示意图

这一逻辑实现起来非常简单，只需做微小的修改即可。在 JavaScript 逻辑中增加 curIndex 变量用于保存 swiper 组件当前的滑动位置，在 WXML 中通过 index 来判断是否展示真实图片。

```
<swiper-item wx:for="{{images}}"
             wx:key="{{index}}">
  <view >
    <!-- 通过在 WXML 中使用表达式动态设置 image 的 src 属性，仅显示当前可见图片的左
右两张图-->
    <image class="img"
           mode="widthFix"
           src="{{index - curIndex < 2 && index - curIndex > -2 ? item.url :
''}}">
    </image>
  </view>
</swiper-item>
```

完成上面的优化后，再次来到小程序真机调试的性能面板，可以看到内存占用被进一步压缩。

10.1.3　总结思路

从上面解决性能问题的过程中，大家收获到了哪些经验和教训呢？

首先 image 节点不能过多，过多的 image 节点会占用大量的内存。其实不只是 image 节点，只要是过长的列表页面都有可能出现上述性能问题。假设列表中每个子元素的 DOM 节点数为 30，那么当列表元素数目增加到 1000 时，页面会有 30*1000=30 000 个 DOM 节点，小程序显然是吃不消的。

注意：微信小程序推荐页面的总节点数不超过 1000。

经过上述的优化方法处理过后，可以做到列表中展示真实内容的节点数不超过 5 个，这样总 DOM 节点数可以减少到 5×30+995=1145。相对于优化前的 30 000 已经有了巨大

的改进。

另一个优化技巧是在使用 swiper 组件时，可以通过监听 swiper 的滑动变化进行 image 组件的动态加载，从而减少内存占用。

本节的代码都可以在 GitHub 仓库中找到，建议读者将代码下载下来，自己在小程序开发工具中测试并查看效果，能更好地理解优化思路。

10.2　代码包的大小限制

随着小程序项目的功能越来越多，打包的代码体积也越来越大。但小程序对打包的代码包有 2MB 的大小限制，当代码包的大小超过这个限制时，需要相应的技巧来规避这个问题。

10.2.1　如何减少代码包的大小

首先，不要着急修改项目代码结构，而是先利用好微信开发者工具提供的代码压缩功能，如图 10-6 所示。

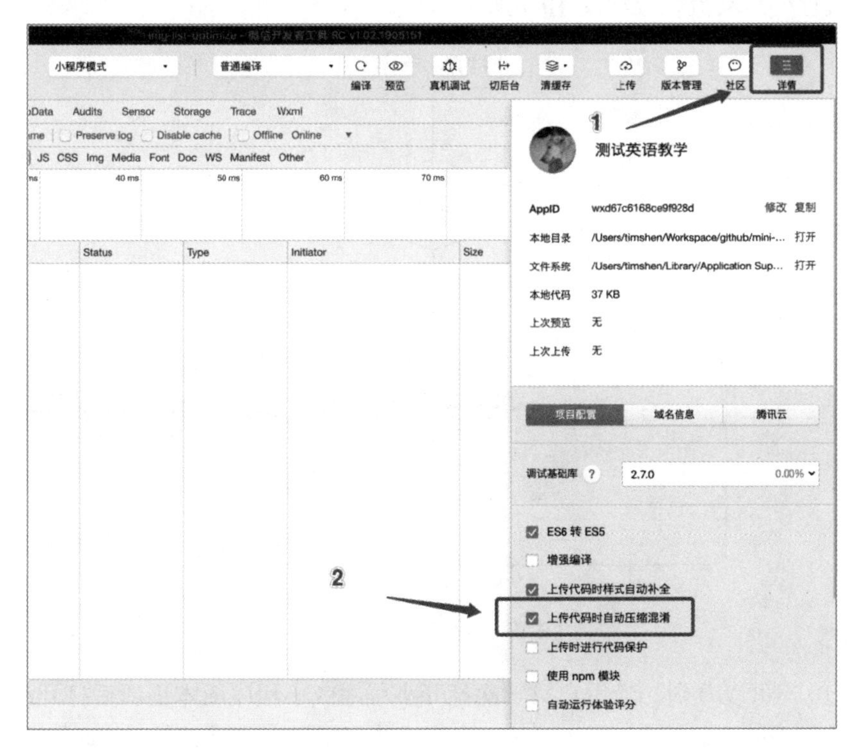

图 10-6　开启代码压缩

完成这一步后代码包的大小会有一定程度的减小。打开压缩功能后上传代码，如果发现代码包变化不大，那么可能是因为小程序中使用了大量的图片素材，这部分素材是无法被小程序开发工具压缩的。该如何处理这部分素材呢？

对于图片素材，可以选择先对其进行压缩。这里推荐使用 tinyjpg 网站进行图片压缩。该网站在尽可能保证图片质量的同时还有不错的压缩率。

在对图片进行压缩后，如果代码包还是过大，这时就需要思考一下这些图片真的需要被打包在项目中吗？例如，有些图片其实并不是每个用户都会看到，这张图可能只有在用户进行了某些特定的操作后才会看到。对于这些图片，建议将其存储在网络端，然后在小程序中以 URL 的形式进行引用，这样可以在尽可能不影响用户体验的情况下减少代码包的体积。

注意： 这里存储在网络端的图片最好接入 CDN，以保证不同地区的用户访问时都有快速访问的体验。

10.2.2　为什么存在该限制

了解了如何“绕开”代码包的限制后，回过头来看看为什么小程序要有该限制。首先来看看小程序的启动流程，如图 10-7 所示。

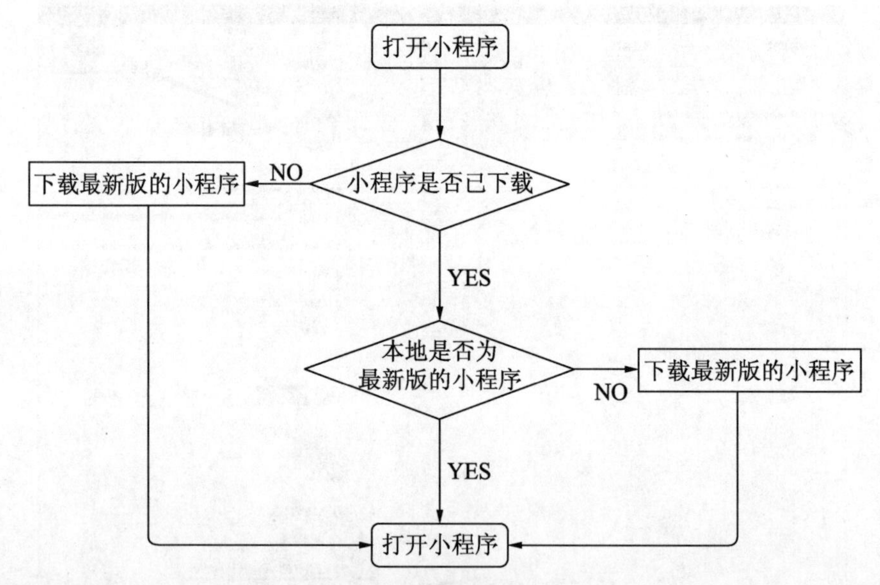

图 10-7　小程序启动流程

由图 10.7 可以看到，当用户第一次打开小程序或小程序版本更新后打开小程序时，都会触发小程序的下载任务。而代码包大小直接决定了这一步骤的耗时。如果代码包过大，将导致用户长时间停留在小程序的加载页面，进而可能失去耐心而关闭小程序。这就是小程序会对代码包大小进行限制的主要原因。

另外，在用户访问小程序时，其代码包会被保存在用户手机本地。如果不对代码包大小进行限制，随着用户使用的小程序数目变多，其宿主 App 占用的空间也会越多，这当然也是不能被接受的。

10.3　图片懒加载问题

在小程序开发中经常需要加载一些体积较大的图片，如果直接加载原图，就会出现页面长时间空白的问题，非常影响用户体验。如果选择直接加载缩略图，又会因为图片不清晰而影响用户体验。

10.3.1　分析解决方案

应对上述问题，有以下两种常见的处理方法：

- 在图片加载完成前，先放置一个占位图，待图片加载后替换。
- 先加载一张模糊的图片，待原图加载好后将其替换为原图。

这两种方式都是非常常见的处理方式。第一种方式，在图片切换时用户会很明显地察觉到页面的变化，且一开始加载的是没有意义的内容。第二种方式，可以先展示模糊的内容给用户，然后在原图加载好后替换为原图，既能保证用户在一开始就查看到正确的内容，又能保证图片切换时平滑过渡，能最大程度地保证用户体验。

第二种方式的缺点在于需要准备模糊和清晰两个版本的图片。现在许多图片存储平台都支持通过 URL 参数的方式指定获取图片的大小，例如打开 GitHub 网页，网址为 https://github.com/ssthouse，右击头像，选择“审查元素”命令查看头像的链接，可以看到图片链接中带有两个参数，如图 10-8 所示。

图片的 URL 为 https://avatars3.githubusercontent.com/u/10973821?s=220&v=4。这个 URL 中有两个参数：s 和 v。这里的 s 便是 size，表示所需图片的尺寸；v 则代表了 URL 的版本号。如果我们需要高清头像，可以把 URL 中的 s 参数改为 1024，在浏览器中打开链接 https://avatars2.githubusercontent.com/u/10973821?s=1024&v=4 查看效果，可以看到获取的是更加高清的图片，如图 10-9 所示。

如果我们要制作一个 GitHub 小程序客户端，而需要加载用户头像的话，则可以先加载较为模糊的图片链接 https://avatars2.githubusercontent.com/u/10973821?s=140&v=4，同时在后台加载高清图片的链接 https://avatars2.githubusercontent.com/u/10973821?s=1024&v=4，待高清图加载完毕后，将模糊图替换为高清图即可。

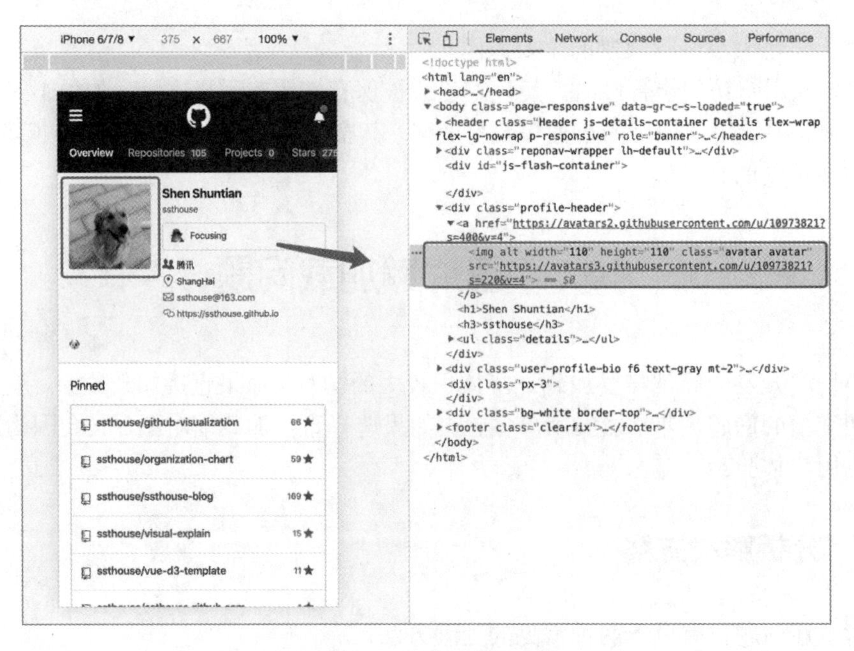

图 10-8　查看头像链接

图 10-9　访问大图的 URL

10.3.2　实现一个可复用的懒加载组件

下面实现一个可复用的图片懒加载组件，以方便在日后开发中使用。

这里最终的目标是实现一个组件 img-loader，在需要使用图片懒加载功能的页面通过引入组件的方式引入 img-loader。img-loader 组件提供一个方法 loadImg()，用于在后台加载高清图片，其函数声明如下：

```
loadImg(url, callback);
```

通过传入高清图片的链接和一个回调函数可以实现懒加载功能。其原理是在 URL 加载好后执行 callback，在 callback 被执行时，因为 URL 已经被加载过，所以可以直接使用。

注意：网络请求有缓存特性，因此已经被请求过的 URL 下次加载时会非常快。

以上便是实现一个图片懒加载组件的基本思路，下面开始具体实现。首先创建一个组件文件夹 img-loader，其目录结构如下：

```
img-loader
├─── img-loader.js
├─── img-loader.json
├─── img-loader.less
└─── img-loader.wxml
```

注意，组件的 JSON 配置文件和 Page 不同，其内容如下：

```
{
  "component": true
}
```

为了加载原图，我们需要在 WXML 文件中放置一个 image 组件。但是原图加载完成后，我们并不希望将其直接展示在页面上，所以增加 hidden class 将其隐藏。

接下来看看 JavaScript 部分的实现。考虑到 img-loader 的 loadImg()函数可能会被多次调用，即前面一次加载的 URL 还没加载完成时又被调用加载新的 URL，这就会导致前面一次调用的 callback 永远不会被执行。所以我们在 img-loader.js 中维护一个列表，用于存储全部的加载任务。在 img-loader.loadImg()被调用时，将 URL 和 callback 先暂存起来。具体代码如下：

```
loadImg(url, callback) {
  // 将图片链接和回调方法保存到 requestQueue 中
  this.data.requestQueue.push({
    url,
    callback
  });
}
```

将任务存储后，什么时候开始处理呢？一般当第一个任务被执行时，其列表就开始进行处理，所以在 loadImg()被调用时就该触发任务的处理逻辑。

增加一个 loadNextImg()函数，通过 setData()将 WXML 中的 image 组件 URL 更新，具体代码如下：

```
loadNextImg() {
  if (this.data.requestQueue.length === 0) {    // 当任务列表为空时，直接返回
    return;
```

```
  }
  this.setData({                    // 加载当前任务列表第一个任务的图片链接
    imgSrc: this.data.requestQueue[0].url
  })
}
```

在小程序中，可以通过给 image 标签绑定 load 方法，以获取图片加载完成的事件，具体代码如下：

```
<image src="{{imgSrc}}"
       class="hidden"
       bindload="onImageLoaded"></image>
```

当监听到图片加载完成时，代表任务列表首部的任务已经处理完成，此时可以将对应的任务从 requestQueue 中移除，并执行其中的 callback。下面是 onImageLoaded()函数的实现代码：

```
onImageLoaded(detail) {
  // 将任务列表的第一个任务移除并执行其回调函数
  const finishedItem = this.data.requestQueue.shift();
  finishedItem.callback();
  this.loadNextImg();              // 处理下一个任务
},
```

注意：在 onImageLoaded()的最后，需要继续处理任务列表中剩余的任务，所以需要调用 loadNextImg()函数。

下面看看 img-loader 的完整代码。

```
Component({
  properties: {},
  data: {
    imgSrc: '',
    requestQueue: []
  },
  methods: {
    loadImg(url, callback) {
      // 将图片链接和回调方法保存到 requestQueue 中
      this.data.requestQueue.push({
        url,
        callback
      });
      if (this.data.requestQueue.length === 1) {
        this.loadNextImg()
      }
    },
    onImageLoaded(detail) {
      console.log(detail);
      const finishedItem = this.data.requestQueue.shift();
      finishedItem.callback();
      this.loadNextImg();
    },
```

```
    loadNextImg() {                // 当任务列表为空时，直接返回
      if (this.data.requestQueue.length === 0) {
        return;
      }
      this.setData({               // 加载当前任务列表第一个任务的图片链接
        imgSrc: this.data.requestQueue[0].url
      })
    }
  }
});
```

10.3.3　测试使用懒加载组件

完成组件的编写后，我们新开一个页面对组件进行测试。测试图片懒加载组件需要两个图片的 URL：模糊图片的 URL 和清晰图片的 URL。这里使用两张内容略有区别的图片作为模糊图和高清图，便于查看图片切换的效果。

首先在新页面中引用 img-loader 组件，引用方法为在页面的 JSON 配置中进行声明，具体代码如下：

```
{
  "navigationBarTitleText": "原图懒加载",
  "usingComponents": {
    "img-loader": "/pages/img-preload/img-loader/img-loader"
  }
}
```

声明组件引用后便可在 WXML 中进行使用。在页面的 WXML 代码中增加 img-loader 组件，并赋予其 ID 为 img-loader，以便于后续在 JavaScript 代码中对其引用。同时添加一个 image 组件，用于测试图片懒加载的效果。下面是完整的页面布局代码：

```
<view class="container">
  <image src="{{imgUrl}}"></image>
</view>
<!-- img-loader 组件不会影响到页面布局，将其放置在 WXML 代码最后即可-->
<img-loader id="img-loader"></img-loader>
```

在页面的 JavaScript 代码中，首先声明图片的 URL，具体代码如下：

```
const ImgURL = {
  COMPRESSED:  'https://raw.githubusercontent.com/ssthouse/mini-program-
development-code/master/chapter_10/src/imgs/octocat-compressed.png',
  ORIGIN: 'https://raw.githubusercontent.com/ssthouse/mini-program-development-
code/master/chapter_10/src/imgs/octocat.png'
}
```

先来看看这两张图片。模糊图片的右下角标注了文本“模糊图”，如图 10-10 所示。

清晰图片除了分辨率更高外，去除了右下角的文字标注，如图 10-11 所示。这样当两张图片进行切换时，能清晰地看到切换效果。

图 10-10　模糊图片展示　　　　图 10-11　清晰图片展示

现在我们尝试先加载模糊图片的 URL，再使用 img-loader 加载清晰图片的 URL，加载完成后，在回调函数中将模糊图片的 URL 替换为清晰图片的 URL。调用方式非常简单，完整的代码如下：

```
const ImgURL = {
  COMPRESSED:
'https://raw.githubusercontent.com/ssthouse/mini-program-development-co
de/master/chapter_10/src/imgs/octocat-compressed.png',
  ORIGIN:
'https://raw.githubusercontent.com/ssthouse/mini-program-development-co
de/master/chapter_10/src/imgs/octocat.png'
}

Page({
  data: {
    imgUrl: ImgURL.COMPRESSED,
  },
  onLoad: function () {
    this.getImgLoader().loadImg(ImgURL.ORIGIN, () => {
      setTimeout(() => {          // 设置 1000ms 的延时，便于查看图片的切换效果
        this.setData({
          imgUrl: ImgURL.ORIGIN
        })
      }, 1000)
    })
  },
  getImgLoader() {
    return this.selectComponent('#img-loader')       // 获取 img-loader 组件
  }
})
```

首先通过 selectComponent(selector)获取 img-loader 组件，接下来调用 img-loader 组件的 loadImg()函数加载原图，并在回调函数中添加将图片链接转换为原图链接的逻辑。计算机端的小程序 IDE 网络情况较好，图片切换速度非常快，可能导致读者看不清切换效果，这里进行了一个 1s 的 setTimeout（延时）。

完成修改后，进入小程序 IDE 进行测试。可以清楚地看到，模糊图和清晰图的切换效果。感兴趣的读者可以尝试替换图片链接或连续调用 loadImg()加载多张图片的测试效果。

10.4 页面数量限制问题

小程序的官方对于页面数量的限制最多是 10 页。限制页面数量的目的是防止单个小程序打开过多页面，占用过多内存而造成卡顿。但对于小程序开发者而言，业务上经常会遇到小程序页面数量超过 10 页的情况。例如商城小程序，在商品展示页面下部一般会有其他商品的推荐，点击商品推荐又会跳到一个新的商品的详情页面，多次重复该操作后页面数量很容易超过 10 页。

注意： 微信小程序的页面数量在限制之前最多为 5 页，后来放宽到最多为 10 页。

以笔者开发的天天 P 图小程序为例，用户在图片中的卡片详情页可以点击标签进入卡片聚合页，在卡片聚合页又可以点击卡片再次进入卡片详情页，如此反复操作，很快就会出现页面数目达到 10 页的上限，如图 10-12 和图 10-13 所示。

图 10-12 天天 P 图小程序卡片详情页

图 10-13 天天 P 图小程序标签页

本节将讲解小程序页面栈的处理逻辑，进而分析如何规避页面的数目限制。

10.4.1　分析目前的问题

目前，小程序提供的页面切换 API 主要有以下三个。

- navigateTo：打开新页面。
- redirectTo：将当前页面替换为新页面。
- navigateBack：退出当前页面，回到上一页面。

小程序对于页面数量的限制，实则是对 Page 实例数目的限制。小程序本身维护着一个页面的栈，通过调用全局的 getCurrentPages()函数可以看到当前 Page 栈的情况，如图 10-14 所示。

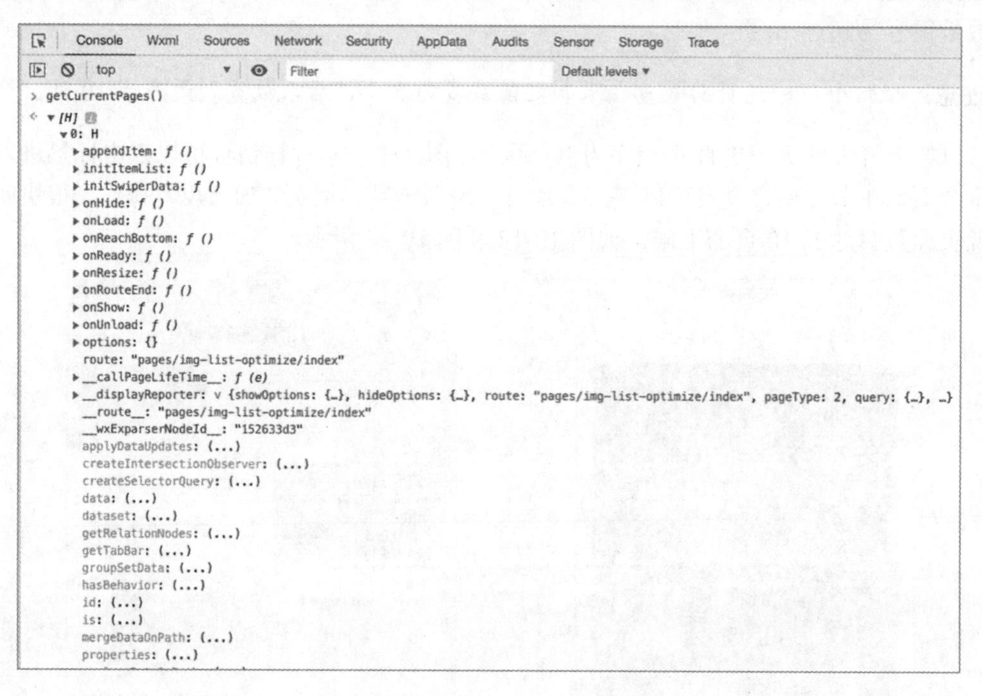

图 10-14　查看小程序的 Page 栈

上面的三个 API 操作，对应 Page 栈的操作如下：

- navigateTo：向 Page 栈中压入新的 Page，栈内的 Page 数目加一。
- redirectTo：将 Page 栈顶的 Page 重定向到新的 URL，栈内的 Page 数目不变。
- navigateBack：将 Page 栈顶的 Page 弹出，栈内的 Page 数目减一。

现在小程序的限制逻辑是：当 Page 栈的数目达到 10 时，就不允许向 Page 栈内压入新的 Page。那么我们可否通过自己建立一个 Page 栈模拟小程序本身的 Page 栈呢？当小程序的 Page 栈数目超过 10 时，可以将新的 Page 压入自定义的 Page 栈中，并调用小程序的 redirectTo()函数跳转到新的页面。当用户点击“后退”按钮回到原页面时，虽然在小程序的 Page 栈中已经没有原页面的信息了，但可以从自定义的 Page 栈中获得原页面的信息，并调用 redirectTo()回到原页面。

如此一来，小程序本身维护的 Page 栈依然保持 10 个以下的数量限制，而超过 10 个的 Page 信息被保存在我们自己维护的 Page 栈中，这既满足了小程序的数量要求，也满足了开发者的业务需求。

在开始实现上述思路之前，我们需要先考虑好对各种情况的处理逻辑。关于页面跳转，主要有两种情况需要考虑：跳转到新页面和返回上一页面。

当用户想要跳转到新页面时，如果小程序页数未达到 10，则可以通过调用 navigateTo()进行页面跳转，并将页面压入自定义的 Page 栈中；如果小程序页数已达到 10，则使用 redirectTo()接口跳转到新的页面，同时也需要将页面压入自定义 Page 栈中。

当用户点击返回按钮时，如果当前自定义的 Page 栈数目和小程序的 Page 数目一致，使用 navigateBack()返回上一页，并将 Page 栈顶页面移除。如果当前自定义的 Page 数目大于 getCurrentPages()获得的 Page 栈数目，则将自定义栈顶的 Page 移除，再通过调用 redirectTo()函数将当前页面回退到当前自定义 Page 栈顶的 Page。这样处理是因为前一个页面的信息已经在小程序 Page 栈中被移除，只能在自定义 Page 栈中找到。

10.4.2　实现页面数量突破限制

为了满足页面数量超过 10 页且不对现有代码造成过多影响的要求，我们希望最终实现两个工具函数：navigateTo()和 navigateBack()，其名称和小程序提供的 API 名称保持一致，尽可能降低使用成本。

在 10.4.1 节的实现思路中，我们需要创建一个自定义的 Page 栈。小程序自身维护的 Page 栈中存放了整个 Page 的所有信息，但我们自定义的 Page 栈其实只需要页面的 URL 信息即可完成跳转。故自定义栈中并不保存完整的 Page 对象，而保存 Page 的 URL 属性。维护的自定义 Page 栈需要在全局被访问，所以将其保存在 app.globalData 中，具体代码如下：

```
//app.js
App({
  onLaunch: function () {
  },
  globalData: {
    pageList: ['/pages/page-number-limit/index']            // 页面栈
  }
})
```

注意：pageList 初始化时并不是空数组，而是存放了小程序主页面的 URL，这是为了让自定义的 Page 栈和小程序的 Page 栈在初始化时保持一致。如果初始在页面 URL 有变动，此处的 URL 也需要做相应的更新。

接下来创建一个 page-controller.js 文件，用于存放自定义的 navigateTo()和 navigateBack()函数。因为这里的处理逻辑较为复杂，在正式编写代码前可以通过画流程图的方式将代码逻辑再次厘清。

首先是 navigateTo()的跳转逻辑，根据当前小程序的 Page 栈是否超过最大数目限制，调用不同的 API 跳转到新的页面，具体流程如图 10-15 所示。

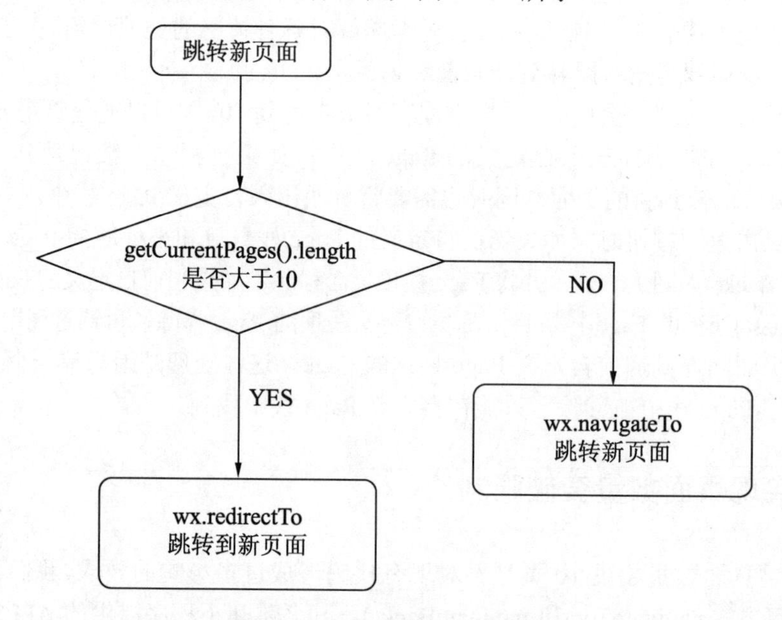

图 10-15　跳转到新页面流程图

思路厘清后，实现起来就很简单了。下面是 navigateTo()的实现。

```
const MAX_PAGE_SIZE = 10

function navigateTo(pageUrl) {
  // 如果 page 列表已到达上限，则将页面压入到 app.pageList 中，从当前页面跳转到新页面
  const pageSize = getCurrentPages().length
  if (pageSize < MAX_PAGE_SIZE) {
    wx.navigateTo({url: pageUrl})
  } else {
    wx.redirectTo({url: pageUrl})
  }
  getApp().globalData.pageList.push(pageUrl)          // 更新自定义 Page 栈
}
```

这里需要注意的是，使用 wx.navigateTo 跳转时传递的参数是一个对象，指定跳转页面的 URL 要通过{url: pageUrl}的方式来传递。

接下来实现 navigateBack()，同样先使用流程图厘清思路。当 getCurrentPages().length 小于自定义的 Page 栈长度时，说明小程序默认的页面数目已不够使用，因此需要跳转的上一页数据需要从自定义的 Page 栈中获取，流程如图 10-16 所示。

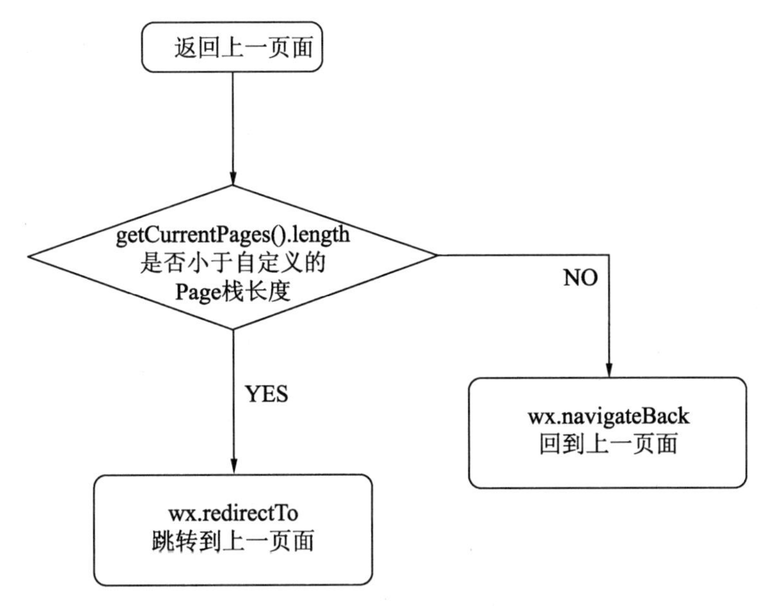

图 10-16　返回上一页流程图

厘清思路后来看看如何实现。这里要注意的是，wx.redirectTo 的 URL 是自定义栈顶的第二个 URL，具体代码如下：

```
function navigateBack() {
  // 如果 page stack 中的页面数目小于 app.pageList 中的页面数目，将 app.pageList
  // 中的页面弹出，通过调用 redirectTo()函数，从当前页面跳转到弹出页面的 URL
  if (getCurrentPages().length < getApp().globalData.pageList.length) {
    const pageList = getApp().globalData.pageList
    pageList.pop()
    const url = pageList[pageList.length - 1]
    wx.redirectTo({url: url})
  } else {
    // 如果小程序 Page 栈和自定义 Page 栈数目一致，将栈顶的页面弹出，并通过调用 navigateBack()
    // 函数跳转回上一页
    getApp().globalData.pageList.pop();
    wx.navigateBack()
  }
}
```

最后将 navigateTo()和 navigateBack()函数通过 module.exports 导出即可。下面是 page-controller.js 的完整实现代码。

```
const MAX_PAGE_SIZE = 10

function navigateTo(pageUrl) {
  // 如果 page 列表已到达上限，则将页面压入到 app.pageList 中，从当前页面跳转到新页面
  const pageSize = getCurrentPages().length
  if (pageSize < MAX_PAGE_SIZE) {
    wx.navigateTo({url: pageUrl})
  } else {
```

```
    wx.redirectTo({url: pageUrl})
  }
  getApp().globalData.pageList.push(pageUrl)    // 更新自定义的 Page 栈
}

function navigateBack() {
  // 如果 page stack 中的页面数目小于 app.pageList 中的页面数目，将 app.pageList
  // 中的页面弹出，通过调用 redirectTo()函数跳转到弹出页面的 URL
  if (getCurrentPages().length < getApp().globalData.pageList.length) {
    const pageList = getApp().globalData.pageList
    pageList.pop()
    const url = pageList[pageList.length - 1]
    wx.redirectTo({url: url})
  } else {
    // 如果两个栈中页面数目一致，将 app.pageList 中栈顶的页面弹出，通过调用 navigateBack()
    // 函数回退到上一页面
    getApp().globalData.pageList.pop();
    wx.navigateBack()
  }
}

module.exports = {
  navigateTo,
  navigateBack
}
```

至此，实现了这两个工具函数。在使用这两个工具函数时，只需要将之前调用 wx.navigateTo 和 wx.navigateBack 的地方改为调用这两个函数，便可实现页面无限跳转的效果。

10.4.3　测试效果

10.4.2 节实现了用于突破小程序页面数量限制的两个工具函数，本节来测试其效果。

小程序顶栏的返回按钮在被用户点击时，默认执行的是 wx.navigateBack()函数，为了让页面回退时调用自定义的 navigateBack()函数，则需要自定义小程序的顶栏。

和之前的图片懒加载时定义组件相同，新建一个目录，自定义一个小程序的顶栏组件。其目录结构如下：

```
navigation
├── navigation-back.png
├── navigation.js
├── navigation.json
├── navigation.less
└── navigation.wxml
```

同样，navigation.json 中需要配置 component 属性为 true。

在 navigation 组件的 WXML 中放置两个简单的元素：页面标题和返回按钮。具体代码如下：

```
<view class="navigation" style="height:60px; padding-top:24px; background-
color: white;">
  <view wx:if="{{needBack}}">
    <view class="back" bindtap="navigateBack">
      <image src="./navigation-back.png" class="back-icon"></image>
    </view>
  </view>
  <view class="title" style="top: 24px; line-height:42px">页面数目限制</view>
</view>
```

返回按钮仅在页面数目大于 1 时才显示，故在 Navigation 组件被加载到页面时，需要根据当前 Page 数目初始化 needBack 变量，以控制顶栏返回按钮的显示状态。对于返回按钮绑定的 navigateBack()函数，调用 10.4.2 节中自定义的 navigateBack()函数。下面是 navigation.js 的完整实现代码：

```
const pageController = require('../page-controller')

Component({
  attached() {
    this.setData({needBack: getCurrentPages().length !== 1})
  },
  methods: {
    navigateBack() {
      pageController.navigateBack()
    }
  }
});
```

注意：attached 是组件被 Page 加载完成时执行的回调函数。

完成顶栏组件的自定义后，现在来创建一个新页面用于测试跳转效果。在新页面中放置文本组件，用来显示当前页面是第几个页面，并在页面中心放置一个按钮，当用户点击该按钮时跳转到新页面。WXML 代码如下：

```
<navigation needBack="{{true}}"></navigation>
<view class="container">
  <text>页面 {{pageIndex}}</text>
  <Button bindtap="onClickOpenNewPage">打开新页面</Button>
</view>
```

页面的 pageIndex 根据 app.globalData 中自定义 Page 栈的数目而得到。当用户单击“打开新页面”按钮时，通过调用自定义的 navigationTo()函数进行页面跳转。下面是该页面逻辑的完整实现代码：

```
const pageController = require('./page-controller')
const DEFAULT_PAGE_INDEX = 1
Page({
  data: {
    pageIndex: DEFAULT_PAGE_INDEX,
    needBack: false,
  },
  onLoad: function (options) {
    this.setData({
```

```
      pageIndex: getApp().globalData.pageList.length
    })
  },
  onClickOpenNewPage() {
    const pageUrl = `/pages/page-number-limit/index?pageIndex=${+this.
data.pageIndex + 1}`
    pageController.navigateTo(pageUrl)  // 调用 pageController 进行页面跳转
  }
})
```

完成上述修改后来到小程序查看效果。不断单击“打开新页面”按钮，可以看到页面能够突破 10 页的限制，如图 10-17 所示。页面数量超过 10 页后，点击返回按钮也能看到页面成功返回，这样便实现了页数超过 10 页的效果。

图 10-17　页面数量超过 10 页的效果展示

10.5　本章小结

本章介绍了小程序开发中会遇到的一些问题，并将分析思路和解决方案进行了详细讲解。希望读者在阅读本章时，一边思考解决问题的思路，一边动手编码实现，这样才能提升解决问题的能力。

在小程序开发中还会遇到各种各样的问题，希望读者能掌握分析问题思路和解决问题的方法，并能顺利地解决遇到的问题。

第 11 章　小程序上线及运营

作为小程序的开发人员，并不是完成小程序基本功能的开发工作就结束了。完成小程序的功能开发后，开发者还需要配合测试人员确定测试用例，配合产品运营人员确认数据埋点，对错误日志进行上报、监控和修复。本章将介绍小程序除了功能开发之外的方方面面，帮助读者更实际地了解小程序开发的全貌。

11.1　数据埋点

如果开发者只是完成小程序的功能开发后就直接上架，那么用户怎么使用小程序、哪些页面用户访问频率高、哪些页面用户访问频率低以及哪些页面设计有问题导致后续页面转化率低，我们都无从得知，更不用提如何优化和迭代小程序的功能设计了。

通过数据埋点，我们能在小程序发布后和程序“保持联系”。通过对埋点上报的数据进行分析，能够了解用户如何使用小程序、哪些功能受欢迎以及哪些功能的访问量低，并以此为依据进行针对性的优化。下面将介绍两种常用的数据埋点方式。

11.1.1　自定义平台数据上报

为了掌握小程序在客户端后续的使用情况，开发者需要对用户的一些行为进行数据埋点。常见的埋点数据包括页面的 PV 和 UV 以及按钮点击的 PV 和 UV。下面来看看分别用自定义的数据上报平台和小程序提供的数据上报平台，如何进行数据埋点上报。

要记录页面的 PV（Page View），只需在页面被打开时进行一次数据上报，然后在管理后台计算该数据上报的总量即可。页面打开时上报，自然让人想到在 Page 的 onLoad() 回调函数中进行数据上报，具体代码如下：

```
const dataReporter = require('../../utils/data-reporter')

Page({
  data: {},
  onLoad: function (options) {
    dataReporter.reportOpenPage('index-page')           // 上报页面浏览事件
  },
})
```

有了上报的数据后，只要在管理后台进行数据统计，即可获取页面在某个时段的PV。如果要统计UV，则需要在数据上报时带上用户的唯一ID以合并单一用户的重复访问。

注意：如果对UV数据的精确度要求不高，也可以在后台通过网络请求的IP进行合并。

按钮点击的上报一般用于记录用户的一个完整操作流程，可绘制漏斗图查看每一步骤的留存率。对于按钮点击，同样可以按照上面的思路进行上报。

新建一个测试页面并在页面上增加一个按钮，为其绑定点击事件 bindtap="onClickBtn"。

```
<view class="container">
  <button bindtap="onClickBtn">Button</button>
</view>
```

在页面的JavaScript逻辑中实现onClickBtn()函数。在onClickBtn()函数内调用按钮数据上报的逻辑进行按钮点击数据上报。

注意：上报的URL和HTTP请求的参数都是需要和后端工作人员商议决定的。

```
const dataReporter = require('../../utils/data-reporter')
Page({
  data: {},
  // 在页面初始化时，进行页面访问的数据上报，用于统计 PV 和 UV
  onLoad: function (options) {
    dataReporter.reportOpenPage('index-page')
  },
  onClickBtn() {          // 在按钮点击的回调函数中进行按钮点击的数据上报
    dataReporter.reportClickBtn('index-btn')
  }
})
```

同样，为了统计按钮点击的PV和UV，需要在dataReporter.reportClickBtn中上报用户ID和按钮ID。获取用户ID涉及用户微信登录的逻辑，下面仅给出dataReporter的伪代码实现。

```
function getUserId() {
  // 需要登录获取用户的 openId
  return ''
}
function reportOpenPage(pageId) {
  wx.request({
    url: 'page 上报 URL',          //仅为示例，并非真实的接口地址
    data: {
      pageId,
      userId: getUserId()          // 通过 userId 区分不同用户，计算 UV
    },
    success (res) {
      console.log('数据上报成功')
    }
  })
}
```

```
function reportClickBtn(btnId) {
  wx.request({
    url: 'btn 上报 URL',         //仅为示例，并非真实的接口地址
    data: {
      btnId,
      userId: getUserId()
    },
    success (res) {
      console.log('数据上报成功')
    }
  })
}

module.exports = {
  reportOpenPage,
  reportClickBtn
}
```

11.1.2　小程序接口数据上报

除了使用 11.1.1 节中自定义的接口进行数据上报外，小程序官方也提供了功能完备的数据上报功能，包括通过在 Web 端直接配置动态下发数据上报的功能和通过小程序的 API:wx.reportAnalytics 进行上报的功能。两种上报方案的适用场景不同，开发者可根据具体业务情况选定方案。这里列出两种方案的对比供读者参考，如表 11-1 所示。

表 11-1　数据上报方式对比

对　比　项	Web管理端配置上报	wx.reportAnalytics API上报
代码侵入	仅需对要上报的节点设置class或id	需要在点击事件的回调函数中加入上报代码
数据灵活度	除了小程序默认上报字段外，支持上报Page.data中的数据	可完全根据开发者意愿进行数据上报
分析灵活度	可实时创建新的上报流，进行分析	需修改代码重新发布新版本

小程序官网有非常详尽的 Web 管理端配置上报文档，且更新频率较高，这里不进行过多介绍。本小节主要介绍如何使用小程序提供的 reportAnalytics 接口进行数据上报。

使用 API 进行数据上报需要事先在 Web 管理端配置好需要上报的事件名称和字段。首先来看看如何创建一个上报事件。

打开微信小程序的管理端并进入“统计”板块。在主页面选择“自定义分析”tab，单击右侧的“新建事件”按钮即可打开创建事件面板，如图 11-1 所示。

创建事件面板如图 11-2 所示，可以看到一个完整的 API 上报事件包括英文名、中文名和上报字段列表等。

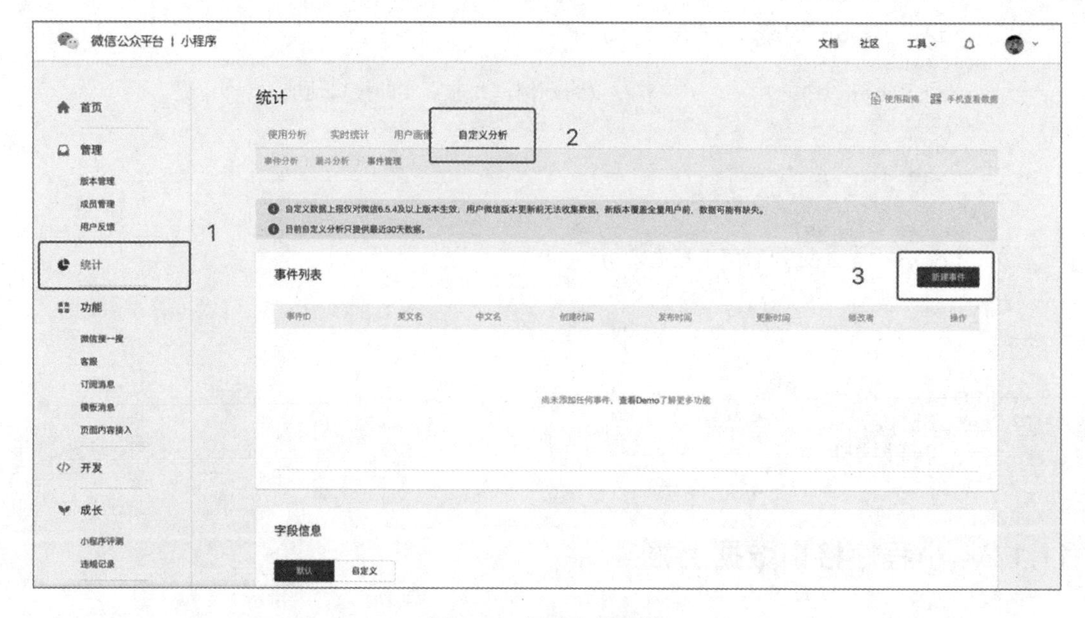

图 11-1　新建上报事件

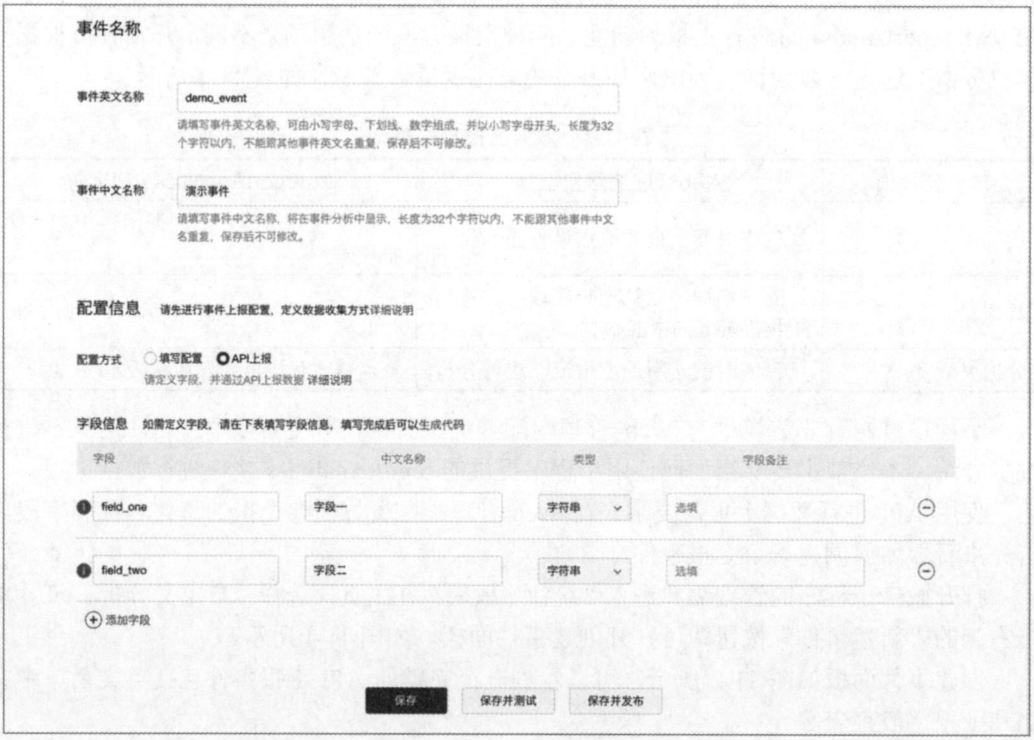

事件名称

事件英文名称　demo_event

请填写事件英文名称，可由小写字母、下划线、数字组成，并以小写字母开头，长度为32个字符以内，不能跟其他事件英文名重复，保存后不可修改。

事件中文名称　演示事件

请填写事件中文名称，将在事件分析中显示，长度为32个字符以内，不能跟其他事件中文名重复，保存后不可修改。

配置信息　请先进行事件上报配置，定义数据收集方式详细说明

配置方式　○填写配置　● API上报

请定义字段，并通过API上报数据 详细说明

字段信息　如需定义字段，请在下表填写字段信息，填写完成后可以生成代码

字段	中文名称	类型	字段备注
field_one	字段一	字符串	选填
field_two	字段二	字符串	选填

⊕ 添加字段

保存　保存并测试　保存并发布

图 11-2　事件字段填写示例

注意这里填写的字段信息，其名称字段是开发者在代码中调用 wx.reportAnalytics 接口进行数据上报时需要传递的名称字段。

完成上述字段填写后，单击“保存”按钮，可以在事件列表中看到刚刚创建的事件，如图 11-3 所示。

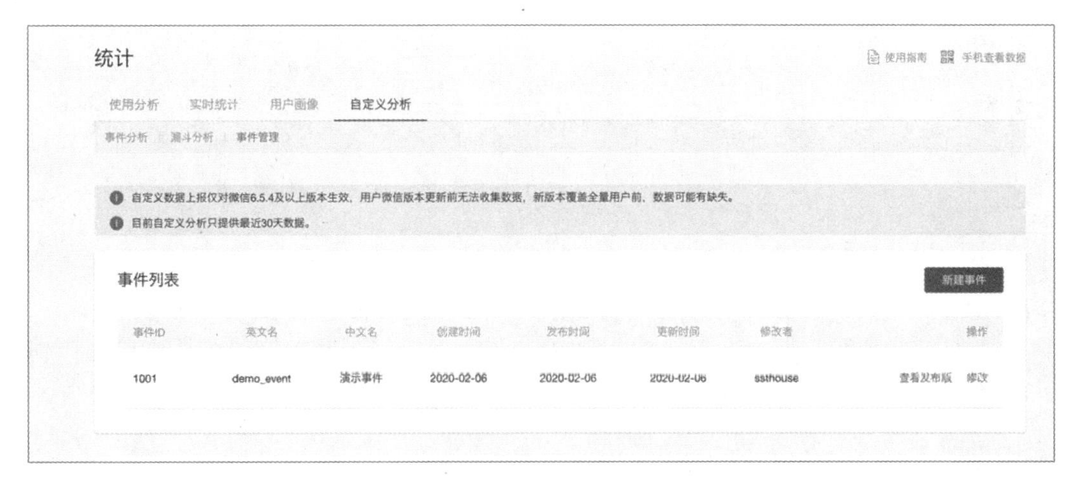

图 11-3　已发布事件列表

以图 11-2 中填写的示例事件为例，来看看小程序代码中是如何进行事件上报的。具体代码如下：

```
const dataReporter = require('../../utils/data-reporter')

Page({
  data: {},
  onLoad: function (options) {
    dataReporter.reportOpenPage('index-page')
  },
  onClickBtn() {
    // dataReporter.reportClickBtn('index-btn')
    wx.reportAnalytics('demo_event',              // 事件名
      {                                            // 具体的事件内容字段
        'field_one': 'field_one_value',
        'field_two': 'field_two_value'
      })
  }
})
```

wx.reportAnalytics()函数需传递两个参数，其函数声明如下：

```
function reportAnalytics(eventName: string, data: object): void;
```

该函数接收两个参数：eventName 为之前填写的事件名，data 为以 key 和 value 的方式上报的自定义事件内容字段。

通过这样的数据上报，最终就可以在小程序的统计分析面板中看到上报的数据。同时

小程序提供了功能丰富的数据分析能力，可以方便地对上报数据进行分析整理，如图 11-4 所示。

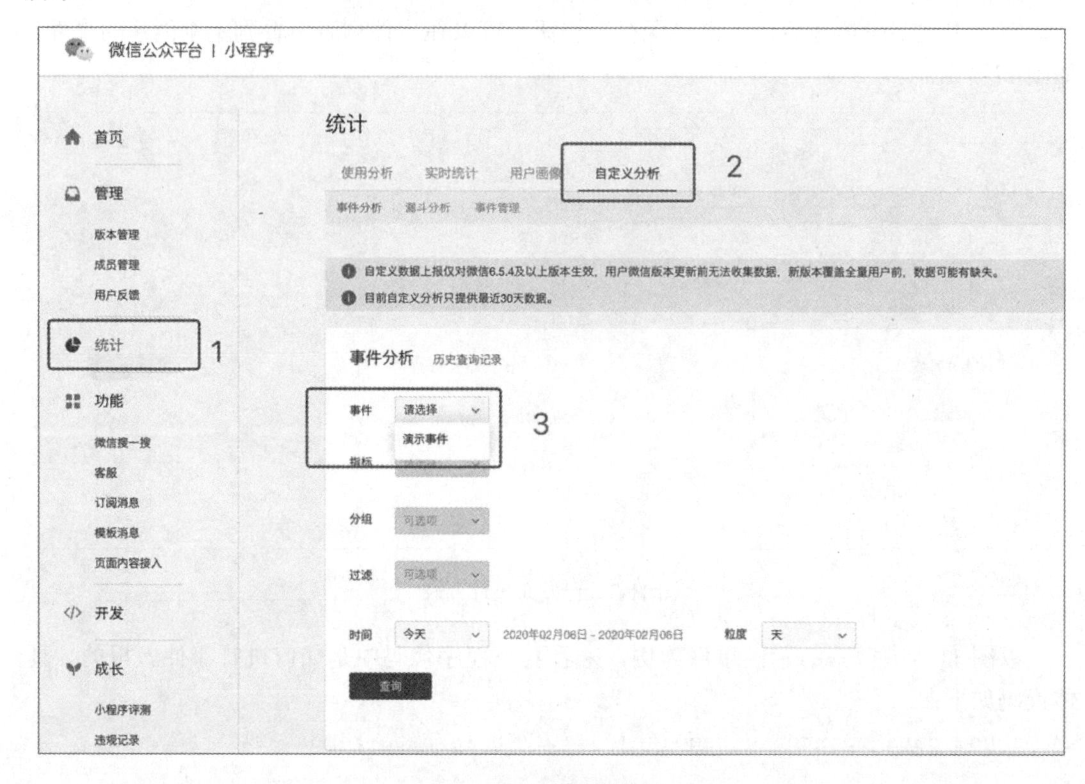

图 11-4　查询事件数据

11.2　小程序测试

本节介绍小程序测试相关内容。其实不只是小程序，任何软件产品发布前都需要有完整的测试流程。对于小程序而言，开发人员开发时大多是在小程序开发 IDE 或个人手机上进行开发测试。但当小程序正式发布上线后，程序会在各种各样的机器上运行，这些机器的屏幕尺寸、系统版本不尽相同，这就需要我们有完备的测试流程保证小程序的兼容性。下面将从测试和错误上报两方面进行探讨。

11.2.1　单元测试

单元测试是检测程序的每个片段逻辑正确性的常见测试手段。通常开发人员会为一些关键节点的处理函数编写单元测试，以保证关键路径上每个步骤的正确性。

单元测试会对一个函数传入特定的参数，并检验其返回值是否正确。对于前端开发而言，最简单的编写单元测试的方法就是调用 console.assert。该方法的第一个参数为布尔值，表示当前测试用例是否通过。后续还可以传递多个对象或字符串参数，后续传递的参数都会被当作辅助信息打印在控制台上。

在本书的第 6 章中，我们曾写过一个旋转二维数组的函数，该函数的功能是将 2048 游戏的棋盘进行顺时针旋转。本节我们来试着为这个函数（Board.rotateMatrix）编写单元测试。首先回顾这个函数的实现，具体代码如下：

```
// 顺时针旋转 90°
rotateMatrix(matrix) {
  const rotatedMatrix = []
  for (let i = 0; i < MATRIX_SIZE; i++) {
    const row = []
    for (let j = MATRIX_SIZE - 1; j >= 0; j--) {
      row.push(matrix[j][i])
    }
    rotatedMatrix.push(row)
  }
  return rotatedMatrix
}
```

该函数的功能是将二维数组顺时针旋转 90°，并返回旋转后的二维数组。为了测试该函数的正确性，需要事先准备好原始二维数组和旋转后的二维数组，如下：

```
const originMatrix = [
  [1, 2, 3, 4],
  [5, 6, 7, 8],
  [9, 10, 11, 12],
  [13, 14, 15, 16]
]

const targetMatrix = [
  [13, 9, 5, 1],
  [14, 10, 6, 2],
  [15, 11, 7, 3],
  [16, 12, 8, 4]
]
```

要比较两个二维数组是否相等，需要遍历两个二维数组并比较它们的每个元素是否相等。为此新增一个函数 isSameMatrix(matrixA, matrixB)，该函数通过循环遍历两个二维数组并比较其元素来判断两个二维数组的内容是否相同，具体代码如下：

```
function isSameMatrix(matrixA, matrixB) {
  for (let i = 0; i < matrixA.length; i++) {
    for (let j = 0; j < matrixA[0].length; j++) {
      // 当任一位置数字不同时，认定两个二维数组不相等
      if (matrixA[i][j] !== matrixB[i][j]) {
        return false
      }
    }
  }
```

```
  return true                    // 当所有位置数字相同时，认定两个二维数组相等
}
```

做好这些准备工作后，便可调用 console.assert 进行测试。首先我们将第 6 章中的 src/pages/index/board.js 复制至本章的项目代码中，并创建其对应的测试文件 board.test.js，完成后目录结构如下：

```
src/pages/unit-test
├── board.js
└── board.test.js
```

要测试 Board 类的 rotateMatrix()函数，首先需要创建一个 Board 类的实例。在 board.test.js 中引用 board.js 文件，并创建一个 Board 实例，具体代码如下：

```
const board = require('./board')

const testBoard = new board.Board()     // 创建 Board 类实例用于后续测试
```

接下来，调用 Board.rotateMatrix()获得旋转后的二维数组并将返回的二维数组和预先准备的 targetMatrix 进行比较。最后将比较结果通过 console.assert 进行比对测试，具体代码如下：

```
console.assert(isSameMatrix(targetMatrix, testBoard.rotateMatrix(originMatrix)),
 '二维数组旋转逻辑有误')
```

board.test.js 的完整代码如下：

```
const board = require('./board')
const testBoard = new board.Board()     // 创建 Board 类实例用于后续测试
const originMatrix = [                  // 原始二维数组
  [1, 2, 3, 4],
  [5, 6, 7, 8],
  [9, 10, 11, 12],
  [13, 14, 15, 16]
]
const targetMatrix = [                  // 目标二维数组
  [13, 9, 5, 1],
  [14, 10, 6, 2],
  [15, 11, 7, 3],
  [16, 12, 8, 4]
]
function isSameMatrix(matrixA, matrixB) {
  for (let i = 0; i < matrixA.length; i++) {
    for (let j = 0; j < matrixA[0].length; j++) {
      // 当任一位置数字不同时，认定两个二维数组不相等
      if (matrixA[i][j] !== matrixB[i][j]) {
        return false
      }
    }
  }
  return true                          // 当所有位置数字相同时，认定两个二维数组相等
}
console.assert(isSameMatrix(targetMatrix, testBoard.rotateMatrix(originMatrix)),
 '二维数组旋转逻辑有误')
```

有了测试文件后，便可以在命令行使用 node 命令执行该测试文件，查看测试结果。在命令行进入 board.test.js 所在的目录并执行 node 命令，如下：

```
node board.test.js
```

执行完上面的命令后，我们发现命令行中没有任何输出，这表明我们的测试用例正确通过了。为了查看测试未通过的效果，可以将 console.assert 判断的布尔值取反，具体代码如下：

```
console.assert(!isSameMatrix(targetMatrix, testBoard.rotateMatrix(originMatrix)),
 '二维数组旋转逻辑有误')
```

再次执行上面的命令，可以看到命令行中输出了错误信息：

```
➜  chapter_11 git:(chapter11) ✗ node src/pages/unit-test/board.test.js
Assertion failed: 二维数组旋转逻辑有误
```

以上便是最简单的单元测试方法。该方法不需要安装任何依赖，直接使用自带的 console.assert 并在命令行调用即可开始测试。

但是这种简单的测试方式使用起来较为不便。开发者每次执行测试都需要指定测试文件，并且该方法的测试结果输出格式并不方便查看。其实在前端领域已有很多成熟的测试框架，常见的如 Jest 和 Mocha。这些测试框架提供了方便的命令行工具和完备的测试 API，让开发者可以快速地进行测试用例的编写。这里将介绍 Jest——一款由 Facebook 推出的测试框架。下面将前面使用 console.assert 的测试用例改造为使用 Jest 进行测试。

首先介绍 Jest 的使用方法。Jest 提供了一个命令行工具 jest，该命令会遍历当前项目目录下所有以.test.js 结尾的文件，并将其作为测试文件执行。在每一个测试文件中，可以存在多个测试用例。下面来看看 Jest 官方的示例。

假设有一个待测试文件 sum.js，其功能是计算两数之和，具体代码如下：

```
function sum(a, b) {
  return a + b;
}
module.exports = sum;
```

按照 Jest 的规范，为 sub.js 创建对应的测试文件 sum.test.js 进行测试。一个标准的测试用例如下：

```
const sum = require('./sum');

test('adds 1 + 2 to equal 3', () => {
  expect(sum(1, 2)).toBe(3);
});
```

可以看到，在 Jest 中每一个 test()函数对应的都是一个单独的测试用例。

注意： 需要注意的是，test()和 expect()这两个函数并没有通过 require 导入进来，而是 Jest 在执行测试用例时自动注入全局对象上的，所以不需要 require 就能直接调用。

对于 test()函数，其第一个参数为对当前测试用例的描述文字，第二个参数为要被执行的测试方法。在测试方法中，可以使用 expect()函数对测试结果进行判断。在一个 test()下可以多次调用 expect()进行测试，最终 Jest 会统计出每个 test 用例的成功与否。

了解了 Jest 的用法后，让我们在本章的项目代码中尝试使用 Jest。首先进入项目代码的根目录，安装 Jest 依赖。本章代码的根目录结构如下：

```
➜ chapter_11 git:(chapter11) ✗ ll
total 752
-rw-r--r--    1 timshen  1085706827   320B Feb  2 16:01 README.md
drwxr-xr-x    9 timshen  1085706827   288B Feb  6 11:55 dist
drwxr-xr-x  568 timshen  1085706827    18K Feb  6 21:31 node_modules
-rw-r--r--    1 timshen  1085706827   361K Feb  6 21:31 package-lock.json
-rw-r--r--    1 timshen  1085706827   524B Feb  6 21:31 package.json
drwxr-xr-x   11 timshen  1085706827   352B Feb  4 19:13 src
-rw-r--r--    1 timshen  1085706827   1.3K Feb  2 16:01 webpack.config.js
```

回顾一下在第 2 章中搭建的小程序开发模板，其 dist 目录为最终生成的编译文件目录，项目开发的依赖声明都放在 package.json 中。在当前目录下通过以下命令便可安装 Jest 依赖：

```
npm install --save-dev jest
```

注意：上述命令只将 Jest 安装在了当前目录，并未全局安装，所以无法在命令行直接使用 jest 命令，需要通过 npm 脚本调用。

安装好 Jest 后，在 package.json 中增加测试的 script 命令"test":"jest"，代码如下：

```
{
  "name": "chapter_2",
  "version": "1.0.0",
  "description": "微信小程序模板项目",
  "main": "index.js",
  "scripts": {
    "test": "jest",
    "start": "rm -rf ./dist/* && webpack --config webpack.config.js"
  },
  "author": "ssthouse",
  "license": "ISC",
  "devDependencies": {
    "@babel/core": "^7.5.5",
    "@babel/preset-env": "^7.5.5",
    "copy-webpack-plugin": "^5.0.3",
    "less": "^3.9.0",
    "webpack": "^4.35.2",
    "webpack-clean-obsolete-chunks": "^0.4.0",
    "webpack-cli": "^3.3.10"
  }
}
```

和将项目运行起来时执行 npm run start 一样，增加的 test script 也可以通过 npm run test 来执行。

注意：通过 npm run 执行的命令会自动在当前项目的 node_modules 中寻找引用的命令。

下面将之前的 console.assert 测试方式改为 Jest 测试。需要修改的地方不多，只需将结果判断代码改为调用 expect()函数，再将测试逻辑包裹在 test()函数中，代码如下：

```
// console.assert(isSameMatrix(targetMatrix, testBoard.rotateMatrix
(originMatrix)), '二维数组旋转逻辑有误')

test('rotated matrix should be same', () => {
  expect(isSameMatrix(targetMatrix,
testBoard.rotateMatrix(originMatrix))).toBe(true)
})
```

完成修改后，到命令行执行下面的命令进行 Jest 测试。

```
➜  chapter_11 git:(chapter11) ✗ npm run test

> chapter_2@1.0.0 test /Users/timshen/temp_workspace/小程序开发必知必会
/mini-program-development-code/chapter_11
> jest

 PASS  src/pages/unit-test/board.test.js
  ✓ rotated matrix should be same (3ms)

Test Suites: 1 passed, 1 total
Tests:       1 passed, 1 total
Snapshots:   0 total
Time:        1.008s
Ran all test suites.
➜  chapter_11 git:(chapter11) ✗
```

可以看到 Jest 在命令行中输出了非常详细的测试用例统计信息。如果测试用例未通过则会在控制台进行报错。和前面一样，我们将 expect()函数中的参数取反以查看报错时 Jest 的输出，具体代码如下：

```
test('rotated matrix should be same', () => {
  expect(!isSameMatrix(targetMatrix,
testBoard.rotateMatrix(originMatrix))).toBe(true)
})
```

修改后再次到命令行执行 npm run test 命令，可以看到如图 11-5 所示的输出。

从图 11-5 中可以看到，Jest 不仅给出了最终的成功数目和失败数目，还给出了错误出现在哪一行，甚至标注了预期值和错误值分别是什么。通过 Jest 的输出，开发者可以快速定位问题。

除了手动在命令行一次次运行测试命令外，Jest 还提供了 Watch 模式，即 Jest 会监听项目文件的变动，并在文件发生修改时重新执行相关的测试用例。有了这样强大的测试能力，开发者甚至可以先编写测试用例，再编写实际功能，当测试用例通过时，也就表示功能实现了，这就是 TDD（Test Driven Development，测试驱动开发）的方式。感兴趣的读者不妨查阅资料，了解更多关于测试驱动开发的知识。

```
→ chapter_11 git:(chapter8) ✗ npm run test

> chapter_2@1.0.0 test /Users/timshen/temp_workspace/小程序开发必知必会/mini-program-development-code/chapter_11
> jest

 FAIL  src/pages/unit-test/board.test.js
  × rotated matrix should be same (6ms)

  ● rotated matrix should be same

    expect(received).toBe(expected) // Object.is equality

    Expected: true
    Received: false

      30 |
      31 | test('rotated matrix should be same', () => {
    > 32 |   expect(!isSameMatrix(targetMatrix, testBoard.rotateMatrix(originMatrix))).toBe(true)
         |                                                                            ^
      33 | })
      34 |

      at Object.toBe (src/pages/unit-test/board.test.js:32:77)

Test Suites: 1 failed, 1 total
Tests:       1 failed, 1 total
Snapshots:   0 total
Time:        1.701s
Ran all test suites.
npm ERR! code ELIFECYCLE
npm ERR! errno 1
npm ERR! chapter_2@1.0.0 test: `jest`
npm ERR! Exit status 1
npm ERR!
npm ERR! Failed at the chapter_2@1.0.0 test script.
npm ERR! This is probably not a problem with npm. There is likely additional logging output above.

npm ERR! A complete log of this run can be found in:
npm ERR!     /Users/timshen/.npm/_logs/2020-02-18T13_39_41_202Z-debug.log
→ chapter_11 git:(chapter8) ✗
```

图 11-5　Jest 测试失败效果

11.2.2　UI 适配

UI 适配是指对于不同长宽比及分辨率的机型，在小程序的 UI 布局方面进行适配以保证尽可能一致的用户体验。例如对于 iPhone X 之类的长屏手机，其页面布局相对于短屏手机必定有所不同。而小程序要保证在长短机型上都能有较好的展示效果，就需要对不同尺寸的设备进行适配。

依然以第 6 章中 2048 游戏的页面为例。我们进入小程序 IDE 对比该页面 UI 在 iPhone 6 和 iPhone X 上的显示效果，分别如图 11-6 和图 11-7 所示。

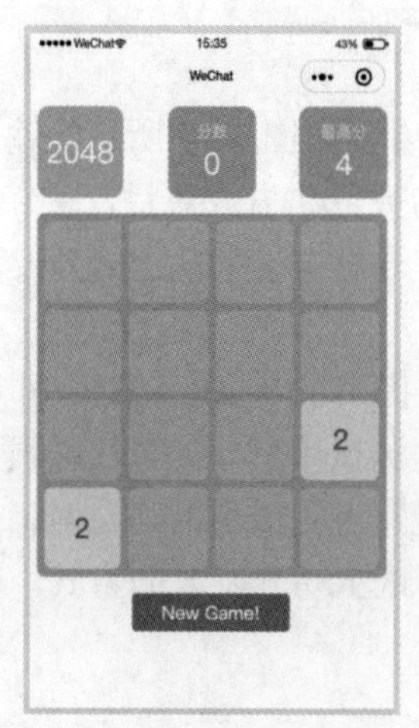

图 11-6　2048 游戏页面在 iPhone 6 上的效果

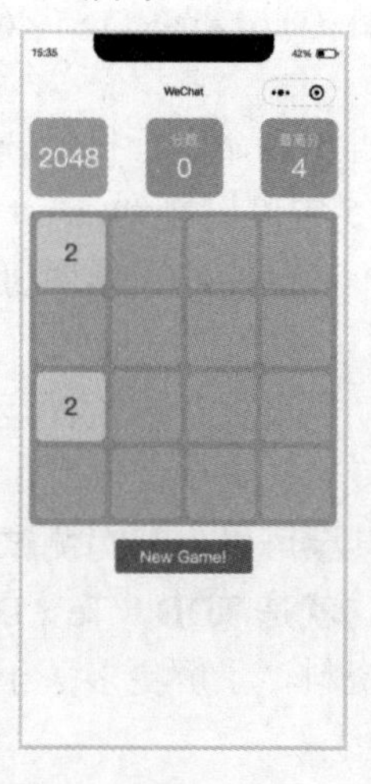

图 11-7　2048 游戏页面在 iPhone X 上的效果

可以看到，游戏页面在 iPhone 6 上显示效果良好，但在 iPhone X 上棋盘位置过于偏上。为了适配长短屏机型，一种常见的思路就是将页面元素居中排布。

以 2048 游戏页面为例，因为页面的元素是由上至下排布的，所以在长屏手机上会出现页面元素偏上的问题。而如果将外部容器元素布局设置为居中排布，则可以适配不同长度的手机屏幕。

将页面最外层布局的 class 设置为 container，并使用最常见的 flex 布局将其内容居中显示，具体代码如下：

```
.container {
  width: 100%;
  height: 100%;
  display: flex;
  align-items: stretch;
  justify-content: center;
  flex-direction: column;
}
```

注意这里为了避免对子元素宽度造成影响，将 align-items 属性设置为 stretch，以保证其子元素和父元素宽度一致。

完成上述改动后，再次查看页面在 iPhone X 上的效果，可以看到页面内容已经居中显示了，如图 11-8 所示。

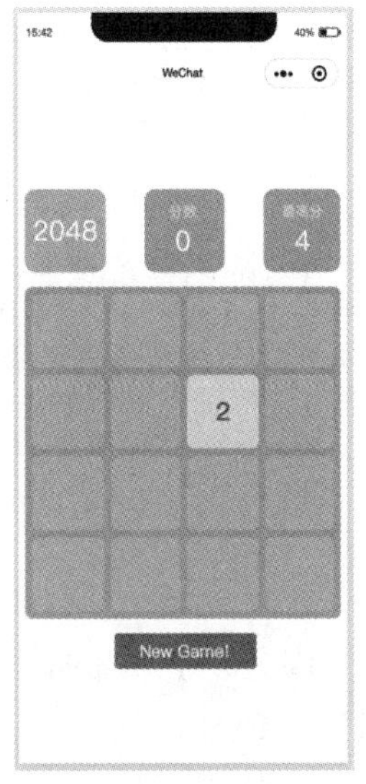

图 11-8　调整布局后的效果

除了 UI 布局方面的适配外，还有元素大小的适配。好在小程序中提供了方便适配的单位——rpx，字体大小、元素的宽度和高度等尽可能使用小程序提供的 rpx 单位，就能最大限度地适配不同分辨率的屏幕。

设计师可能希望在不同尺寸的机型上 UI 有不同的展示效果。例如设计师希望在 iPhone X 等长机型上，2048 游戏页面的“New Game!”按钮距离棋盘 40 个像素，而在 iPhone 6 等短机型上按钮距离棋盘 16 个像素。这种情况下，需要开发者使用 CSS 中的 media-query 针对不同长宽比的机型进行单独的适配。

通过 media-query 可以将 iPhone 中的长机型和所有屏幕长宽比大于 750/1448 的机型筛选出来，并设置单独的 CSS 样式，具体代码如下：

```
@ratio: ~"750/1448";
@media only screen and (device-width: 375px) and (device-height: 812px) and
(-webkit-device-pixel-ratio: 3)
, only screen and (device-width: 414px) and (device-height: 896px) and
(-webkit-device-pixel-ratio: 3)
, only screen and (device-width: 414px) and (device-height: 896px) and
(-webkit-device-pixel-ratio: 2)
, only screen and (max-aspect-ratio: @ratio){
  .action-panel {
    .start-new-game{
      margin-top: 40px;
    }
  }
}
```

注意： “@ratio: ~"750/1448";” 是 Less 中定义变量的语法。

增加上述样式代码后，进入小程序 IDE 查看效果。在 IDE 中切换模拟器型号，分别查看页面在 iPhone 6 和 iPhone X 上的效果。可以看到其“New Game！”按钮距离棋盘的距离已经不同了。需要注意的一点是，在使用 media-query 时要保证其内部的 CSS 样式优先级尽可能和外部的 CSS 层级保持一致，以免优先级不同而被外层覆盖。例如下面这样写就不会有效果：

```
@ratio: ~"750/1448";
@media only screen and (device-width: 375px) and (device-height: 812px) and
(-webkit-device-pixel-ratio: 3)
, only screen and (device-width: 414px) and (device-height: 896px) and
(-webkit-device-pixel-ratio: 3)
, only screen and (device-width: 414px) and (device-height: 896px) and
(-webkit-device-pixel-ratio: 2)
, only screen and (max-aspect-ratio: @ratio){
  // CSS 属性较外层少了一层，导致被覆盖
  //.action-panel {
    .start-new-game{
      margin-top: 40px;
    }
  //}
}
```

因为少了外部的一层.action-panel，导致优先级较低，被外部 CSS 覆盖。如图 11-9 所示，被标注上删除符号的就是因优先级较低被覆盖的 CSS 属性。

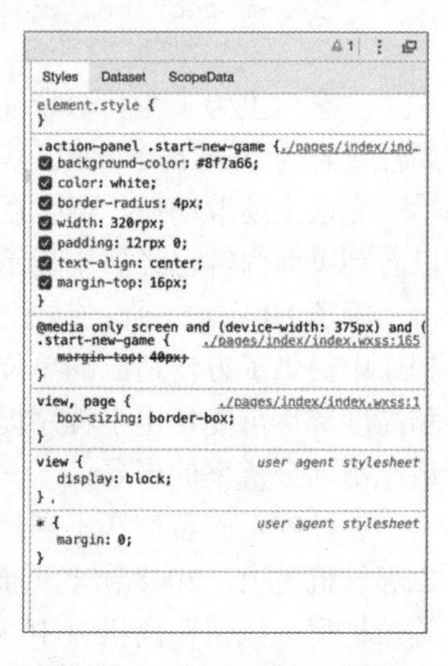

图 11-9　CSS 样式被覆盖示例

除了 UI 适配，有些情况下开发者还需要对兼容性进行适配，例如开发者实现了一个对性能影响很大的动画效果，该动画在大部分机型上运行没有问题，但是在一些低端机型上运行时会造成页面卡顿甚至闪退，这时就需要单独判断并兼容这些低端机型。

11.2.3　旁路测试

小程序除了从主页直接被打开外，还有一些其他的打开场景。例如小程序的某个页面被分享给其他用户，其他用户直接打开这个页面时小程序的初始化路径是不同的，开发者需要注意对这些特殊情况进行处理。

一般而言，小程序启动时首先执行 app.js 初始化 App 实例，然后初始化 index 页面的 Page 实例。而当用户将某个特定页面分享出去时，小程序的启动路径为：先执行 app.js 初始化 App 实例，然后初始化分享页面的 Page 实例。

如果代码逻辑在 index 页面对 App 实例中的数据进行了初始化，在后续页面需要调用，例如在 index 页面由登录逻辑来获取用户昵称及头像信息，而小程序走分享的流程，则用

户头像未初始化，这样就可能在分享页面打开时出错。

作为开发者，需要将这些可能的情况考虑清楚并进行自测。除了通过手动分享小程序并打开进行测试外，小程序开发工具还提供了“编译模式”功能帮助在 IDE 中进行测试。开发者可以通过在 project.config.json 中配置指定的 Page 和参数的方式，直接在 IDE 中进行分享场景的测试。如对于第 8 章中的 project.config.json 配置，具体代码如下：

```
{
  "description": "Project configuration file",
  "packOptions": {
    "ignore": []
  },
  "setting": {
    "urlCheck": true,
    "es6": true,
    "postcss": true,
    "minified": true,
    "newFeature": true,
    "autoAudits": false
  },
  "compileType": "miniprogram",
  "libVersion": "2.7.0",
  "appid": "wxd67c6168ce9f928d",
  "projectname": "chapter8",
  "debugOptions": {
    "hidedInDevtools": []
  },
  "isGameTourist": false,
  "simulatorType": "wechat",
  "simulatorPluginLibVersion": {},
  "condition": {
    "search": {
      "current": -1,
      "list": []
    },
    "conversation": {
      "current": -1,
      "list": []
    },
    "game": {
      "currentL": -1,
      "list": []
    },
    "miniprogram": {
      "current": -1,
      "list": [
          {
           "id": -1,
           "name": "首页",
           "pathName": "pages/index/index",
           "scene": null
          },
          {
           "id": 0,
```

```
                "name": "音乐播放页",
                "pathName": "pages/play/index",
                "query": "songId=1419789491",
                "scene": null
              }
            ]
        }
    }
}
```

这些旁路情况是开发者容易遗漏掉的地方，除了自测之外，还需要协同测试的工作人员设计专门的测试用例进行测试，以保证其逻辑正确。

11.2.4　错误上报

在 Web 开发中，开发者常需要自行进行错误上报，以收集程序上线后的效果。收集错误日志的常见框架 Sentry，通过简单的 SDK 集成便能添加错误日志的上报能力。

在小程序中，默认提供了错误日志上报的功能，代码如果抛出未被处理的 error 会自动将错误信息上报到小程序管理后台。如图 11-10 所示，开发者还可以按版本、报错时间、错误类型等对错误日志进行筛选并快速定位问题。

图 11-10　查看错误日志

除了直接抛出的未被捕获的 error 外，有些时候开发者主动在控制台打印的 log 也是非常重要的。小程序管理平台同样提供了日志上报的功能，如图 11-11 所示。

图 11-11　查看控制台输出日志

小程序平台在日志上报和错误上报上已经为开发者集成了开箱即用的完备功能，且上报信息能根据小程序版本、时间段、微信 ID 进行筛选，更方便了错误的定位和重现。小程序上线后，开发者需要时常查看报错信息和上报日志，并迭代修复问题。

11.3　小程序运营

本节介绍小程序运营相关内容。相比于网页，小程序更像是 App。例如 App 需要提交安装包到应用商店审核，而小程序需要提供代码包到小程序后台审核。App 运营需要查看各个页面的 PV、UV 以及用户操作流程漏斗图等关键指标，并迭代小程序来提高关键指标，小程序也是如此。

11.3.1　提交审核

小程序运营的第一步是提交小程序进行审核并上线。小程序代码的提交是在小程序 IDE 中进行的，在小程序 IDE 的右上方单击“上传”按钮，在弹出的窗口中输入版本和备注即可上传新版本到小程序后台。

注意这里的版本一般使用语义化版本（Semantic Version）管理。语义化版本号由三部分组成：第一部分为主版本号（Major），一般是大版本更新时更新；第二部分为次版本号（Minor），在小功能迭代时改动；第三部分是修订版本号（Patch），一般是 Bug 修复时更新。

如图 11-12 所示，小程序 IDE 也提示我们使用类似 1.0.0 的版本号来标记我们的小程序版本。其下面的项目备注按照改动进行输入即可。

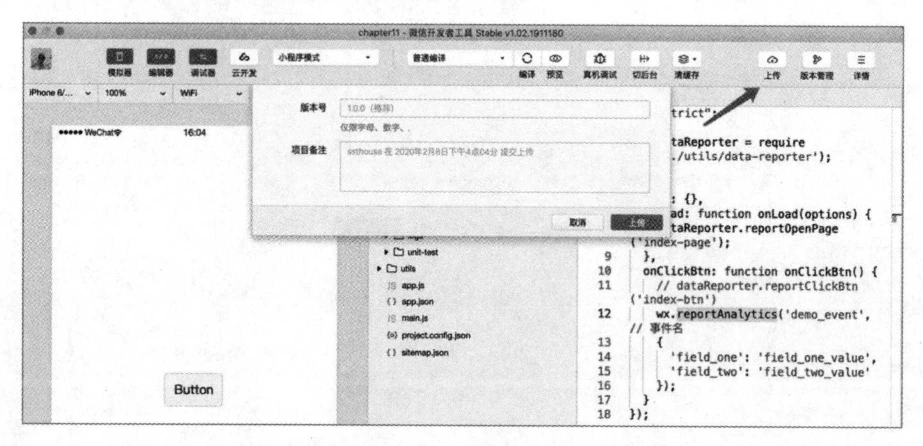

图 11-12　上传新版本代码

完成上述内容的输入后，单击“上传”按钮即可提交新版本到小程序后台。提交完新版本后，进入小程序后台查看便能看到刚刚提交的版本，如图 11-13 所示。

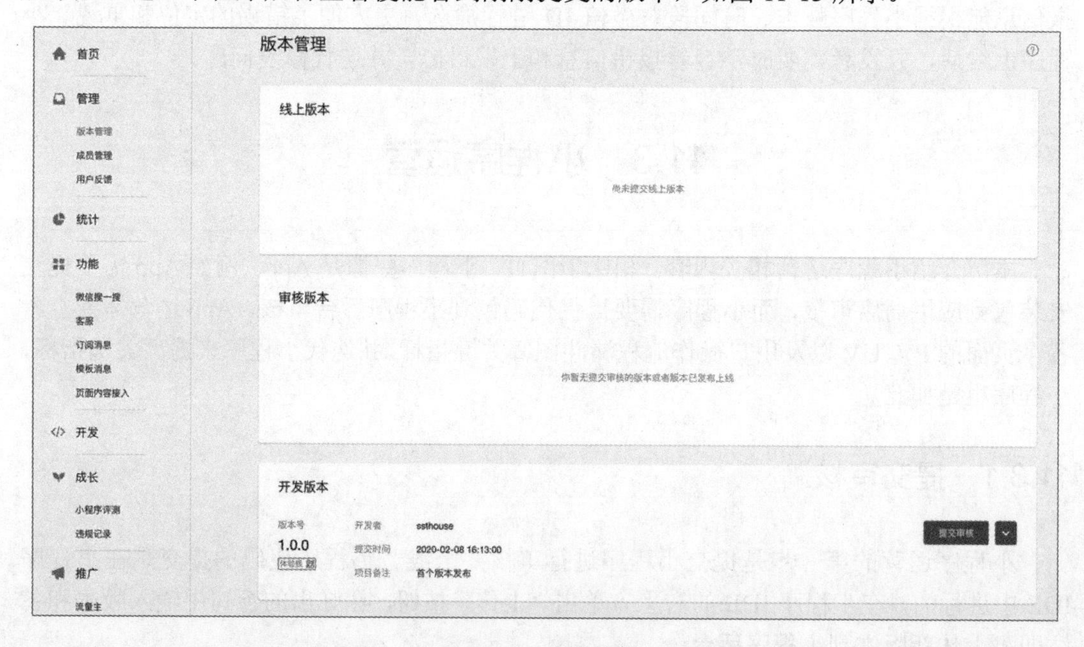

图 11-13　提交审核

现在在小程序管理后台将其设置为体验版本，让测试工作人员进行测试体验。待测试和修复工作完成后，便可通过单击图 11-13 中的“提交审核”按钮提交小程序进行审核。

待审核通过后可进行上线操作。

🔔**注意：**需要先将测试工作人员的微信号加入体验名单中，测试工作人员才能扫描体验版的二维码进行体验。

11.3.2　提升用户黏性

小程序上线结束才是运营的开始。接下来开发者需要协同运营工作人员，关注小程序各个页面的 PV、UV、按钮的点击率等，并不断迭代更新以提升用户体验。

以笔者开发的天天 P 图小程序为例，如图 11-14 所示，首页顶部有一个 Banner 组件，该组件的内容是从后台获取的，通过运营工作人员在后台配置不同的图片链接，这里可以动态地更新内容。这些可以在上线后动态配置的地方称为运营位。通过运营位，运营人员可以在关键节点（节假日）和热点新闻出现时，配置上热点内容。

下面给出动态 Banner 的简单实现代码。其逻辑为加载一个默认的 Banner 列表。这里为了实现 Banner 组件能够看到前一个和后一个元素的效果，为其设置了 offset 属性。

图 11-14　天天 P 图小程序 Banner 图

```
<view class="container">
  <swiper class="banner"
        previous-margin="{{previousMargin}}rpx"
        next-margin="{{nextMargin}}rpx">
    <swiper-item wx:for="{{bannerItems}}"
              wx:key="index"
              id="{{index}}"
              data-item="{{item}}"
              class="swiper-item"
              bindtap="onClickBanner"
              style="overflow: visible">
      <view class="banner-item">
        <image class="banner-image" src="{{item.imgUrl}}"></image>
      </view>
    </swiper-item>
  </swiper>
</view>
```

每个 Banner 的内容非常简单，只需显示一张图片。通过在 swiper-item 上绑定数据字段 data-item，开发者可以在用户点击 Banner 时根据 data-item 数据执行特定的逻辑，如跳转到某一个活动的 H5 页面，或跳转到小程序的某个活动页面。下面是 JavaScript 的实现。

```
var regeneratorRuntime = require('../../lib/runtime'); // eslint-disable-
line

Page({
  data: {
    bannerItems: [
      {
        imgUrl: 'https://raw.githubusercontent.com/ssthouse/mini-program-
development-code/master/chapter_10/src/imgs/octocat.png',
        // TODO: 自定义Banner属性
      },
      {
        imgUrl: 'https://raw.githubusercontent.com/ssthouse/mini-program-
development-code/master/chapter_10/src/imgs/octocat.png'
      },
      {
        imgUrl: 'https://raw.githubusercontent.com/ssthouse/mini-program-
development-code/master/chapter_10/src/imgs/octocat.png'
      },
    ],
    previousMargin: 22,
    nextMargin: 750 - 544 - 22 - 22,
  },
  async onLoad(options) {
    this.setData({
      bannerItems: await this.getBannerItems()
    })
  },
  async getBannerItems() {
    return new Promise((resolve) => {
      wx.request({
        //仅为示例，并非真实的接口地址
        url: '获取Banner数据的后端url',
        success: function success(res) {
          resolve(res.data)
        }
      });
    })
  }
})
```

上面我们通过简单的代码实现了基本的运营位功能。当然，提升用户黏性不是开发人员一个人的工作，还需要运营和数据分析人员的共同努力。作为开发人员，我们需要的是给出自己的建议，并尽可能地实现自己的想法。

11.3.3　广告接入

小程序发展到现在已经有几年了，广告的接入方式也逐渐成熟起来。小程序提供有各种样式的广告，基本和App中的广告样式一致，常见的有Banner、激励视频、插屏等。

在小程序管理后台，选择“流量主”板块，可以看到广告的管理面板，如图 11-15 所示。

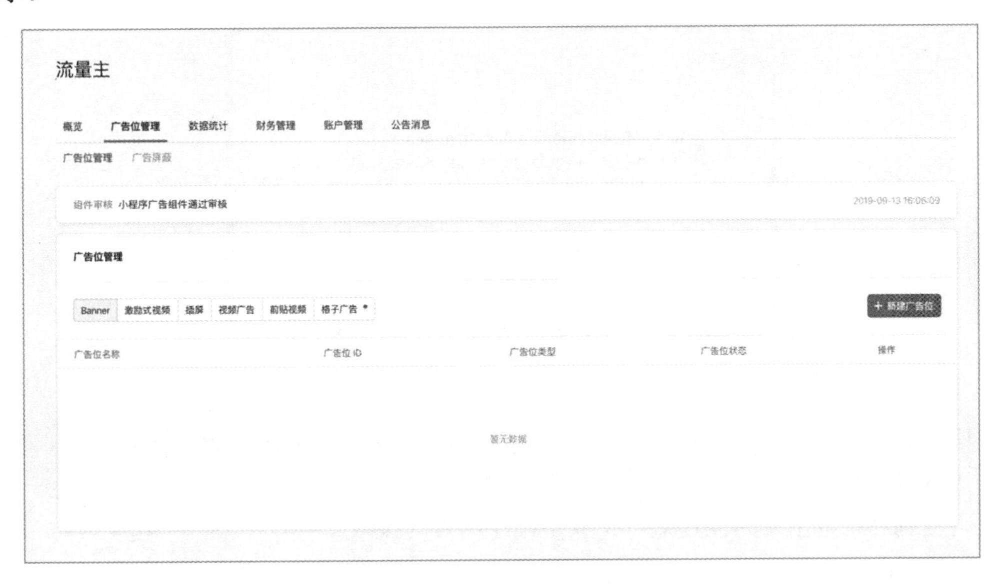

图 11-15　小程序的“流量主”面板

注意：小程序要求 UV 大于 1000 方可开通流量主功能。

根据不同的广告需求，选择不同类型的广告进行创建。这里以 Banner 广告为例进行演示，如图 11-16 所示。

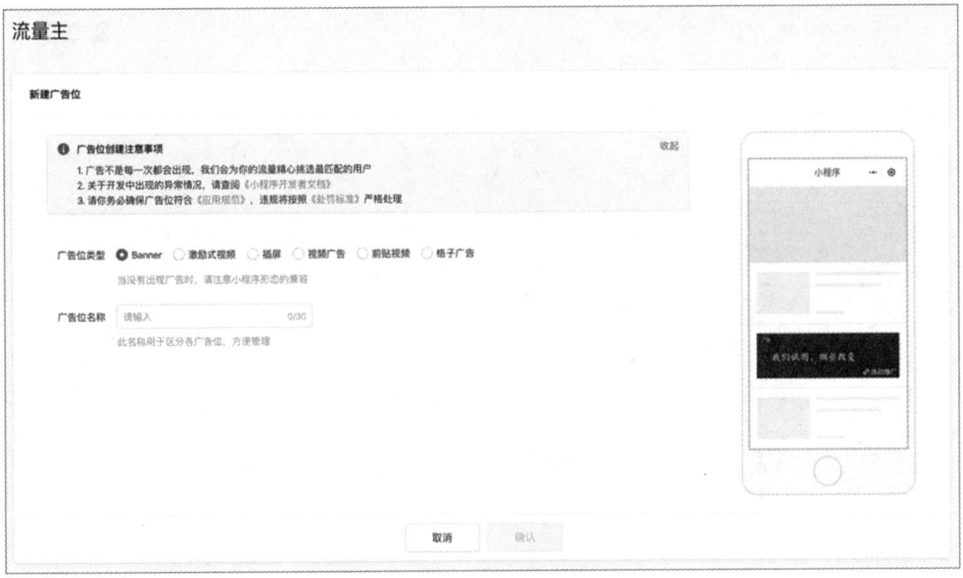

图 11-16　新建 Banner 广告

选择 Banner 广告，并输入广告位名称。单击“确认”按钮后，弹窗提示成功创建广告位，并得到该广告位的唯一 ID，如图 11-17 所示。

图 11-17　广告创建成功弹窗

接下来，回到广告位列表页面，可以看到右侧的“获取代码”链接，如图 11-18 所示。单击该按钮会弹窗给出将广告嵌入到小程序页面中的 WXML 代码，如图 11-19 所示。将该代码复制到希望出现的位置即可完成小程序广告的接入。

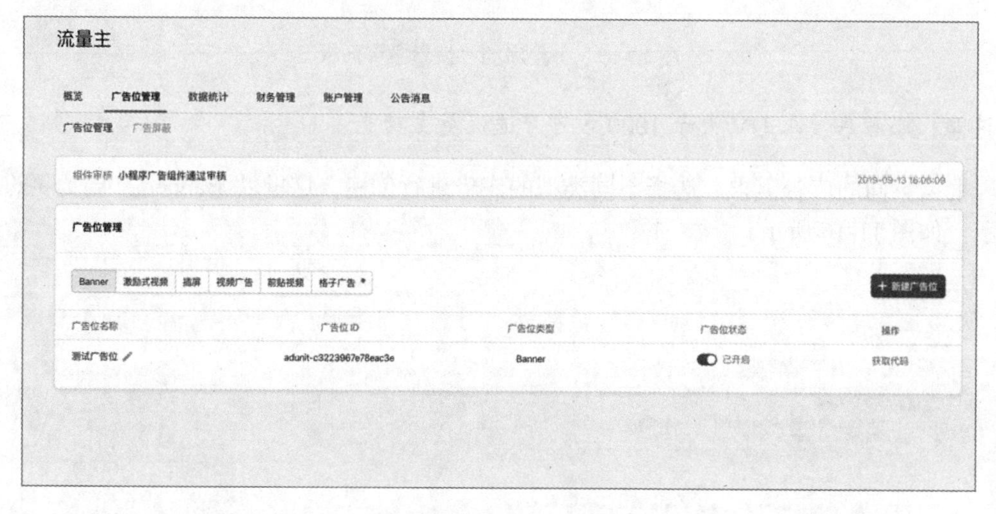

图 11-18　广告列表页面

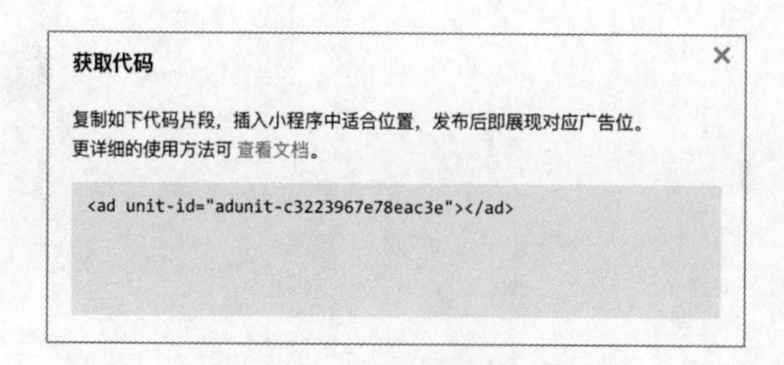

图 11-19　广告代码片段示例

需要注意的是，开发者需要仔细考虑广告类型的选取和展示的时机，尽可能减少广告对用户体验的影响。在 UI 上，也要尽可能使广告和小程序本身的风格保持一致，避免视觉上的割裂感。

11.4　本章小结

本章介绍了小程序中除了功能开发外的其他方方面面。小程序开发和其他软件开发一样，也需要遵循软件工程的流程，开发、测试、数据上报、迭代优化都是小程序开发的一部分。

希望读者阅读本章后对于小程序能有一个更为宏观和全面的认识。

推荐阅读

Python编程
从0到1
（视频教学版）

Python
开发技术大全
（50小时同步配套教学视频）

Python
金融大数据风控建模实战
基于机器学习

从零开始学
Python网络爬虫

从零开始学
Python数据分析
（视频教学版）

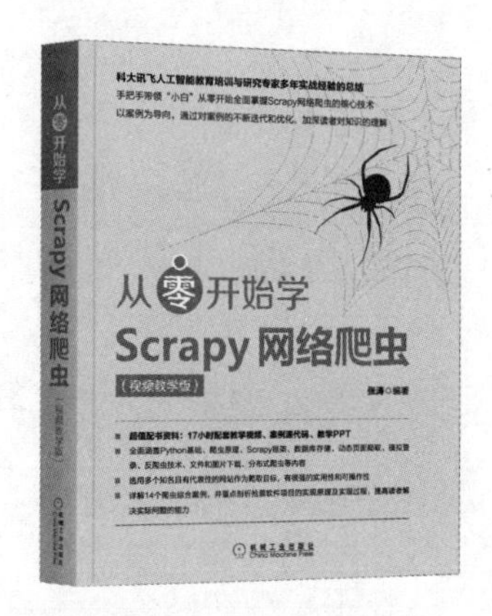
从零开始学
Scrapy 网络爬虫
（视频教学版）

Python Flask
Web开发入门与项目实战

Python Django
Web典型模块开发实战

Python数据挖掘
与机器学习实战